爱立方
Love cubic

育儿智慧分享者

微信扫描以上二维码，或者搜索"爱立方家教育儿"

公众号即可加入"爱立方家教俱乐部"，阅读精彩内容：

儿童心理百科

（7~12岁）

钱源伟 ◎ 著

北京理工大学出版社
BEIJING INSTITUTE OF TECHNOLOGY PRESS

图书在版编目（CIP）数据

儿童心理百科：7～12岁 / 钱源伟著. — 北京：北京理工大学出版社，2017.1

ISBN 978-7-5682-3368-2

Ⅰ.①儿… Ⅱ.①钱… Ⅲ.①儿童心理学 Ⅳ.①B844.1

中国版本图书馆CIP数据核字(2016)第274070号

本书通过四川一览文化传播广告有限公司代理，经汉湘文化事业股份有限公司授权出版中文简体字版本

著作权合同登记号 图字：01 – 2016 – 6641

出版发行 / 北京理工大学出版社有限责任公司

社　　址 / 北京市海淀区中关村南大街 5 号

邮　　编 / 100081

电　　话 / （010）68914775（总编室）

　　　　　82562903（教材售后服务热线）

　　　　　68948351（其他图书服务热线）

网　　址 / http://www.bitpress.com.cn

经　　销 / 全国各地新华书店

印　　刷 / 三河市九洲财鑫印刷有限公司

开　　本 / 700 毫米 × 1000 毫米　　1/16

印　　张 / 21.5　　　　　　　　　　　　　　　　责任编辑 / 申玉琴

字　　数 / 325千字　　　　　　　　　　　　　　文案编辑 / 申玉琴

版　　次 / 2017年 1 月第 1 版　2017 年 1 月第 1 次印刷　　责任校对 / 周瑞红

定　　价 / 40.00元　　　　　　　　　　　　　　责任印制 / 边心超

前　言

为了未来

童年时代，是每个人成长中最富梦幻色彩的时期，是人生旅程中难得的天真烂漫的岁月，是孩子们日后记忆中弥足珍贵的一个篇章。其中，记载着他们初为学子时的新奇喜悦、最初努力及同学、师生间纯真无瑕的情谊，因为这是人生走向社会的黄金阶段。

当今，科学技术突飞猛进，经济发展日新月异，国际化的开放交流，将孩子们迅速地推向新时代。他们从小就得面对大千世界，领略现代文明带来的最新科技成果，感受瞬息万变的人类发展动态。因此，他们远比前代人更聪慧、更敏锐、更有胆略。

国家发展与民族振兴所面临的一个核心问题就是日趋激烈的国力竞争，其与国家科技水平的高低、创新能力的大小、国民素质的高低密切相关，而这种人力资源开发的竞争成了教育的竞争。面向未来真正的人力资源开发，绝不是仅侧重于个体的高素质，而更在于人才团队的形成。而人才的核心是人性，只有具有真善美的人性才能成为人才。

现代化的进程急剧加速，这是一个信息传媒高度发达、移动资料交互平台林立的时代。国际社会俨然就是一个地球村，各种世界文明扑面而来，俯拾皆

1

是。人类进步的主题是和平与发展，然而，全球不确定因素和问题迭出，因贪婪、仇恨、愚昧、利益而起的欺诈、纷争、械斗、战争不断，为人类带来无尽的威胁、腐蚀、烦恼和挑战。各种无法预测把握的因素直接进入生活的各个领域，对我们的生活方式、行为规范、情感体验、审美意蕴、思维方式、人生理想乃至价值取向等无不产生着深刻影响，从而也造成了程度不同的心理不适。现代化是社会的综合发展，是以人为主体来改变自然与精神环境的社会实践活动。

一位西方学者精辟地指出："如果一个国家的人民还没有从心理、思想、态度及行为等方面经历现代化转变，那再好的管理方式，再先进的工艺技术，也将在一群传统人手中变成一堆废纸。"因此，我们要立足本土，放眼世界，把握国情，弘扬时代精神，陶冶个体和群体的精神力量，塑造新一代的创造性人格。这种人格力量包含智慧、能力、情感、意志、理想及信仰等，其核心是在传统民族精神基础上发展起来的独立性、敏锐性、进取性、坚毅性、和谐性。

现在是渴求人才的时代。怎样的新一代才是人才？在多元文化碰撞、互动的背景下，今天的小学生乃至成千上万的父母、老师都受到了来自传统文化与现代文化的双重影响，各种不同的思想、观念冲突，昔日传统的价值观正在经受前所未有的挑战。于是，不少人或多或少地陷入迷茫中，开始盲目地跟着潮流前进。其他人都热衷于早期智力开发，我也不甘落后；别人家津津乐道于钢琴舞蹈，那我也绝不能无动于衷；好多父母都替孩子请家教，那我总不能不请吧？等诸如此类，比比皆是。无怪乎，当我们问小学二年级学生你最羡慕谁时，一位小女孩竟不假思索地回答："我最羡慕爷爷，他在家是最自由的，想什么时候看电视，什么时候出去玩，什么时候睡觉，都没人管；而我最痛苦，全家人都要管我，爷爷管我学英语，奶奶管我写字，爸爸管我学画画，妈妈管我学钢琴，唉，到什么时候他们才能不管呢？"盲目的、过于理想化的教养，显然带给孩子太大的压力，平添了成长中不少的烦恼。那孩子究竟该培养成什么样的人呢？在孩子的成长过程中，如何创立、协调各种外部条件呢？如何强化、激发各种内在因素，以发挥其潜在的互补效应呢？与每一位读者共同来探讨这个课题正是本书的主旨。

小学生的各种心理素质都在形成中，可塑性极大。我们既要不失时机地把握少儿成长阶段固有的规律性与特点，还要充分关注当前社会飞速发展带来的特有现象与重点，以便针对当代小学生的普遍状况进行生动、扎实的心理指导。在大量考察、深入分析当前小学生心理健康后，本书将绝大多数篇幅放在发展性指导，并辅以适当的矫正性指导。闲暇，是一个人可以得到自由选择行动的时间，是人能有更多的机会去追求生活，发展自己向往的质量，使人的个性得到最充分的发展，本书对此作了富有新意的探索。

小学生活就像个万花筒，色彩缤纷，千姿百态，只要你不断地变换角度，就能窥见不同的风景。本书将全方位、多视角地分析当代小学生的生活、学习、成长与发展的各个方面。全书分为八大章。

第1章叙述小学生身心健康发展的总体概况。着重分析家庭、学校、社会三位一体的交互影响，并强调个性发展与人生规划的重要性。

第2章描写父母教育子女的各种心态、理念与行为，并说明家庭与学校沟通的作用。双方实时扬长补短，是引导子女健康成长的有效途径与方法。

第3章强调品性的涵养，情趣的陶冶在小学生心理发展过程中的定向、定性作用。现在，光成绩优秀显然不够，一个情感冷漠的人绝对不能算作人才。本章以情育儿，引导孩子在追寻欢乐中弘扬真善美，在闲暇生活中提升人生品位，以坚韧不拔的意志迎接新时代的挑战。

第4章及第5章介绍智力要素、实践能力与非智力因素的培养，左右脑和创造力开发，情感参与学习等问题；又针对小学生学习中的重点、难点、疑点问题献上各种良计妙方。并从心理学角度入手，对学生的不同性格类型、不同学习行为，尤其是学习速度、学习精确度、网络条件下学习环境变化、阅读量与习惯及动手做等，以及如何有效地准备考试、从容应对考试等作了分析，同时说明如何解决厌学症及拒学症等，旨在使每个小学生都能体验到学习的喜悦。

第6章着重阐述小学生在心灵沟通与人际互动交往中的各种定位及其应对策略。着重分析情商为什么比智商更重要；不同家庭结构对孩子情绪、情感的影响。

第7章讨论如何让孩子与成人一起融入家庭中的家务、理财及决策等，不做温室的花朵有百利而无一害，学会自立自理、自我保护等。

第8章全面透析小学生普遍存在的典型不良行为，从现象、原因出发提出矫正的方法。

至此，大家可以清楚地了解，本书的总体构思具有较严密的逻辑联系。一个孩子就是一个世界，揭示了人与人之间的千差万别。父母及老师在心理指导时必须因人而异、因势利导，这一核心观点在许多章节中都有所体现。翻阅本书时，不妨从你最感兴趣或最紧迫解决的问题入手，这不会影响对本书的整体了解。因为每一章下的每一节都是独立成文的，既可以作为父母及学校的教材，也可以作为个别指导的读本。

新时代的核心素养，是世界各国高度关注的部分。随着课程教学改革的深化，如何在学校课堂教学、课外活动、校内外生活中全面培养与形成核心素养，对此本书有较深入的介绍。

我认为，素养是教化、自身努力、环境影响的综合结果，是由训练和实践而习得的思想、品性、知识、技巧和能力。其中，尤其能促进生命成长、人生发展，可提升、进入高阶的元素就是核心素养。核心素养主要包含四大方面：判断选择、理解反思、包容合作、自律自主。它奠定了创造性人格的底蕴。其包含：崇高的创新志向、标新立异的挑战意识与不怕失败的冒险精神；高度的自尊心、自信心与独立倾向；坚韧的意志力、不懈的进取性与崇尚科学精神的求实态度；广泛的兴趣爱好与好奇心；全面的感知力、敏锐的观察力、丰富的想象力与幽默感；广阔的视野与良好的思维习惯，富于流畅性、灵活性、独创性；深刻独特的情感体验，善待各种人、事，持宽容与优越感；善于动手的实践能力与开拓的社会活动能力；捕捉、吸收、筛选和整理、获取新知识的能力。

为了奠定孩子成功人生的起点，要创设宽松的心理环境，让每个孩子自由地发展；提供充分的实践与思考机会，让每个孩子自然地发展；掌握科学的心理指导策略，让每个孩子自主地发展。

每一位师长都有责任倾注满腔的关爱之情，让每位小学生都能尽情地享受人生这一段最美好的时光。当岁月流逝了几十个春秋之后，他们回忆起那无悔的青春年华，仍能感受到风中那一串串银铃般的欢声笑语犹在耳畔。为了让这份记忆更完美动人，为了让我们的孩子在未来的竞争与合作中更从容、更出色，为了让我们的未来世界更加辉煌、卓越，就从现在做起，让孩子们拥有更多的自由与自然，拥有更活跃的创新意识和时代精神，让那些我们没能完成的梦想在他们身上——实现吧。

钱源伟

目 录

CHAPTER

03 品格与兴趣的陶冶

CHAPTER

04 智慧潜能的开发

CHAPTER 01

成功人生的起步

1-1　在最佳的起跑线上

上学，对年满6岁的孩子来说，无疑是一种长大的象征，同时也意味着他们从此将进入另一个崭新的天地。上学，是他们日夜盼望的事情，他们曾经多次深切地抚摸着自己的新书包、新文具，就盼着这一刻早早来临；上学，对他们来说，该是件多么令人兴奋激动的事啊！

但毕竟他们只是6岁的孩子，现实的校园生活与他们的想象并不一样，或多或少会产生不适应感。从幼儿园到小学，孩子的生活在短短几个月内就发生了巨大的变化，熟悉的环境不见了，操场、跑道、篮球架代替了以前的滑梯、秋千和跷跷板；熟悉的老师不见了，要求严格的小学老师可不像幼儿园老师那样有通融的余地；熟悉的朋友不见了，眼前是那么多陌生的同学等。与幼儿园相比，进入小学后的这些变化，的确让不少孩子感到陌生，因此他们一时有些不适应也是正常现象。

学习成为小学生的主要活动。在幼儿园，孩子的主要活动是游戏，就算是学习语文、算术、英语，也都是在游戏中进行。幼儿园的老师会想尽一切办法寓教于乐，让孩子在演话剧中发挥说的能力，在观察中培养创造力等，且即使孩子学得不好也没有关系。可是进入小学就完全不一样了，他们必须系统地掌握知识技能，养成适应社会的个性品格，不仅要学习自己感兴趣的东西，还要学习虽不感兴趣却必须掌握的知识。一旦学习成为孩子的主要活动时，他们就必须自觉地养成良好的学习习惯，以充分发展智力，并接受老师的指导，养成正确的学习动机，培养注意、联想、想象、记忆和评估等各种学习策略。

进入小学后，孩子正式进入了团体生活。让他们有意识地参与团体生活，对其个性、社会性和品格的发展都有重大影响。"小学生"这个称号，意味着他们开始成为参加社会团体生活的成员，因此他们必须遵循团体的规章制度，为了团体的共同任务而行动，并学习服从领导，使团体的利益成为自己的利益，并服从团体舆论。而这些都是在幼儿园时不需要严格遵循的。对孩子来说，要从一个受家人宠爱、呵护的幼儿转变成一个能牺牲自我、服从团体要求的小学生，这中间的确需要一段适应期。尤其在遵守纪律方面，必定要经过一个阶段才能使之稳定，成为习惯。

进入小学后，要与周围的人建立新关系。在幼儿园，大家都是玩伴，彼此之间相互合作，共同进行游戏。而进入小学，同学之间不仅要互帮互助，还要互相学习、取长补短，甚至互相竞争，争取好成绩，开始品尝友谊的真正滋味。以上种种都是造成孩子进入小学后适应不良的原因。作为父母和老师，要有足够的耐心和爱心来帮助孩子尽快平稳地度过这段适应期。

让孩子对上小学有充分的心理准备

成为小学生、背着书包上学去、坐在教室里学习，通常是让孩子感到兴奋、自豪和向往的，且他们也容易被学校的外在形象所吸引，例如，学校的校舍、操场、桌椅及很多同学在一起等。但是他们也容易因此将学习和游戏混为一谈，认为想学就学，不想学就不学，因此父母要耐心、仔细地向孩子解释上学究竟是什么。有的父母经常对正在捣蛋的孩子说："都快上小学的人了，还这么调皮，真该好好到学校去'训练、训练'。"于是学校在父母口里变为专门惩治孩子不乖的地方，当然令孩子心悸不安，进而产生排斥。

为了让孩子能尽快熟悉学校氛围，父母可以先让孩子背着书包，带他到附近的小学走走，看看校园，也看看大哥哥大姐姐的上课情形，这样可以让孩子有较感性的认识。同时为了让孩子能尽早适应学校生活，幼儿园大班的老师可以在最后一学期的课程中进行幼小衔接，逐步加入一些上小学要准备的内容，例如，强调遵守团体纪律等。只有当孩子有了充分的心理准备，入学后才不至于产生不适应的情况，并能较快培养出正确的学习动机。

帮助孩子尽快形成良好的学习习惯

小学低年级是培养孩子优良的日常行为规范与学习习惯的最佳时期。父母与老师要对孩子提出明确可行的要求，让他们懂得该做什么，怎么做才更好，这显然十分重要。入学初期，孩子常常还会出现"今天做到了，明天又忘了"的情形，但这些都是正常现象。大人应该耐心地督促、指导，以鼓励、赞赏为主，像是"你好棒！""再试一下，我相信你会成功！"一句话、一个眼神、轻轻拍一下孩子的肩膀，这些都可以增添孩子的信心，增加其学习热情，有利于他们养成良好的学习习惯。

父母同时要关心孩子的作息时间，让其养成规律地睡觉、起床及用餐等习惯。有些父母爱看电视而影响孩子的睡眠，造成孩子第二天上课时精力不济，这样的恶性循环显然不利于孩子适应学校生活。学校的上、下课时间要求严格，不能随便迟到、早退，身为父母应当积极配合，督促孩子按时起床、到校，晚上按时睡觉，以确保睡眠充足。另外，父母要督促孩子养成自动自发完成作业的习惯，并训练孩子自己整理文具和书包。老师则要在课堂上讲清楚作业的要求，许多学校采用家长学校联络簿，以便父母能实时了解学校的要求；在入学初期，如果有的学生偶尔忘了做或少做作业，也不必严厉训斥，而应施以耐心教导，说明不做作业的后果。不给孩子施加压力，孩子反而会觉得学习其乐无穷。

帮助孩子培养一定的社会适应能力

社会适应能力的发展也是儿童顺利完成学校中各种活动的基本条件之一。因此父母要有意识地培养孩子独立自主的能力，凡事让孩子自己多表达意见，不要事事都替他做决断。例如，选怎么样的书包、和谁一起做作业等，诸如此类的问题，让孩子自己选择，不要用父母的意见来左右孩子的喜好。还有要帮助孩子发展情绪的控制调节能力，让孩子学会克制和谦让，这有助于孩子在人际互动中与他人培养良好的合作关系。

另外，当孩子遇到挫折或在学校过得不愉快时，父母要有敏觉性，能善于发现问题，并愿意倾听孩子的声音。父母能与孩子站在同一高度，和孩子平视，这对孩子的成长十分重要。只有这样才能赢得孩子的信任。亲子之间唯有在平等的氛围中才能有效地沟通。孩子信任父母，父母实时为孩子疏导，和孩子一起寻找克服困难的方法，让孩子觉得自己原来并不孤单，也有足够的勇气和信心去面对新的一天的学校生活。如果说幼儿园的生活如同一首散文诗，活泼奔放、清新闲散又充满童趣，那么小学阶段的生活则像一篇夹叙夹议的纪实文章，行文严谨又不失灵气，充满生命的朝气又不乏理性的思考。孩子的心灵晶莹剔透，需要我们用心去呵护与雕琢。不要因为我们的粗心而令聪慧的孩子过早丧失他们的求知欲。让我们燃起指引的火把，引导孩子高高兴兴地上学去。

1-2　社会是个万花筒

童年，宛如一曲动人的歌，飘扬在孩子的心田；童年，是一串银铃般的笑声，在岁月的风中挥散不去；童年，是一个游戏与玩乐的年代，在每个人的记忆中珍藏。然而没有人可以留住成长的步伐，终究还是要恋恋不舍地告别童年，实现生命中第一个重要转折——进入小学，这也象征着孩子的成长，他们不再是整天只知嘻嘻哈哈调皮捣蛋的顽童了，经过学校这个驿站，已一步步地向社会靠拢。孩子们在观察这个犹如万花筒的社会过程中，一天天地长大。

人是社会性的动物，孩子从社会中汲取成长的养料。心理学上，将这种个人与社会相互作用，接受社会影响，由"自然人"向"社会人"转化的过程，称为"社会化"。社会化的进程，从婴儿诞生就已经开始了，到了小学阶段，是孩子能够较清醒地感受到其转化的关键时期。学校为孩子提供了更广阔的天地，使他们更频繁地接触社会，他们的社会化进程开始迅速地发展。

在小学阶段，孩子社会化的第一个表现形式是学习知识。通过学习，提高认知水平，即学习知识的能力得到了提升。学校不仅教给孩子知识，还教给他们认识世界的方法，掌握了这些方法，孩子就可以自由地学习、观察、思考。在认识世界的过程中，孩子会形成一定的对自我、对他人的看法，我们把个体对自己的看法称为"自我意识"，简单地说，就是知道自己是谁、应该做些什么，这是孩子社会化的第二个表现形式。

自我意识的萌芽，出现在婴幼儿期，而自我意识真正走向成熟，则是从小学阶段开始的，例如，认真学习、遵守学校的校规及听从老师的指导等。孩子从伴随自我意识的觉醒，是对他人看法的逐步完善。当他们的社交范围扩大、当他们与伙伴之间的交往开始带有一定的初始动机和目的、当他们觉察到人与人之间的关系除了团结协作还有竞争的时候，他们就会认真地思考、仔细地学习如何用社会规范来处理人际关系。这类社会规范上升到观念的水平，就成为了道德。学习社会道德，将其转化为自己的行为习惯、处事准则，是社会化的第三个表现形式。

父母和老师会告诉孩子，什么是"真善美"、什么是"假恶丑"，应该颂扬和学习"真善美"的人和事、应该谴责和批评"假恶丑"；孩子们潜移默化地接受这些外在的道德观念，逐步地吸收，并以此来规范自己的言行。

但是孩子的天地并不只是学校，他们并非绝缘于社会，从家庭、从大众传媒、从邻居（即伙伴）中，他们依然感受到了八面来风。面对一个像万花筒般的社会，孩子们的认识、自我意识和道德观又处在迅速发展的时期，难免会出现困惑、迷惘，甚至误解，学校和家庭都有责任给予他们正确的引导，帮助他们走好人生的第一步。

我们经常会看到，有的孩子在家里稍有不顺心就大吵大闹，在学校里稍有不如意就骂人打人；有的孩子小小年纪，却郁郁寡欢，或者什么都懂，失之天真，像个"小大人"似的。这些都是社会化过程中"正常"又"不正常"的事。说"正常"，因为孩子从小到大，不可能一帆风顺，不可能完全按照理想的模式成长，出现一些问题不足为奇，且这些问题的产生也自有其原因可循；说"不正常"，因为上述现象违背了儿童的天性，有畸形发展的倾向，是社会化的误区，是孩子心理上外部要求与内在素质，客观条件与自身需要不平衡的产物。为了使孩子能够健康地成长，必须消除这样的不正常现象。

那么影响孩子社会化的因素有哪些呢？我们认为主要是家庭、学校、朋友和大众传媒四个方面。

就孩子的成长发育而言，家庭的影响最深刻，持续的时间也最长久。父母是孩子的第一任老师，从牙牙学语开始，孩子就受到家庭气氛的熏陶，受到父母言行的教化，这个过程将会一直持续到他们长大成人，独立走向社会为止。家庭影响的正负、强弱，取决于父母的行为举止，以及由此透露出来的处事态度、人格特征、家庭的文化氛围与家庭的结构。

从一般意义上讲，文化修养较好的父母，举止得当，谈吐高雅，带给孩子的影响是积极的；而文化修养较差的父母，孩子从小耳闻目睹的是粗俗和肮脏，往往会无意中模仿、学习，遂养成了一些坏习惯。从父母的行为举止中，透露出的处事态度、人格特征，对孩子的影响更深。小学阶段的孩子，其社会学习的主要手段是模仿，他们不仅模仿大人的举手投足，还模仿其待人处事的态度、个性品德的特征。父母是宽以待人，还是斤斤计较，是热情助人，还是情感冷淡，是活泼开朗，还是悲观嫉俗，是温文尔雅，还是低级庸俗，如此这般，都会为孩子留下不易觉察又铭心刻骨的印象。

家庭的文化氛围对孩子的影响，是老一辈人非常强调的，虽然不宜绝对化，但也不能排斥其合理的作用。所谓"书香门第"出来的"大家闺秀"，同"粗茶淡饭"养大的"小家碧玉"，从文化修养的角度看，应该承认，差异还是有的。文化氛围的影响悄悄地在孩子身上发酵，又慢慢地表现出来。至于经常被人们所忽视，而又相当重要的家庭结构，在社会化过程中，正日益显示出其潜在影响。根据调查研究，单亲家庭、父母双亡家庭、父母长期分居两地的家庭和孤儿等，不完整的家庭结构（或称残缺型家庭）留在孩子心理上的阴影，是很难拂去的，且这片阴影将会影响孩子对生活、对社会、对人生的看法，并伴随其一生。

即使在完整的家庭中，以母亲为主导，以父亲为主导，还是以祖父、祖母、外公、外婆为主导，以及家庭的文化结构、经济结构及职业结构等，都影响着孩子的成长。家庭是孩子日常生活的场所，切不可忽视其在社会化中的作用。

孩子的求学求知、身体锻炼、结交伙伴，都发生在学校里。学校是孩子社会化的第二大影响源，而学校的影响又直接从老师的教学育人方式中展现出来。在学校，老师和学生保持着频繁、密切的接触。老师要时刻关心学生的思想、学习，帮助他们解决在学习、生活上遇到的困难；学生也用他们稚嫩的眼睛观察、分析老师，特别在小学生的心目中，老师是其模仿的对象与榜样。老师在教学中表现出来的思想观点及人格特质等，都会影响孩子的学习。有的老师脾气急躁，时而体罚学生，必然对学生的学习成长不利；而有的老师亲切温和，既严格要求又循循善诱，必然受到学生的欢迎。老师的待人接物、与同事间是否团结友爱、对工作是否认真负责，也会成为学生学习的模板。

除了老师之外，学校的整体环境、教学条件，或者说是学风、校风等，都对孩子有一定的影响。一个绿树成荫、窗明几净的校园，教学秩序井然有序，教师兢兢业业，学生孜孜以求，不用说朝朝暮暮生活其中的学生，就是无关的旁人，走进这种环境，也会感到亲切、温暖。

孩子上了小学之后，交往范围扩大，有了一批新的伙伴。交往需要和归属需要，是社会化的必然条件，由伙伴构成的群体，是第三大影响源。有关这方面的叙述，本书在其他单元中会有详细的分析。在此，我们只想再次提醒大家，当孩子还未具备成熟的择友观之前，父母或老师要引导他们和正派、真诚、情趣相投的同学交朋友，为他们营造健康有益的群体氛围。

随着通讯交流手段的科技化，大众传播媒介日益介入人们的日常生活，以影视、书刊为代表的大众传媒对孩子的影响应该引起大人的重视。电视是小学生密切接触的传播媒体，电视的积极影响在于使孩子的认知水平发展，增加信息量，丰富他们的情感体验，优秀的影视片带给人美感享受，对孩子的身心发展也有促进意义。不过我们也不能忽视影视的消极影响，尤其是过分宣扬打斗的节目、渲染情爱的场面，都会因孩子的盲目模仿，而使他们具有行为上的侵犯性，孩子在某些方面的"早熟""少年老成"，如果不加控制，还会滋长世故、自私、势利的品格。所以作为父母不要图省事，让孩子整天看电视，要以对孩子负责的态度，帮助他们选择合适的影视节目，获得有益的知识。

社会这个万花筒对小学生来说，只是刚开始展露出缤纷的色彩，其虚虚实实、变幻无穷的景观往往令孩子目不暇接又"乱花渐欲迷人眼"。因此在孩子尝试接触社会、了解社会的同时，学校和家庭要注意提高孩子的分辨能力，使他们知道怎样做是对的、怎样做是错的，以及为什么对、为什么错；要以积极的态度引导孩子用自己的眼睛去看这五光十色的大千世界，帮助孩子从他们的角度去理解社会。孩子社会化的过程，是一个漫长而艰巨的成长过程，需要教育者付出持久的耐心和爱心来牵引孩子走入社会。任何急进的做法无疑是拔苗助长。循着孩子的心理发展轨迹，次第展开社会的纷繁复杂，让我们用充满关爱的语言对他们说："面对社会这个万花筒，孩子，别急，慢慢来。"

1-3 身心健康度童年

亲爱的父母，你希望自己的孩子成为什么样的人？亲爱的老师，你心目中的好学生是什么模样？聪明、活泼、漂亮、灵敏、开朗、诚实、守信、热心……答案可能五花八门，但有一点恐怕是一致的，那就是健康。是啊！没有哪一位父母愿意让自己的孩子羸弱不堪、疾病缠身，而每一位老师也都真心期盼所有的学生能健康成长。有位哲人说得好："世界上恐怕没有什么比拥有健康更重要的了。"

健康，既然是人们共同关注的话题，那么您是否想过怎么样才算健康呢？"身体没病就是健康""体魄健壮就是健康""身强力壮就是健康"及"体质良好就是健康"等，大多数人都是这样看待健康的。应该说这些观点都相当有道理，但又存在明显的片面性。它们只注重健康的生理指标，即只强调了身体健康，却未曾深入到健康的心理层面，忽视了心理健康。

事实上，一个身体强壮但心理有缺陷的人，是不可能给人留下"健康"印象的。例如，学生A长得人高马大，但一见到陌生人就会满脸通红，说话结结巴巴、语无伦次。学生A的这种表现正常吗？学生B学习认真，平时的测验成绩都不错，可每逢期中、期末考试就会焦躁不安，夜里经常做噩梦，考试成绩往往大失水平。能说他健康吗？学生C上课无精打采，放学后也不愿与同学一起玩，似乎对任何事物都不感兴趣，整日萎靡不振，没有同年龄孩子应有的天真与活泼。你认为他健康吗？

因此我们不能简单地把"健康"与"没生病""体质良好"画上等号。世界卫生组织在其宪章中明确指出：健康不仅指一个人没有疾病的症状和表现，而是指一个人有良好的体格（生理）、精神（心理）以及对社会（社交）的适应状态。良好的精神和对社会的适应状态，都属于心理健康的范畴。所以人的健康不仅是指生理健康，还应包括心理健康，只有身体和心理都健康，才拥有真正意义上的健康。

需要指出的是，身体健康和心理健康并不是毫不相干的两码事，恰恰相反，两者实际上存在着密切的联系。许多研究证实：身体健康有利于心理健康，而心理健康也有助于身体健康。我们在日常生活中可以发现，身强力壮、精力充沛的孩子，往往性情开朗、活泼好动，乐于与人交往，喜欢探索未知，勇于承担责任，具有良好的个性、心理特质；而体弱多病的孩子，通常忧虑抑郁、沉默寡言，做事缺乏自信，习惯离群索居，存在较大的心理缺陷，甚至产生心理障碍。可见，身体健康是心理健康的基础，一旦这个基础动摇了，心理健康的大厦就可能会产生倾斜，甚至倒塌。

同理，心理的健康状况也会影响到身体的健康状态。中国古代医学家对此早有论述，并提出"喜伤心、悲伤肺、怒伤肝、思伤脾、忧伤肺、恐伤肾"等七情致病的假说。现代医学告诉我们：当一个人长期处于紧张、焦虑、急躁的心理状态之下，他患心脏病的可能性要比心境平和、愉悦的人高出好几倍。脾气倔强、争强好胜、嫉妒心重的人，易患偏头痛；性情抑郁、吝啬成性的人，往往会得结肠炎；而哮喘病人的性格特征则是过分依赖、幼稚，总希望得到别人的照顾。

近年来人们发现，有一类疾病的症状是生理性的，但其产生却没有直接的生理原因，如偏头痛、胃溃疡及高血压等。进一步的研究发现，这种躯体上的疾病主要是由心理因素诱发的，科学家把这种病称为身心疾病。常见的身心疾病有：原发性高血压、心脏病、感冒、胃溃疡、十二指肠溃疡、肺结核、支气管哮喘、神经性厌食症以及某些皮肤病（如斑秃、荨麻疹等）。由此可见，身体健康和心理健康是密不可分的，缺失了任何一方，都无法得到完整的健康。

传统的健康观念把健康囿于身体的生理方面，现在人们开始突破这一狭隘观念，将关注的焦点投向了心理健康。那么什么是心理健康？心理健康的标准有哪些？怎么样才能获得心理健康呢？我们不能简单地把心理健康理解为"心理没生病"（即没有诸如躁郁症及忧郁症等心理障碍），那只是心理健康最起码的条件而已。一个真正心理健康的人，应该能够平衡、调节并保持良好的心理状态，去面对学习与生活。

心理健康的标准原则

关于心理健康的标准，目前尚无定论，但以下几项是大家都认可的。

1.智力发育良好正常

心理健康的孩子，其注意力、观察力、记忆力、思考力及想象力等智力因素均会有良好的发展，他们的智力水平达到或超过同龄人的正常水准。智力发育过于缓慢，智力水平远远落后于同龄的孩子，在学习上会遇到很大的障碍，待人接物会感到困难重重，甚至会丧失基本的生活自理能力，这样的孩子显然是不属于心理健康之列的。因此智力正常与否是区分心理健康与不健康的一项重要标准。

2.情绪稳定反应适度

心理健康的小学生，其情绪是愉快的，且较为稳定。对外界事物的情绪反应是符合常理的，有时会产生情绪激动的情况，但能较快平静下来。遇到重大事件（如期末考试）会感到焦虑，但程度适中、持续时间不长。与之相反，心理不健康的孩子，对于突发事件或重大事件，其反应往往不是过度激动、难以控制，就是无动于衷、麻木不仁。

3.初步具备自制能力

小学生的自制能力是无法与成年人相提并论的，但在没有强烈干扰的情况下，小学生也应能够控制自己的言行，做事有一定的耐性和毅力。如果无人干扰也无法自制，做事总是半途而废，碰到一点小小的困难就打退堂鼓，那也是心理不健康的表现。

4.个性发展较为和谐

心理健康的孩子，其需要、动机、兴趣、态度、能力及性格等都有良好的发展。例如，其需要是合理适度的、兴趣是活跃广泛的、性格是坚强正直的。

了解孩子的心理状况

心理是人的内在品格，要判断一个人的心理健康状况较为困难，即使有了上面几项判断标准，也不能一概而论，要根据具体情况来分析，因为心理会通过行为外显出来。我们可以通过对一个人外在行为的观察来推测其内在心理的健康状况。为此我们不妨从以下这些具体方面多加留意，借此了解孩子的心理状况。

1.学习生活适应良好

对学习有兴趣，上课能专心听讲，乐于动脑筋，能够独立完成作业，学习成绩较为稳定，对完成学校生活的多种要求并不感到十分困难。

2.自我意识发展良好

了解自己的优点和长处，对短处与缺点也略知一二。在父母和老师的指导下，能对自己的行为作出比较客观合理的评价。有自尊心和进取心，自主性明显。

3.人际关系交往和谐

心理健康的孩子适应学校的环境，乐于与他人交往，喜欢参加团体活动，受同伴的欢迎；尊重老师，不回避与老师的交流；对家庭环境和社会环境适应良好，与父母、邻居的关系协调，爱父母，与他人友好相处。在公共场合遵守公德、礼貌待人，不害怕与陌生人交谈，能较快适应新的环境。

4.与年龄相称的行为表现

人的心理是随着年龄的增加而发展变化，而人的行为表现是随着心理的成熟而改变。小学生的行为特征应该是活泼、天真与纯朴，还夹带着一些顽皮、任性与自我中心。如果一个孩子表现出与他的实际年龄不相称的老气横秋，父母和老师应特别注意。因为人的心理和行为的发展是循序渐进的，孩子只能有儿童的行为，这是受年龄限制的。如果长期出现超越其年龄的言行举止，则是心理发展出现异常的信号。

教育者要做到三个到位

孩子的心理健康需要父母和老师的关心和帮助，因为他们的心理尚不成熟，自我控制的能力较差，为此父母和老师应做到三个到位。

1.思维意识要到位

身为父母都希望孩子能健康成长，但总是过分地着眼于生理健康，有什么好吃的、有营养的东西，总是留给孩子；天气变化时总是千叮万嘱，关心着孩子的冷暖；有点小毛病，就急着带孩子去医院。但对于孩子的心理健康，大部分父母很少过问，甚至根本没有意识。而老师也存在类似的问题，对于学生的身体健康状况较为关心、了解，但对心理健康的意识较为淡薄。即使孩子出现明显的心理异常现象，往往也会被父母与老师所忽略，使孩子的心理障碍更趋严重。因此思维意识的到位十分重要，父母与老师必须树立"健康＝身体健康＋心理健康"的新理念。

2.相关知识要到位

光有意识而没有知识也是不行的。有些父母与老师虽然有促进孩子心理健康的强烈愿望，但缺乏相应的知识，无法分辨哪些心理现象是正常的，哪些行为表现是异常的，容易将孩子正常的心理特点视为心理障碍。例如，低年级学生因自制能力差而不守课堂纪律，因贪玩而造成学习成绩下降等。因此父母和老师了解有关的心理健康知识是很有必要的，这些知识应包括：心理学的基本知识，如记忆是怎么回事、什么是情绪、性格是怎样形成的等；小学生的心理特点与行为特征；心理卫生知识，如心理健康与心理异常的区别有哪些、常见的心理疾病及其表现、调适不良心理状态的方法等。

3.关心陪伴要到位

有的父母整日忙于工作，很少有时间与孩子待在一起。无暇关心孩子的心理世界，这样的父母可能是一位称职的工作者，但绝对不是一个好爸爸、好妈妈。有的老师认为自己每天要面对那么多学生，工作量那么大，不可能有时间和精力去了解学生的心理活动，这样的老师也不是一个称职的教育者。亲爱的父母，请留点时间给你的孩子，倾听他的欢乐与烦恼；敬爱的老师，请拨点时间给每位学生，看一看他们的笑容与愁云。

促进儿童的心理健康，思维意识到位最重要，相关知识到位最关键，关心陪伴到位最实在。

1-4 我是谁?

"我"是谁？"我"的优点和缺点分别是什么？别人怎么样看"我"？"我"该怎么做？孩子在进入小学后，学校生活扩大了其与他人的交往范围，随着身心的进一步发展，他们在与他人的竞争中有了成败的体验，并逐渐体会到自我价值的概念，开始评估自己的能力、行为及性格特征等。"我是谁？"成为孩子日常生活中一个需要解答的重要问题。

对学龄孩子来说，认识自我有着更深刻的意义。因为孩子对自己的自觉，决定了他对自我能力、行为、人格的认定，也因而决定了他的活动取向。例如，一个认为自己各方面都很出色的孩子，会比较有自信，也会主动积极地待人处事，相反，一个自以为什么都不如别人的孩子，会比较自卑，在待人处事中容易缩手缩脚。所以父母和老师应重视孩子对于"自我"的建立，抓住人生发展的关键并加以引导。

那么何谓"自我"？心理学认为，自我是个体对自身存在的觉察，即认识自己的一切，包括生理状况、心理特征以及自己与他人的关系等。具体来说，自我可包括三方面：物质的"我"，指自己的身高、体重、外貌等；社会的"我"，指自己在团体中的地位、角色、与他人的关系等；精神的"我"，指自己的智力、兴趣、气质、情绪、性格、人生观等。

小学生自我认识的特点

一般而言，小学生在认识自我时往往有以下特点。

1.源自于他人

换句话说，小学生对"我"的看法基本上是别人对"我"的看法的翻版。

别人说"我"是个聪明的孩子，"我"就觉得自己头脑灵活；别人说"我"是个品学兼优的好学生，那"我"就是一个优等生。由此可见，小学生对自我并没有真正属于自己的看法，而是通过外来的评价认识自我，且这种外来的评价主要来自对其有较大影响的人，首先是父母、老师，然后是同学、团体。

2.是不稳定的

今天考试成绩优异，就沾沾自喜，认为自己很了不起，很聪明能干；明天成绩下降了，就垂头丧气，认为自己很无能，脑子很笨。总之，自我认识缺乏一贯性，带有很大的不稳定性。

3.是不完整的

有的孩子习惯从以往的经历中看自我，这就可能因为过去的成绩而沾沾自喜，或因以前的失败而畏缩不前；有的孩子喜欢关注自己的优点而忽略自己的缺点，结果造成盲目自大，唯我独尊。在评价自我时，他们容易走极端：有的认为成绩都是自己的功劳，变得自傲、自负、目中无人；有的认为失败都是自己的无能所致，变得自卑、自责、害怕见人。由此可见，小学生眼中的自我是一个不全面、不成熟的"我"，有时甚至是一个非真实的"我"。但是否能正确地认识自我，不仅直接影响孩子的心理健康，还关系到他们以后的发展方向。因此父母与老师要帮助孩子共同完善自我的塑造，在教育过程中应注意以下几点。

（1）对孩子的评价要有利于其成长发展

前面提到，小学生的自我认识主要来自老师与父母对他们的评价，这将关系到孩子对于自我的形成。因此大人在评价孩子时不可以伤害其自尊，不可说贬低、嘲讽之类的话，诸如"你不行""你是个疯子、笨蛋"等，以免打击孩子的自信心，因为孩子大多会十分看重父母、老师对自己的看法。同时注意不要过于慷慨地赞美孩子，要知道滥用赞美之词和不切实际的过度赞扬也会误导孩子，使孩子对自己产生错误的过高认识。当孩子一旦发现他人评价的自我与现实的自我不一致时，难免会陷入困惑、迷失，甚至会在前进中丧失自我、离真实的自我越来越远。此外，对过于自信的孩子要注意多指出其缺点、不足；对心理自卑的孩子则要多肯定其优点、长处，使他们朝健康的方向发展。

（2）使孩子全面认识自我、接纳自我

每个人都有长处，也都有不足之处。小学生因其认识的片面性，往往不能全面地看待自己。这时，老师与父母应让孩子正确地认识自己各方面的优点和缺点，并学会以不骄不躁、不卑不亢的健康心态去面对自我，愉快地接受自我，让孩子看到自己的优点和长处，这可以证实他有才能、有优势、有潜能；同时也要告诉孩子不能自大，因为他还有这样或那样的缺点和短处。要让孩子了解：只有正视自己的不足，勇于改正缺点，学习他人之长，才能使自我更完善。

"我"是谁？一个人只有了解了自我才能确立奋斗目标，才能超越自我，使生命充满活力、朝气和喜悦。

1-5 做自己的主人

小学阶段是孩子身心发展的重要时期。随着孩子与外部环境接触机会的增多，已经开始建立自己的人际关系，已经能透过文字、电视等多种媒介来了解世界和他人的想法。总之，他们已经具备了一定程度的独立生活、独立思考的能力，父母与老师应把这个时期孩子的人格培养作为重点，放在塑造其独立自主的主体意识和能力上，为培养孩子具有开拓意识，乐于奉献，勇于承担责任的未来，奠定扎实的基础。

然而现在许多父母因过分关注孩子，经常无意间磨灭了孩子的主体意识，因此有人把独生子女身上的某些人格特征称为"鸡蛋壳症候群"。孩子们在父母长辈面前是"小皇帝"，早上，父母送孩子上学，一手提着书包，一手往孩子嘴里塞点心，嘴里还不停叮咛；放学，父母早早等候在学校门口，有的甚至跑到教室为孩子整理书包、抄写回家作业等。殊不知，在这样百般呵护下长大的孩子，到了社会上常会表现得十分脆弱，一遇到挫折便惊慌失措，长时间陷入不安情绪的困扰而不能自拔，像蛋壳一样经不起碰撞，一碰就碎。那么该如何培养孩子独立自主、自力更生的能力？又如何让孩子做自己的主人呢？

放手让孩子做自己的事情

温室中的花朵永远经不起风雨。有些父母总是认为孩子还小，只要好好读书就可以了，什么事都自己一手包办，这样做的结果反而助长了孩子的依赖性，到头来孩子连最基本的生活能力也没有，又如何在社会中立足呢？因此父母要相信孩子能做好自己的事情，应该让孩子独立完成部分他能力所及的事情，即使没有做好，不也是给孩子多一些人生的体验吗？

培养孩子生活自理的习惯

刚上小学的孩子，父母应鼓励他们自己穿衣服、洗脸、洗袜子；三四年级的孩子，让他们自己洗衣服、收拾书桌、整理床铺；高年级的孩子应该熟练地帮父母洗菜、煮饭、招待客人。学习上的预习、复习，都该由他们自己来完成，不必让父母协助。父母可根据孩子的身心发展规律，鼓励孩子积极自理生活与学习习惯，并珍惜其自理的成果，抓住时机因势利导，培养孩子一切良好的生活与学习自理习惯。

教会孩子独立生活的技巧

拿整理书包为例，父母应先教会孩子如何整理、该带些什么物品、怎么样放置学习用品使之整齐又方便取用。孩子刚开始学习整理书包的时候，父母可在一旁帮助，实时提醒他们。几次练习下来，便可让孩子独立完成。刚开始时，孩子难免会做得不完善，请不要责备他们，多给予练习的机会，他们会越做越好的。在平时生活中就有许多练习的机会可加以利用。例如，洗衣服时，也为孩子准备个小板凳，让他一起搓洗；吃完饭，不妨让孩子收拾碗筷，做些清洗工作。

培养孩子正确地面对挫折

小学生毕竟还是孩子，心理尚未成熟，遇到挫折往往会不知所措。人生阅历较丰富的父母要鼓励孩子受挫时应采取积极的态度，帮助他们总结失败的经验教训，可让孩子拟订一个避免失败的计划。如此，在每一次失败中，孩子都能学到东西，其耐挫能力自然会提高。

让孩子明白自己的责任

如果孩子不愿意做自己的主人，不明白自己应负的责任，那么父母对他们采取的任何方法都可能是徒劳。因而父母要激发孩子的主体意识，应时时教育孩子长大成人就必须学会自食其力，让孩子明白每个人都是自己的主人，让孩子了解其重要性，自觉地完成老师、父母交付的任务，并且能主动做好自己的事情。孩子有了自食其力的需求，前述的方法才能得到事半功倍的效果。让孩子尽快从鸡蛋壳里挣脱出来，把握好今天，成为学习的主人、生活的主人、学校的主人，只有这样，未来他们才能成为社会的主人、国家的主人。

1-6 转学生适应新环境

现代社会搬家是常有的事，搬家后孩子又不得不转学。转学生对新环境的适应力强弱与适应周期长短也会直接影响其学习。转学生大多需要一段适应期，适应期有长有短，这与孩子的性格、家庭和团体教育环境有密切关系。

性格是影响孩子适应力的重要因素。适应力强的转学生，其个性本身发展较为完善，无论环境怎么变化，都会释放出积极的一面，参与新环境的各种活动，进而取得较好的效果。反之，如果转学生本身个性有缺陷，那么随着环境的变迁，其被动地应对，效果肯定不佳。所以说，性格对人的适应力影响最大。每个人都有各自的性格特征，有外向的，也有内向的。对于转学生来说，性格外向者较容易受到老师和同学的欢迎，具有良好的人际关系，所以适应新环境的时间会大大缩短；而性格内向者则较沉默，适应时间便会稍长些。学生性格特征的差异是决定其适应力强弱的因素，而适应力的强弱又决定了适应周期的长短。

性格是影响适应力的内因，而家庭、学校的教育环境则是影响适应环境的外因。父母对搬家的态度是积极还是消极，与孩子的适应力有直接的关系；而父母的教育、生活方式、夫妻关系在某种程度上也会影响孩子的适应力。例如，父母对搬迁抱着积极的态度，在培养子女方面大多会采取赞扬与批评相互结合的方式，让孩子在充满欢乐、民主的气氛中成长，这样的孩子其性格大多是开朗、活泼、积极的，因此搬迁到新环境后也能很快地适应。

对于转学生来说，初来乍到新学校都会有陌生感，这时老师与团体对他的影响力最大。到新学校后，新的环境给予转学生的学习进步、人际关系改善多少会带来新的希望。适应力强的学生能抓住这个机会，充分博得新老师、新同学的赞赏，然后再从各方面下苦功，取得好成绩。适应力弱的学生可能会因为求知欲弱、自制力差及人际互动能力弱等原因，使各方面显得不尽如人意，便使他们更自卑，造成恶性循环。由此可见，师生关系、同学关系也是影响学生适应力的重要外因。

从适应新环境的时间来看，搬迁半年之内的转学生很容易受到老师、同学评价的暗示，因此这半年之内他们在各方面都很不稳定。父母和老师应重视这段时间，积极指导、培养孩子的适应能力与发展能力。

为了提高转学生的适应力，让转学生尽快适应新的校园生活，老师要因材施教，矫正其不良的性格，以便顺利地进行教学和教育。首先，必须通过多种途径深入了解每一位学生的现状及发展趋势。例如，有意识地进行课内外的观察、面谈、批改及分析作业、家访等方式，来了解学生各方面的具体表现。其次，与学生父母密切配合，注重学生的性格教育，侧重行为习惯的培养。再次，父母和老师也要加强自身的修养。转学生来到新学校后，往往会注意老师的言行举止，有意识地表现出迎合或模仿老师的行为。因此若要取得好的教育效果，老师与父母都必须建立起自身良好的性格。老师要多用鼓励的话语来激励学生，对适应力强的转学生可委以干部职务，让他们有施展才华的舞台；对适应力差的学生更要关爱，挖掘他们的优点，协助他们尽快度过适应期。

1-7　相信我做得到

心理学家曾对千名天才儿童进行追踪研究，30年后，又对其中30%高成就者与20%无大成就者进行比较，发现其明显差异在于自信心。可见就某种程度上来说，拥有了自信也就是朝日后的成功迈进了一步。

自信受制约的因素

什么是自信？自信是指个体对自己力量的肯定，深信自己一定能实现所追求的目标。这一目标小到日常生活的自理，大到理想事业的追求。一般来说，自信的形成主要受到以下因素的制约。

1.成功率的制约

一个人的自信程度与其成功率成正比。成功次数越多，自信心越强；反之，失败次数越多，自信心越弱。

2.能力的制约

能力是自信的基石，能力不足便难有自信。富兰克林曾说："一个人失败的最大原因，就是不敢信任自己的能力，甚至认为自己必将失败。"

3.他人期望的制约

他人对个体的期望大，信任程度高，就会增强个体的信心；反之，则会削弱个体的信心。所以一个人的自信程度往往与他人对他的态度、评价有关。

如何培养孩子的自信

作为父母和老师，该如何培养孩子的自信呢？

1.为孩子制造发挥其才能的机会

每个孩子都有自己的优点和长处，父母和老师要细心观察，发掘孩子的宝贵之处，鼓励孩子并为他们提供发挥才能的机会，让他们在公开场合亮相。当孩子获得成功时，哪怕只是微小的进步，都要实时地给予肯定和赞赏，让他们品尝到成功的喜悦。千万别小看赞赏的作用，它能鼓励孩子更有信心，鞭策孩子向更高的目标不断进取。

2.加强孩子各种能力的培养

自信源于对自我能力的肯定，所以提升能力是增强自信的必要条件。可是目前许多父母在孩子能力的培养上存在着偏差思维。

偏差一，在能力内容选择上失衡。许多父母比较重视孩子的知识技能、艺术技能的培养，而忽略了孩子生活自理能力的重要性，造成孩子独立生活能力差，面对困难环境缺乏自信；

偏差二，父母包办代替。因为怕孩子受到伤害或把事情越做越糟，孩子一有困难，父母便采取保护措施，使孩子丧失受磨炼的机会。殊不知，父母越是事事代办，越俎代庖，越会造成孩子缺乏自信，压抑其行动欲望，孩子的能力也就无从培养。因此要培养孩子的能力就要敢于放手，凡是孩子自己能做好的事，要放手让他做。一旦放手让孩子做，就要相信他能做好，使孩子感受到你对他的信任，他才会产生信心。当然，孩子独立办事，由于经验不足往往会失败，这时应该鼓励他们，帮助他们建立"我做得到"的信念，懂得"不怕失败，大胆尝试"的道理，让他们在实践中"经一事，长一智"，不断累积经验，进而提升各方面的能力。

3.给予孩子正确积极的评价

父母、老师的态度直接影响孩子对自己的判断及信心。当大人看到孩子闯祸时，不能严厉地指责，一味地挖苦，甚至嘲笑，这不但有损孩子的信心，还会激起孩子强烈的抵触情绪。从心理学的角度看，父母的责怪往往是造成孩子屡次出错的重要原因。孩子们总想把事情办好，一旦失败，心中已是不悦，再遭责备，更会增添消极情绪，增加孩子的紧张焦虑，因此会不由自主地重蹈覆辙，一错再错。

　　自信心不足的孩子，大多是判断失误，没有认清自己的有利条件；或是与比自己条件好的同学相比，认为自己不行；甚至是意志不坚强，怀疑自己的能力。因此父母和老师要成为孩子的明灯，帮助他们发挥优势，恢复信心，磨炼意志。鼓励孩子在做每件事时，不要说："我不行"，而要说："我试试看。""我做得到。"对孩子的每一点进步都要实时地给予肯定，使他们克服自卑感和胆怯心理，增强自尊和自信。

1-8 男孩女孩牵手同行

男女有别，这是个再普通不过的常识。人在孕育成的那一刻起，染色体的构造就已经决定了性别。之后随着年龄的增长，这种差异又被社会赋予了不同的特性。那么男性与女性究竟有何不同呢？

一般而言，女性的情感记忆和运动记忆较好，因此在艺术活动中，高模仿性、高难度动作、动作富于变化的艺术形式，像舞蹈及体操等，女性较容易做到。针对思考发展而言，女性在具体思考上占优势，因此在学校中，女性一般较喜欢文科，容易取得好成绩；男性则喜欢理科，容易在数学、理化学科上有好成绩，因为男性的思考方式较偏重于抽象。此外，由于男性激素中雄性激素是女性的两倍，所以男性不仅身材高大、肌肉发达，且攻击性强。在青春期，高雄性激素的男性更易采取攻击行为。

以上我们分析了男女在生理上的基本差异以及因这种差异所产生的在记忆、思考及行为方面的不同。生理差异只是两性差异中诸多因素之一。而性别差异更主要的是由后天社会文化影响所形成的心理差异。这种差异主要由性别角色具体展现。

就心理学而言，性别角色是指社会对不同性别的人所规定的行为模式。其要求男性或女性的言谈举止和行为表现都要符合其规定，否则将会受到社会的排斥。孩子性别角色的形成主要源于环境影响和自身学习。而在环境影响中，父母具有重要作用，父母总是自觉或不自觉地按照自己想象中的男性或女性形象，来教育和培养子女。从为孩子取名到购买服饰，从添置玩具到行为要求，父母都会因孩子的不同性别而有所选择。而孩子一旦确立性别意识后，又会主动向对应的角色进行学习、模仿，男孩更多地模仿父亲，女孩更多地模仿母亲。同时他们也通过观察、模仿各种传播媒介中的人物形象来逐渐完成其性别意识和性别角色的确立。

由此可见，孩子的性别角色不是自然而然形成的，而是随着成长通过自身与环境的相互作用形成的，他最终掌握了一定的性别角色规范，承担一定的社会职责。如果性别角色符合社会文化的要求，孩子就会被社会和他人承认、接受；反之，就会被否定并拒绝，从而影响其人际关系和心理健康。当前男孩"女性化"的问题越来越引起人们重视，因此如何帮助孩子在社会舞台上扮演好各自的性别角色，已成了老师、父母的一个重要课题。那么我们应如何给孩子上好这一课呢？

帮孩子形成正确的性别角色意识

家长应关注孩子的成长，及时发现孩子在性别认知方面存在的缺陷，给予正确引导。通过沟通，不断充实孩子对性别角色的认识。对于那些不愿接受自己的性别角色、对自己性别角色反感的孩子尤其要加以重视。例如，有些女孩对自己的女性角色感到反感，认为女孩容易被人欺侮、胆小等。针对这种情况，家长应及时进行辅导，可以根据其不愿做女孩的理由进行开导，分析这种观点产生的原因，帮助其树立正确的性别角色意识，同时接纳自己的性别角色。

注意正确的教养方式

孩子性别角色错位的问题，往往是由于成人的教养方式失误所导致，主要表现为把男孩当女孩养，或把女孩当男孩养。最明显的就是服装错位，有的父母重男轻女，为女孩穿男装以满足自己的心理愿望；有的妈妈觉得应漂漂亮亮，于是把男孩打扮成女孩，甚至为孩子涂口红等。父母这样做也许只是为了好玩，殊不知，这会使孩子的性别意识混乱，对孩子性别角色的发展极为有害。所以要帮助男孩、女孩形成相应的性别角色，就要把握好教养方式，使其与孩子健康的性别角色相统一。

总之，性别的生理差异与心理差异并不是一种简单的对应关系。生理差异只是一个前提。性别角色主要是社会文化塑造的结果，所以我们应让孩子发挥其各自的优势，同时注意那些有互补作用的心理特征，互相吸取，弥补不足，使男孩与女孩更加完美。

1-9 富有魅力的个性从儿时起步

　　每一个孩子都有不同的个性：有的开朗外向，有的谨慎内向；有的顽皮好动，有的沉静稳重；有的喜欢交际，有的乐于独处；有的天生就是急性子，有的却慢条斯理；有的直率坦诚，有的委婉含蓄。小学阶段正是个性初露、起步发展的阶段，只要父母和老师细心呵护、用心培育，个性的幼苗就能健康发育，每一个孩子都能成为一个独一无二的个体，成为一个健康完整的人。

　　个性是一个人的整体精神面貌，是个人所具有的意识倾向性和比较稳定的心理特征的总和，包括个性倾向性、个性心理特征和自我意识等三个方面。个性倾向性由需要、动机、兴趣、理想、信念和世界观等要素构成，可以决定个人行为的基本倾向；个性心理特征表现为一个人稳定的典型特征，包括气质、性格及能力等要素；自我意识是指个体对自己的认识、评价和调控。正因为个人能意识到自己的个性倾向性和个性特征，并对其做出相应的评价，才能进行有意识的控制与调节，使之成为一个统一的整体。

　　个性的发展对于个体的成长具有深刻、久远的影响，人的身心健康、学习活动、人际交往无不受其影响。医学研究发现，好胜心强但缺乏耐心、容易发火的人，其心脏病发病率比个性温和、从容不迫的人要高出一倍。

　　个性对于心理健康的影响不容忽视，有些学者根据人的个性特征，将人分为A、B、C、D、E五种类型。其研究结论是：A型人有进取心，但易急躁，对周围环境的适应力较差，人际关系不甚融洽，故易出现社会适应性和人际关系方面的心理障碍；B型人能力一般，不善于交际，但社会适应性尚可，遇事想得开、放得下，不耿耿于怀，所以较少产生心理障碍，但心理健康水平不高；C型人情绪稳定，感情内向，好幻想，较孤僻，因此经常出现忧郁、自卑等心理问题；D型人情绪稳定，性格外向，为人乐观豁达，善于交往，这类人心理健康水平较高；E型人情绪消极，有逃避现实的倾向，多产生焦虑、恐惧及忧郁等情绪障碍。

性格是个性的核心要素，穿梭于人的一切活动中，包括学习。良好的性格对于学习具有巨大的推动作用，而这一点常为人们所忽视。科学巨匠爱因斯坦敏锐地意识到了这一点，他说："优秀的性格和钢铁般的意志比智慧和博学更为重要，智力上的成就在很大程度上依赖于性格的伟大，这一点往往超出人们一般的认知。"有一项调查证实，在108位性格不良的学生中，学习成绩差的有83人，占79%；成绩一般的有18人，占7.2%；学习成绩好的有4人，仅占3.8%。这就证实了性格的优劣在很大程度上会影响学业成绩。

个性还会影响人际交往，有些人很容易赢得别人的好感，成为人见人爱的好孩子，这往往是因为他们具有较强的个性吸引力；而有的人总是不讨人喜欢，成为人见人厌的讨厌鬼，这通常是因为他们身上沾染了不良的习气。心理学家研究发现，人们总是喜欢和热情、真诚、友善、信任别人的人交往，而不愿与冷漠、虚伪、贪婪、自私、猜疑、嫉妒性强的人为伍。可见个性对于个体的各方面都具有不可低估的影响力。因此培养小学生良好的个性成为父母和老师重要的课题。

在构成个性的诸多要素中，气质和性格最重要。气质是心理活动的典型动力特征，主要是指心理活动的速度、强度、灵活性、稳定性方面的特点。气质基本上是先天遗传的。俄国著名的生理学家巴甫洛夫将气质视为高级神经活动特点及其类型的自然呈现，而古希腊著名的医生希波克拉底是最早提出气质概念的人。希波克拉底在长期的医学临床中观察到人有不同的气质，最后将人的气质分为胆汁质、多血质、黏液质和抑郁质等四种类型。这四种气质之间并无高低优劣之分，气质不能决定一个人的社会价值和成就的高低。事实上，没有一种气质是完美无缺的，每一种气质既有其长处，也都有其缺点，详见"气质类型比较表"。

虽说气质有上述四种基本类型，但纯粹的胆汁质型、多血质型、黏液质型、抑郁质型的人并不多见，多数人是两种气质的混合型。由于气质的先天决定性，因而一般很难改变。而俗话所说的"江山易改，本性难移"中的"本性"，其实就是指气质。从某种意义上讲，气质是个性的生理基础。

人的个性特点集中表现在性格上，性格是一个人对周围事物的一种稳固的态度，以及与之相适应的习惯化的行为方式，其有着复杂的结构，包含态度特征、意志特征、情绪特征和理智特征四个方面。

性格的态度特征由三部分构成：一是对社会、对团体、对他人的态度，是团体主义还是个人至上；豁达大度还是心胸狭隘；宽容谦和还是斤斤计较；正直善良还是虚伪狡诈；热情率真还是冷漠无情。二是对待学习和工作的态度，是勤奋踏实还是懒散马虎；是谨慎稳定还是鲁莽冒失；是创新求异还是墨守成规。三是对自己的态度，是谦虚谨慎还是骄傲自满；是自尊自信还是自轻自贱。

性格的意志特征表现在能否自觉地确定目的、能否克服遇到的多种困难，以及在实现目标的过程中是坚定不移还是摇摆不定，是坚韧不拔还是朝三暮四，是勇往直前还是怯懦退缩。

性格的情绪特征是在情绪上的外化表现，或表现为乐观开朗，或表现为抑郁寡欢，或平和宁静或激情爆发，或情绪平稳或起伏震荡。

性格的理智特征是指人在感知、记忆、认识事物或思考问题时的特点，表现为或积极主动或消极被动，或认真严谨或草率马虎，或深刻精细或肤浅粗略。

气质类型比较表

气质类型比较	胆汁质	多血质	黏液质	抑郁质
	兴奋型（不可遏止型）	活泼型	安静型	抑制型（弱型）
有关的几种心理特性的表现	感受性低、耐受性高，无意反应性强，并且占优势，外倾性明显，情倾性明显，情绪兴奋性高，外部表情明显，抑制能力差，反应速度快，但不灵活	感受性低、耐受性高，无意反应性强，具有可塑性和外倾性，情绪兴奋性高，外部表现明显，反应速度快而灵活	感受性低，耐受性高，无意反应性和情绪兴奋性都低，内倾性明显，外部表现少，反应速度慢但有稳定性	感受性高，耐受性低，无意反应性弱，严重的内倾，情绪兴奋性高且体验深刻，反应速度慢、不灵活
在日常生活中的典型表现	精力旺盛，直率热情，容易激动，心境变化剧烈，外部表现非常明显，不易控制自己	活泼好动，喜欢与人交往，反应迅速，表情丰富，兴趣容易变换，注意力容易转移，外倾倾向明显。	平静、稳重，话不多，情绪不易外露，注意力稳定但难以转移，动作迟缓，善于忍耐，较内向	敏感，情感体验深刻，善于觉察到别人不易觉察的细小事物，寡言、羞怯，不太合群，动作迟缓，非常内向
大致的优缺点	能以很高的热情对待事业，但精力耗尽时，也可能情绪一落千丈；心直口快，办事干脆，但也容易急躁粗暴、主观武断	精神愉快，机智灵活，适应性强；交友广但不易深交，富于幻想但有时想入非非；有热情，但不乐意做精细的工作，办事凭兴趣	态度稳重，不卑不亢；办事认真，但不够灵活；埋头苦干，但有时过于因循守旧；不爱空谈，但有时显得冷漠、缺乏热情	观察细致，有时过于敏感；容易激动，也容易消沉，与他人交往少，倾向于沉闷；办事稳妥，不易经受挫折

　　性格的形成既受到生理因素的影响，也受家庭环境及学校教育等社会因素的影响。气质是性格赖以发展的生理基础，同样的气质类型，由于所处的家庭环境不同、接受的学校教育有别，可以形成积极的性格特征，也可以形成消极

的性格特征。例如，胆汁质的人性子急，这种特性可以表现为勇敢，也可以表现为鲁莽；多血质的人灵活，这种灵活既可以表现为机智敏锐，也可以表现为摇摆不定、忽冷忽热；黏液质的人迟缓，可以表现为镇定、刚毅，也可以表现为固执、呆板；抑郁质的人可以表现为深思熟虑，也可以表现为优柔寡断。

性格发展的四个阶段

性格的形成并不是一朝一夕的事，心理学家把性格的发展分为四个阶段。

1.雏形出现期（3~6岁）

这一阶段孩子本身固有的心理特征（气质类型），在家庭的早期教育和周围环境的影响下，出现了最初的性格倾向、形成最早的性格雏形。此时，家庭是孩子生活的主要场所，父母是和孩子接触最频繁的人，因此可以说家庭是孩子的第一所学校，父母是孩子的第一任老师。

2.初步形成期（7~17岁）

这时孩子进入学校，生活范围扩大，对周围的一切充满好奇心，善于模仿，但分辨是非的能力相对较弱，因此凡是有影响力的团体舆论和社会思潮，都可能影响其性格，表现出性格形成过程中较大的可塑性。此时，正确巧妙的引导、健康和谐的环境，对孩子性格的发展十分重要。

3.基本定型期（18~25岁）

个体进入社会或跨入大学，在生理和心理上都日益接近成人，世界观逐步形成。性格逐渐定型，对周围的世界有较稳固的态度和与之相适应的行为方式，对社会的能力作用不断增强。

4.完善成熟期（25岁以后）

随着生活经历的不断丰富，个体自我完善的愿望日益增强，对性格的调节与改进成为一种自觉的行动，个性日趋成熟。

小学正是性格初步形成的时期，良好的性格需要从小开始培养，在这一方面，父母和老师承担着不可推卸的责任。

父母与子女关系类型

家庭教育的方式是影响孩子性格形成的重要因素。过分溺爱与放纵，或没有对孩子学习、生活自理的严格要求，便很难养成孩子不怕吃苦、热爱劳动的个性；如果对孩子过于苛求、一味训斥，不考虑儿童的特点和需要，又会使孩子缺乏独立性、主动性和创新精神。父母与子女的关系是影响孩子性格发展的一大因素。有学者将父母与子女关系分为四种类型。

1.严父慈母型

在这类家庭中既有严格的要求，又有母爱的温暖。父母严于律己，注重身教，尊重孩子，能满足孩子的合理要求。双亲共同担负教育子女的任务，对孩子的要求一致，在这类家庭中孩子的性格能得到较好的发展，待人热情礼貌，情绪活泼快乐，学习认真勤奋，社交能力较强，做事自主独立，具有自制能力，富于创造精神。

2.慈父严母型

母亲在家庭中主宰一切，父亲则很少过问。母亲在生活上给孩子无微不至的关怀，对于思想学习和品行要求严格，但孩子似乎不易体会到母亲的温暖。这类家庭的孩子易形成温和、顺从、无主动性、缺乏独立自主性、依赖性强的性格特点，品行上易养成两面讨好、投机取巧和说谎的毛病。

3.严父严母型

这类家庭有严格的家规，对孩子的学习和品行要求较高，作息制度也较严格，奖惩分明，家庭气氛沉闷，孩子处于被支配地位，体会不到家庭的温暖与母爱。在父母面前循规蹈矩，父母不在时则表现迥异。孩子的自尊心、自信心不强，有一定的忍耐力，但易形成不诚实的毛病。

4.慈父慈母型

家庭气氛良好，父母从不打骂，重视孩子的意见，能满足其要求。孩子能得到家庭的温暖，但父母有时会迁就、溺爱孩子。这种家庭的孩子往往比较热情、活泼爽直、善良温顺，但有时较为任性。

父母应有的态度

要使孩子形成良好的性格，父母必须做到：

1.强化教养意识

有的父母沉浸于麻将，尽兴玩乐，对孩子不闻不问；有的父母全身心投入自己的事业，无暇顾及孩子；有的父母认为只要把孩子养大就完成了其责任，对孩子的性格发展放任不管。这些做法都会使孩子处于半失控状态，何谈培育良好的性格呢？因此强化父母的教养意识是培养孩子具有良好性格的第一步。

2.端正教养观念

父母关心孩子的衣食冷暖，关注孩子的学习情况，但不少父母对孩子的性格发展重视不够，教育的失衡源于思想的偏差。孩子的成长不仅是外表的改变、学业的进步，还应包括性格的形成，缺一不可，否则就是残缺的教育。教养观念不端正，培育性格便会成为一句空话。

3.加强自身的修养

由于血缘关系，父母对孩子的影响是任何人都无法替代的。孩子总会以父母为榜样，极力模仿父母的言行举止，父母的性格特征（无论是优点还是缺点）就这样潜移默化地渗透到孩子的身上。因此父母必须加强自身修养，使自己成为一个品德高尚的人，进而为孩子树立良好的形象，对孩子的性格发展施以积极的正面影响。

1-10　雏鹰从这里起飞

在旭日东升的时候，一群雏鹰正迎着朝阳，试着飞向高空。现在他们的翅膀还稚嫩，或许会在风雨中挣扎，或许会在雷电下躲闪。然而终有一天，他们会成长为威武雄壮的鹰，在天际自由翱翔。

我们讨论如何培养孩子，用什么方法，他们长大后成为怎样的人，已经不只是教育问题。我们做的工作其实超越了教育，超越了孩子，我们是在描绘一幅图画——未来社会的雄鹰展翅图。我们想象着将若干年后的"孩子"放进这个图画，看看他们需要做些什么，应该做些什么，必须做些什么，进而设计现在教育要完成的工作。简单地说，我们是在塑造未来。

绝大多数的老师对这个问题都有比较清醒的认识。教育学生，不是为了当下，而是为了未来。今天怎样教育学生，明天他们就会成为怎样的人，未来社会的建设，在某种意义上，从今天的教育已经开始了。不过部分父母表现出的重视程度却远远不够。有的父母把孩子当作自己的财产，高兴时又亲又搂；不顺心时又骂又打，"反正打坏了也是自己的孩子"；有的父母认为培养孩子是为了自己，要求孩子百依百顺，以"乖""听话"作为好孩子的标准；还有的父母把教育的责任推给了学校、社会，孩子稍有问题就归罪于学校，孩子在校外交了坏朋友，又责怪社会，把自己培养孩子的责任推得一干二净。这些父母没有从未来和社会的高度来看待孩子。世纪之交，教育要培养"21世纪的建设人才"。因为孩子预示着未来，培养孩子就是在塑造未来。

那么未来需要怎样的人呢？我们该怎么为未来培养人才呢？未来学家、社会学家、心理学家、教育学家和科学家们，对此做了许多研究，将他们的成果综合起来，可以大致了解未来社会对人的主要要求。

第一，独立意识和创造精神。未来社会的分工越来越细，每个人必须独立面对纷繁复杂的社会，独立思考、独立做出判断、独立解决，以前那种"人云亦云""顾左右而言他"的中庸处世哲学必然会被社会所抛弃。社会的飞速发展，加快了新旧更替，也使人们拥有的知识、观念、方法迅速地变得陈旧。没有创新精神，不敢突破，不敢创造，是赶不上时代发展的列车的。

第二，进取心和献身精神。历史证明，墨守成规是没有出路的，必须不断地积极进取，在前进的道路上，不能没有献身精神。不管做什么工作，当老师也好，做经理也好，即使是普通的工人，都在追求成功，而心理上的成就感往往是以事业的成功为基础。献身精神是一种很高的境界，但不是一句空话大话，其存在于日常生活中，为未来社会所必需。

第三，渊博的知识和多方面的能力。未来的生产是多产业、多工种的协同生产，哪怕一个普通工种，也必须掌握较全面的科学技术，而且未来社会提供了人们更多的闲暇时间，需要有更多的知识、更强的能力来调节工作和生活。因此通晓一门外语、熟练操作计算机、较强的金融意识，将是每个人应具备的基本素质。

第四，良好的身心适应能力。世界卫生组织在最近的一份报告中为"健康"提出了两个指标：一是身体健康，指生理机能的有效运作，保证个人具有充沛的体力，身体调节能力和免疫能力；二是心理健康，心理健康的人应该有良好的自我肯定、良好的人际关系、良好的社会适应能力。快节奏、多变的未来社会，对人的身心都提出了很高的要求，我们必须培养孩子适应社会的能力，不仅在身体上，更重要的是在心理上，保持内心的平衡，调节好个人与个人、个人与社会的关系。

我们能否为孩子创造一个美好的未来呢？联合国教科文组织提出了"学会生存""学会关心"这两个课题，值得深思。

"学会生存"就是要解决个人在社会谋生的问题，同时借此发展社会生产水平。套用这个概念，我们提出以下三项建议。

1.给予孩子必要的身体素质训练

爱护孩子，但不要过度保护。身体素质的训练对孩子是必须的。我们不愿意看到"竹筷子",也不愿意看到"小胖子",未来需要的是健康、强壮的人。

2.给予孩子必要的竞争意识教育

现今职业竞争越来越激烈,而职业竞争往往又是生存竞争。竞争对个人而言,或许是残酷的,但也提供了平等的机会,只有准备充分的人,才能抓住机会,在竞争中取胜。用竞争意识激励孩子,促进他们在学习、品德上的提升,对其成长是有益的。

3.给予孩子必要的学习方法指导

一个人最重要的不是掌握了多少知识,而是能否学到更多的知识。这就需要父母和老师在学习方法上多给予指导,让他们"知其然",更"知其所以然",使孩子能举一反三,触类旁通,在告别老师和学校之后,也能继续学习、发展。

"学会关心"是人类在解决生存问题及温饱问题之后,要谋求更高的发展,必须解决相互间的协作问题。"学会关心"关系到人类的发展处在一个极限的时候,能否突破极限,超越极限,获得更高的发展。据此提两点建议。

1.培养孩子的团结协作精神

教孩子关心他人,帮助他人,团结友爱,反对自私、势利、孤僻。让孩子多参加群体活动,在与他人的交往中学会处理人际关系,真诚待人,以保有一颗善良仁爱的美丽心灵。

2.培养孩子的社会责任感

人是社会的一员,生活、学习、工作都和社会发生关系,生活质量的提高、学习条件的改善,都取决于社会的物质水平、文明水平。反之,社会的进步有赖于人们努力奋斗。我们对社会拥有责任,应该让孩子从小就知道这种责任。教育孩子,人并不是为自己而活,离开了社会,个人无法生存。他们的未来既属于自己,也属于社会,他们的理想应该和社会需要结合起来。

塑造未来,寄托了上一代对下一代的美好愿望。"路漫漫其修远兮",让孩子能成为真正心理健康又有丰富学识、灵巧技能的人,这是一个较漫长且艰辛的过程,既需要孩子自身的不断努力和进取,也有赖于教育者的悉心指导和关心。雄鹰展翅，鹰击长空，是何等壮美的一瞬，却又不知在这其后有着多少试飞的失败和尝试。我们无法代替孩子去试飞，却可以认真耐心地在一旁积极鼓励他们，教育不仅是个人成才的必经之路，还关系到社会安定、国家富强、民族兴盛，为了未来，让我们都来出一分力量，让我们的雏鹰从这里起飞。

1–11　向中学迈进的准备

小学生涯即将结束。六年中，学会了各种能力，在团体中茁壮成长。现在就要告别小学，离开熟悉的校园、亲爱的老师、知心的伙伴，跨进中学的门槛，开始新的生活。

进入中学，等待孩子的是新校园、新老师、新同学，是人生漫长旅程中另一个重要的转折。

从小学进入中学，正处于少年期（十一二岁至十四五岁），是从儿童期（幼稚期）向青年期（成熟期）发展的过渡时期，是独立性和依赖性、自觉性和幼稚性错综复杂，充满矛盾的时期；也就是说，这个时期的年龄介于半儿童、半成人之间。他们一方面希望自己能像"大人"般的做事、说话，但另一方面在行动上往往流露出稚气。说不懂事，他们似乎很懂；说他们懂事，又不是很懂。他们能够学一些比较系统的科学知识，理解一些理论问题，但是他们看问题不够全面，不够深刻。他们开始理解和参与群体、社会生活，但又不能自觉地控制情感，支配行动。

此外，这阶段的学生又处在青春发育期，既不同于儿童，也不同于成人，最大特点是身心都急遽地发生变化。形态上加速增长；机能上各有加强；身体素质变化很大；内分泌上，各种激素相继增量；性器官及性功能也正在迅速成长；心理行为、智力及技能等，都有巨大发展。大多数孩子能顺利地渡过，也有些敏感的孩子感到新奇，有时甚至不能适应，产生不知所措的感觉。如何针对这些特点，为小学毕业生顺利搭建到中学的桥梁呢？这就需要父母和老师共同的关心、指导。

1.在进中学前要帮助孩子做好充分的心理准备

升入初中以后，学习科目增多了，知识量增加，难度也提高。同样是数学，却由算术变成了代数、几何、三角；自然常识变成了生物、物理、化学。所有这些知识的扩充都要以良好的思维活动、智力活动为基础，且这一时期是逻辑思维发展的重要时期。这一切要求初中生必须提高学习的自觉性。中学里的老师不会再像小学老师那样，整天陪伴在左右，更多的是让学生自己解决问题。学生要主动寻找适合自己的学习方法；实时整理上课内容，进行归类、概括；自觉地完成作业，并善于独立地自我检查作业；主动进行新课的预习，旧课的复习。

中学的学习生活较之小学的更加丰富多彩。兴趣小组、第二课堂的活动，形式多样，内容丰富，兼有趣味性和知识性，应该积极地参加，因为它可以丰富创造性思维，发展智力，培养自己健康的兴趣和爱好。还要主动翻阅课外书籍，搜集、摘录资料，掌握信息，吸收精华。如此，开阔了视野，扩大了知识面。经过勤奋努力，不断为头脑"充电"，而后，会觉得眼前的世界骤然开阔了许多，精彩了许多。中学的竞争远比小学来得激烈，每个人都不希望落在别人的后面，每个人都感受到肩上的压力。有些学生一遇到挫折、失败或者某种干扰，就可能产生消极的态度。这种消极的态度不仅会影响学习成绩，也会影响智力水平和良好品德的发展。

初中生情感渐趋丰富，常常表现得很热情，而且变化也相当大，容易受暗示，盲目追求新颖行为。生活为中学生提出了新的问题：如何辨别社会生活中的真善美和假恶丑？如何抵制荒唐、庸俗、无聊生活的冲击？如何保持冷静的头脑，清醒地认识到该做什么、不该做什么？这些问题，对于小学生来讲，是考虑不多的，但对中学生则不同，学习环境、生活环境的改变，要求他们必须考虑这些问题。对此，能否作出正确的回答，往往关系到中学生能否健康地成长。中学生的生活既是五彩缤纷的，又是波折迭起的，需要不断努力，去探索、适应。因而要逐步锻炼自己抗干扰、抗挫折的能力，提高辨别是非的能力，培养坚强的意志和持之以恒的毅力。

小学阶段，很多任课教师特别是班主任，会不断地提醒你应该怎样、不该怎样,从课堂纪律到课间活动,从日常穿戴到吃饭、排队等,事无巨细,关心、照顾,无微不至。中学就不同了,更强调自己管理自己,要求学会自己料理一切,自己独力解决生活中碰到的事情。再不能一有事就去向老师告状、让老师来处理。在生活上,自己要安排好作息时间,既要保证有足够的时间学习,又要有休息、娱乐的时间,同时,还应该协助父母做一些家务,养成爱劳动、肯动手的好习惯。在集体活动中,团结友爱同学,发扬主人翁的精神,协助老师和班干部做好工作。中学,为学生提供了广阔的天地,赋予他们更多的自己做主的机会。通过不懈的努力,他们将成为真正的大人。

2.父母和老师必须做好学生青春期的教育

青春期的最大特点,是在身心两方面从不成熟到成熟,从未定型到定型。在身心成熟、定型的急剧变化过程中,可塑性很大,往往容易"近朱者赤,近墨者黑",因此,需要加以教育和引导。在体格上,处于青春发育期的青少年,可以走向强壮健美,也可以趋向衰弱多病,关键在于合理的营养和适当的体育锻炼。在思想上,可以使他们积极向上,也可能无所作为,重要问题在于正确的教育和引导。在学习上,他们有好学勤奋的一面,也有知难而退的一面。无论怎样,一定要善于引导,精心培养,让孩子懂得珍惜并学会把握自己这个最宝贵的时机。父母和老师可以提供有关的书籍,让学生知道青春发育期是如何开始的,其特点、生理变化、心理卫生及卫生常识等,打破孩子的神秘感。

父母要提醒孩子正确对待休息和睡眠。因为这对处在青春发育期的孩子尤其重要。有的学生"开夜车"到深夜,有的看电视、打游戏机到深更半夜,结果入睡困难、早晨起床难,白天昏昏沉沉,注意力不集中,效率降低。为了休息睡眠好,应该严格执行合理的作息制度。当学生在学习过程中感到疲劳时,这时就应去散步,或做点其他事,以保护那娇嫩的皮层细胞。结合学生实际,制订出适合孩子实行的最佳方案是必不可少的。父母还要帮助孩子制订科学的作息制度,保证孩子规律地生活。从小养成有规律的生活习惯,对一生的健康都有好处。学生了解了自身个体发展的自然规律,又有父母、老师为他们创造的良好条件,健康得到保护,体质得到增强,身心发育得到促进,一定能度过这个不平凡的青春发育阶段。

3.父母和老师要切忌教育简单化

随着学生自我意识的增强，独立倾向的加强，父母和老师教育切忌简单化。在小学高年级阶段，教师与父母应该有目的地引导学生逐步形成自主、自立、自觉、自理、自强的意识与能力，这将从根本上实现与中学生活的良好对接。愿每一位小学生都能以充满自信的姿态、跨进中学生活这个更为广阔的天地。

CHAPTER 02

教养学问与艺术

2-1 家门与校门

家，是孩子一生的避风港；学校，是求知学习的殿堂。家庭和学校，两个截然不同的场所，几乎涵盖了小学生每天的生活内容；父母和老师，两种角色共同承担起教育的主要职责。孩子，在家门与校门的往返之间逐渐长大，在父母与老师的共同教育下逐渐成熟。

然而家庭教育和学校教育有时也会奏出不和谐的音符，老师与父母配合不密切，联系松散，甚至两者的教育理念在基本观念上发生了冲突，导致孩子/学生无所适从。例如，老师要学生能够独立自主，自己的事情自己做；可一回到家，父母样样包办，根本不给孩子动手的机会。这就使两者的教育力量消融于矛盾的价值取向之中。而孩子是父母和老师教育的共同对象，他们的成长期盼是看到双方积极一致的合力教育。合力的形成需要老师与父母随时、实时地沟通，通过联系，发现孩子存在的问题，并采取一致的教育步骤和方法，收到事半功倍的效果。

所谓沟通，是指人与人之间传递思想、观点及交换情报信息等过程。在此过程中，要达到有效的沟通须具备三个要素：一是意见、信息的传递者；二是收受者；三是传递的内容。

首先，老师是意见、信息的传递者，应能对学生做出较全面、正确的评价（既发现学生的长处又提出希望），进而使父母接受并配合。我们提倡老师对父母要充分信任，提出建议，共商教育方法，消除心理疙瘩，使双方沟通顺畅，促进学生进步。反之，如果老师将教育失败的一面归结于父母，将不满情绪发泄在父母身上，父母又如何能接受呢？

其次，父母作为收受者，要从对子女既存的固有认识中跳出来，要看到子女的长处，更要认识子女的不足。但有些父母只愿听老师说孩子的好话，不愿听孩子的不足之处。老师与父母之间的沟通，不只需要老师的努力，父母也要对老师有信任感，要客观地认识自己的子女，用正确的态度对待意见或信息的反馈。不要因老师对孩子的赞扬而沾沾自喜，也不要因老师对孩子的批评而耿耿于怀，以为老师偏心不喜欢自己的孩子，这就是所谓的"忠言逆耳，良药苦口"。

不少父母认为，孩子一旦进入学校就由老师全权负责，老师管什么、怎么管，都是老师和学校的事，再好再坏都该由老师负责，他们只要让孩子吃得饱，穿得暖，顶多再帮忙检查作业就算尽心尽责了。于是双方缺乏沟通。也有些父母认为，孩子进了校门好坏就都是老师的责任，出了校门则由他们管教，这样的责任承包制使家庭教育与学校教育的矛盾无法避免。殊不知，只有老师与父母的密切合作，才能共同培养出好孩子。

父母要经常主动和学校联系，交流孩子各方面的情况，要对老师有充分的信任感。有不少父母是"无事不登三宝殿"，要等孩子的成绩下滑、受伤，或是召开家长会时，才迫不得已到学校露个脸。有些父母看到孩子回家作业不会做，也不向老师了解状况，只听孩子的片面之词，认为是老师没教或讲不清楚，而允许孩子不做作业，也不教他们。像这样的父母，大多是缺乏教育孩子的知识，不知道怎么样了解孩子、关心孩子，在教育过程中常感到心有余而力不足，也为老师带来不少困扰。

由此可见，父母基于教育好孩子的目标，要主动与老师联系，共同配合、相互体谅与合作，形成合力教育，达到"1＋1＞2"的效果。

最后，父母和老师的沟通，还要注意传递的内容须客观，并且有情感地交流。既然是沟通就应以准确为前提，避免夸大或不实的陈述。另外，良好的沟通首先要有礼貌，这是尊重自己也是尊重他人的表现。

只有父母和老师互相沟通和联系，才能发挥教育的最大作用。因此老师与父母要密切配合，增进彼此的了解，强化教育的合作，让孩子快乐地茁壮成长。

2-2　教养观念正误谈

　　家教，是一个贯穿古今的话题。人们常说，父母是孩子的第一任老师。的确，父母对孩子的影响奠定孩子一生发展、成长的基础，父母在孩子心中的地位十分重要。父母的爱，自然、亲切、持久，因此来自父母的教育也往往比其他途径更为直接、有效。家庭教育是一对一的个别教育，比学校教育有更强的针对性，更容易满足孩子的要求；家庭教育伴随着孩子的日常生活展开，父母的一言一行、一举一动，对孩子都是示范和教导，孩子在不知不觉中受到了潜移默化的影响。

　　然而事实常不尽如人意。有越来越多的调查显示，现代社会的家庭教育问题已成为许多教育工作者和有识之士的一大忧虑。家教步入误区，会对孩子的成长产生消极影响。不少父母都在抱怨："现在的孩子真难教。""学校里的花样真多、真烦人！"面对这种情况，人们禁不住要问，现在的家庭教育到底怎么了？

　　"重养不重教"是一大问题。父母对孩子的身体健康和发育成长十分关心。许多父母都会不惜代价地买来各种电视广告上宣传的食品、饮料，为孩子的身体加油充电，但却把教育孩子的责任一股脑儿地推给学校，认为孩子不成器是学校的教育有问题，而忽视了父母在家庭中所肩负的教养任务。有些父母不知道家庭教育的重要性，也不懂儿童心理，对如何教育孩子缺乏理解和认知，对孩子的培养更是缺乏有计划的安排。父母"重养不重教"的做法，导致孩子的成长环境失控，且放弃了对孩子进行教育的家庭阵地。

　　有不少父母重智力而轻品德。在很多父母的心中，只要孩子成绩好便是争气、有出息，其他方面都不重要。这种思想反映在对孩子的态度上，就是一味地用分数来衡量孩子的发展情况，把分数当作对孩子奖惩的标准，忽略了对孩子的行为举止、品德修养及劳动习惯等方面的培养，导致孩子唯分数是图的不良心理的滋长。高分低能、学优德劣的学生往往就是在这样的家庭教育中培养出来的。

期望值过高更是现代父母普遍存在的问题。独生子女是社会的普遍现象，许多父母"望子成龙，望女成凤"的心态尤为突出，几乎每个父母都希望自己的孩子是个小神童、小天才，以后能出人头地，于是不顾孩子的个性、兴趣、天赋，一味地将最热门的东西塞给孩子，强令孩子学琴、学画、学外语，孩子则叫苦连天。面对父母的高度期望和填鸭式教育，孩子无端地承受着巨大的压力，变得郁郁寡欢。

还有不少父母认为他们的爱可以用物质消费来衡量，一味地溺爱孩子，一切均以孩子为中心，对孩子有求必应，以为只要满足孩子的一切要求就是好父母。这些父母认为挫折对孩子有害无益，因此尽力为孩子创造最好的生活和学习条件，包揽所有家务，让孩子过着茶来伸手、饭来张口的生活。殊不知，正是这种狭隘的爱，使孩子丧失了独立自主的能力。如果满足率过高，让孩子习惯于奢侈的物质生活，养成不思劳动，只知索取的生活方式，则更不利于成长。正如苏联著名教育学家马卡连柯所说："父母对自己的子女爱得不够，子女就会感到痛苦，但是过分的溺爱虽然是一种伟大的感情，却会使子女遭到毁灭。"

也有不少父母虽然知道要教育子女，却苦于找不到正确的方法和途径。有的父母因恨铁不成钢而任意打骂孩子，不能以理服人；有的父母将孩子看作自己生命的延续，而将自己的意愿强加在孩子身上；有的父母爱孩子却没有真正从情感上给予孩子爱抚、体贴，造成孩子没有机会体验人际细腻的情感世界等。凡此种种，不胜枚举。

那么在经济、文化高速发展的今天，到底该怎样扮演好父母的角色呢？请为人父母者先想一想以下的问题：

- 你是否经常在客人面前夸奖或指责孩子？
- 你是否经常替孩子洗鞋、整理书包？

- 你是否经常与孩子聊天？
- 你是否经常在休息日陪孩子一起玩乐？
- 你是否包揽了家中所有的家务，从不让孩子插手？
- 你是否经常要求孩子在各方面必须争取班上前三名？
- 你是否要求孩子在课余学习令他感到十分枯燥的东西？
- 你是否会耐心帮孩子寻找成绩不好的原因？

或许你们已经从中看出不少值得思索的话题，无论是在认知观念上，还是在行为方式上。

教育子女是父母的天职。现代社会的进步对父母的要求已不只是把孩子抚育成人，而是要求父母给予孩子良好的教育。不少父母误把子女当作是自己的私有财产而任意地对待，殊不知，孩子是独立的个体，他们有自己的思想，需要父母的爱护、关心和理解，父母不可以有过多的限制或强制，不要过早用成人社会世俗的观念来影响其幼小纯洁的心灵，不要让其过早陷入成就与名利的重压之中，要给予引导与扶助，多倾听其心声，让其充分发展自我，尽情地去追寻理想，尽情展现童年的欢笑与纯真。

父母教导孩子如何做人，是让他们一生受用的财富。每个父母都希望自己的孩子成才，而成才的前提是做人。从心理学角度来看，人的道德品格发展主要表现在两方面：一是道德意识的发展；二是道德行为习惯的发展。父母要时时谨记将"学会做人"的理念融入日常的生活教育中，培养孩子诚实、正直、谦让、礼貌、公平、守纪律、团体主义的教育和文明的行为习惯，提供孩子理想的成长环境和教育氛围，他们才会成为优秀楷模和榜样。

很多父母往往不注意自身的行为，常在穿戴或和别人的谈话、议论、发愁、欢乐、对待朋友等的行为中，流露许多失当之处。不要以为孩子什么都不懂，当父母表现出失当行为时，不要忘记了，孩子纯真的双眼正充满着困惑与惊讶注视着呢！也许孩子永远不会开口诉说或公然指责，但在他们纯洁的心灵中已留下了深刻的烙印，会误把父母的不良言行视为"做人原则"而无意识地进行模仿。因此可以说，孩子是父母的影子，孩子身上的良好品格常可在父母身上找到原型；相反，孩子身上的不足也可在父母身上找到病根。

要为孩子建立和睦、健康、向上的家庭氛围。家庭氛围是子女无法回避的一种客观环境，这种氛围的好坏、优劣会直接影响子女的情绪、学习、性格，乃至身心健康和前途。一个充斥着争吵与谩骂的家庭，容易导致孩子偏执、心胸狭窄；一个沉溺于低级趣味的家庭，无法培养出拥有高雅情调的艺术家。而良好的家庭氛围可以成为孩子成长中无尽的动力，当孩子在家庭中感受到爱的喜悦，他们会懂得对别人付出爱心；当孩子在家庭中感受到安全感时，他们会对人宽容和接纳；当孩子在家庭中感受到向上进取的氛围时，他们会自觉地去追求进步、争取成功。

父母对子女的期望值要合理。父母对子女有一定的期望乃人之常情，也是爱的表现。然而期望值如果过高，常让父母的教育走向极端，陷入误区。希望孩子能成就自己所不能达到的愿望、希望孩子能有所作为以光耀门第、希望孩子能出类拔萃成为自己的骄傲……

每个父母怀着不同的心态，对孩子采取高压政策，既要孩子聪明伶俐、能说善道，又要孩子琴棋书画样样精通，还要门门功课都拿高分，但这样的高要求有多少孩子能达标呢？这只会造成孩子的心理压力。父母对孩子的期望要切合实际，并符合孩子的兴趣。父母可以对孩子提出要求，但不可以要求绝对化，要给予孩子充分的发展空间来展现其特长，给予孩子充分的课余时间来从容选择自己的发展方向。把期望值放低、放宽，说不定还会无心插柳柳成荫呢。

家庭教育是每个父母都会碰到的问题。这里所提出的只是观念、想法上的建议，很多具体的方法需要在实际生活中不断地探索、修正与实行。为人父母不仅要有爱心，还要讲究客观、正确的教养方法，这样才能真正帮助孩子成长，而不是拔苗助长。

2-3　教养方式面面观

父母都爱自己的孩子，都希望孩子成才，然而在往此目标前进时，在充满希望与实际教育的交互过程中，让有些父母越来越感到困惑不解的是："这孩子到底怎么了？"

有的父母抱怨道："孩子在家里称王称霸，旁若无人，没人管得了，在学校却胆小如鼠、畏首畏尾，很难交到朋友。"有的父母遗憾地表示："我们做父母的做事干脆利落，这孩子却总是磨磨蹭蹭，凡事都要人吩咐，依赖性很强。"还有父母奇怪地说："孩子在家很乖，却常有人来告状，说他在校欺侮同学，不能和同学友好相处。"

孩子出现了种种问题，使父母觉得快不认识自己的孩子了，不知在什么环节出了问题，而束手无策，最后常以"这孩子个性天生如此"来聊以自慰。

孩子的个人行为特征是由其个性所决定的。但个性的形成，除了受先天遗传基因的影响外，还受到后天社会因素的影响。鲁迅说："儿童的行为，出于天性，也因环境而改变，所以孔融会让梨。"孩子的个性是在家庭里打下基础的。确切地说，孩子个性的形成取决于父母的教养方式，亦即父母在处理孩子的问题上所表现出来的态度和采用的行为方式。

当孩子出现相同问题时，不同父母会有不同的教育模式。例如，当孩子无理取闹时，有的父母可能不予理睬，任其自生自灭；有的父母以恐吓、打骂制止事态发展；有的父母则干脆用糖果、礼物来息事宁人。

教养模式对孩子的影响

教育是一个持续不断的过程，每个细节都受到家庭的风气、父母的生活和操行的影响。心理学家对此做过许多调查研究，发现父母在教育模式上有两种重要的行为：一个是接受—拒绝，另一个是限制—允许。这两者以不同方式的结合又呈现出几种教育模式。根据这两个维度，列出以下四种父母的教育模式。

父母的教养模式与子女的行为特征关系表

父母的教育模式	子女的行为特征
放任型 （允许—拒绝）	常在外面玩、行为引人注目、喜欢标新立异、撒娇、占有欲强、与人无法协调、待人无亲切感、有些利己
专制型 （限制—拒绝）	顺从、有礼貌、依赖性强、在家老实、出外粗暴、言行不一、欺侮小同学、不坦率、凶狠、缺乏自尊心和主动性
溺爱型 （限制—接受）	依赖性强、做事比同龄孩子幼稚、旁若无人又胆小怕事、神经质、脾气急躁、自私、任性、爱出风头
民主型 （允许—接受）	独立性强、行为自律、勇于承担责任、待人亲切、和蔼、乐于助人、开朗、乐观、自信

由此可见，父母的不同教养态度与行为方式，使孩子产生了相应的行为特征。那么是什么原因造成这个结果的呢？

首先，我们分析父母为什么会采用自己认定的教育模式。一般来说，父母在形成自己的教育模式过程中常带有很多的经验色彩。这种经验大多源于父母小时候其父母对其的教育方式，也有部分是完全与父母小时候其父母的教育模式相反的。

1.放任型的父母

放任型的父母往往由于某些原因，把自身的职责看得过于狭窄，认为只要让孩子吃好穿暖就算完成任务，至于教育，那是学校的责任。他们把自己与孩子的关系建立在形式上，只注意物质供给，忽略了与孩子精神世界的交流。这样的父母完全放弃了家庭教育这块重要阵地。正如斯宾塞在《教育论》书中所指出的："把一切过失和困难全部归到孩子身上，而认为父母毫无责任是极其错误的。"

2.专制型的父母

专制型的父母常因对孩子地位无正确认知和不平等的意识所造成。他们常以"小孩子懂什么"的观点来强化自己的专制行为，并没有意识到孩子是独立的个体，有自己的权利与要求，也有自主、独立、平等、自尊的需要。这类父母往往认为只要他们对孩子的要求合理，就没有必要说服孩子。因而对孩子采用命令的沟通方式，常以不容反驳的声调提出必须绝对听从的要求，或是以简单而又粗暴的言语来吓唬孩子。孩子在这样的高压下感到委屈与不满，并养成个性胆小怯懦、没有独立见解，甚至严重叛逆、不服管教的行为。

3.溺爱型的父母

溺爱型的父母几乎不给孩子任何要求，对孩子百依百顺，要什么给什么，给孩子太多安抚，不指正孩子的缺失，甚至还为孩子的缺点、错误辩护。在溺爱型父母呵护下的孩子，往往对自我的评价过高，导致实际的"我"与理想化的"我"不一致，造成孩了爱挑衅、多疑、固执、气量小又盲目乐观、自满、骄傲等不良品格。所以苏联教育家马卡连柯说："溺爱会使子女遭到毁灭。"

4.民主型的父母

民主型的父母能正确地理解自己孩子的特性，因而采用既严格又宽松、既教育又开明的教养态度和行为方式。他们承认人与人之间的平等，与孩子相处像朋友；他们尊重孩子的权利、兴趣、爱好，鼓励孩子独立、自主；他们在孩子出现矛盾和问题时，注重的是说服引导，而不是"一定""必须"或"随便"。在这种教养方式的影响下，孩子大多行为自律、待人友善。

孩子如何形成自我个性

在了解父母不同教育模式的特点后，再来看看孩子如何在这些行为的影响下形成自己的行为特征。

1.顺应父母

即孩子对父母教育模式的顺从、适应。在孩子个性形成和父母的教育行为交互作用中，有时可能会出现冲突。专制型父母的强制手段虽会引起孩子不满、反抗，但因孩子感到自身弱小，只能屈从于父母的权威或表面服从，久而久之，养成其顺从或表里不一的行为。而那些被父母过分宠爱的孩子，原本与其他孩子一样，却因父母百般呵护，使他们没有机会学习独立、自理，长期下去，习惯了父母的照顾，变得依赖、幼稚，且由于父母对他们要什么给什么，处处依顺，他们渐渐习惯依性子行事，变得任性、脾气暴躁、自私。

可见，顺应是孩子对父母教育方式的一种直接反应。犹如"你进我退、你退我进"，双方站在同一平衡木上，孩子会根据父母的行为来调节自身的行为，父母的强硬使孩子退却、懦弱，而父母的过度保护和无原则退让，则使孩子变得霸道、不讲情理。

2.模仿父母

在顺应父母教育行为的同时，孩子对父母的行为也会不自觉地模仿。从时间、空间来看，孩子与父母相处的机会最多，父母的一切行为对他们来说是如此直观、具体。当父母打骂他们时，他们知道："喔！原来犯错就要受到这样的教训。"因此在与同学类似情境的交往中，他们会上演自己父母的行为，欺侮弱小同学。在孩子的眼里，因为父母是大人，才有权利这样对待他们，因此那些待人无亲切感、易推卸责任的孩子，则是以他们的放任型父母为榜样。由此可知，模仿是孩子行为形成的一个重要因素，在潜移默化中对孩子的影响极为深刻。

这也可以用来解释：为什么很多父母对待自己的孩子，与当年自己的父母对他们的方式如此雷同，而常会说："我小时候父母也是这样对我的。"尽管有些人可能对父母当初的管教方式深为反感，但印象的强化使他们忘记了这种情绪，而不自觉地重复上演在自己的孩子身上。

3.补偿效应

父母与孩子的相处中，最令人困惑不解的可能是一种补偿效应。为什么放任型父母教育出来的孩子会出现撒娇的特征呢？那是因为父母的放任而忽视了孩子在情感上没有得到满足。但人的成长过程，有的需要犹如食物般的重要，那些被忽略的孩子只能通过其他方式来满足这方面的需要，因此孩子撒娇是希望他人像对待婴儿那样给予他关怀。而具有粗暴行为的孩子，除了行为可能模仿其父母外，还有相当部分是对父母的压制行为所产生的间接宣泄，以补偿其所受的不平等待遇。所以补偿是孩子对父母行为方式的一种间接、迂回的反馈，孩子在与父母表面冲突难以解决时，在内心无法协调、平衡的状态下，所采取的迂回的解决途径。

综上所述，父母的教养模式与孩子个性的形成有直接的关联，不仅关系到儿童当时的行为反应，还投射到孩子踏入社会后与他人的交往模式，对孩子成长有着深远的影响。因此要使孩子健康成长，父母就须有意识地注意自己对孩子的教育态度与行为方式。

父母亲应有的教育态度

首先，树立民主意识，建立民主作风。父母或许会问，怎么样才算民主？简单地说，家庭教育中的民主就是尊重、平等、爱护。

专制型的父母应知道虽然孩子年龄小、不懂事，但他们和自己一样是有思想、有感情、有尊严的，所以在生活中应更多地给予孩子发言权，听听他们的心声；在处理问题时，要经常想想"如果我处于孩子的地位，我希望父母怎么样对我。"

放任型的父母应知道民主不等于放任、不等于不教不管，孩子不仅需要父母给予物质上的保障，更需要身心上的关怀、温暖，所以这类型的父母应多献出些爱。相比之下，溺爱型父母则要认清爱护不是袒护，父母对孩子的袒护、宠爱的做法本身就失去了平等。因为溺爱会强调孩子的"特殊"、突出孩子的"优越"，使孩子与父母、家人失去了平等，这类型的父母在家庭教育中应注意平等关系，做到生活物质上没有特殊待遇，教育原则上不放松要求。

总之，要建立民主作风，父母待子女要公平、真诚，不要欺骗孩子，出尔反尔，不要以为父母应保持绝对的权威。父母权威的根源只出于一个地方：操行（包括工作、思想及习惯等）。如果父母有威信、对人诚恳、行为高尚，那么孩子就能从中获得最基本的关心和道德观念的教养。可以说，父母对自己的要求、对家庭成员的尊敬与谦和、对自己一举一动的检点，是首要的和最根本的教育方法。专制型父母应多给予孩子尊重；放任型父母应多给予孩子爱护；溺爱型父母则应多注意平等。只有这样，家庭教育民主化才能得到切实的保障。

其次，因材施教，因势利导。需要说明的是，虽然孩子的行为和个性与父母的教育模式有直接关联，但没有确定的因果关系；也就是说，同样的教养模式在不同孩子身上可能产生不同的结果。例如：对父母的专制行为，有的孩子顺从、有的对抗、有的则满不在乎，这是因为每个孩子的个性都千差万别。

教养过程中，在提倡民主的同时，父母应结合自己孩子的实际情况，选择适当的教育方式。例如，对于学习成绩差、不良行为较多的孩子，父母应勤于督促，配合具体的规范要求；而对生性胆怯、事事依赖他人的孩子，则应多加放手与鼓励。如果家庭周围环境较差、风气不良，父母应注意适当控制孩子的自由活动；如果周围舆论、风气良正，则可增加孩子活动的自由……总之，父母在教养孩子时应记住：教有法，但无定法。"有法"是指教养孩子应根据其成长规律、特点及社会的要求来指导；"无定法"是指要根据孩子的具体特点和家庭的特殊情况，灵活创造。教育是一门科学，也是一门艺术，父母只要用心去探索、体验，就会发现其中的奥妙和乐趣。

2-4 家庭氛围的潜在效应

家庭氛围，是指家庭的气氛和情调。具体地说，是家庭中的成员通过相互作用所表现出来的精神状态或景象，包括家庭环境布置氛围、生活情趣氛围和人际交往氛围。家庭氛围是一种隐形的家庭教育，具有潜移默化的效用。

随着社会的快速发展，人们逐渐意识到胎教的重要性。母体拥有平和、安详、快乐的心理状态，会间接牵动孩子的心脉，所以新手父母常在孩子未出生前就在家里挂上可爱的婴儿照，听着舒缓、优美、动听的旋律，希望把这份美丽、欢乐传送给腹中的胎儿。但是随着孩子的出生和成长，很多父母似乎忘记了原本的初衷，美丽与欢乐不再，觉得已经不需要了。这种先紧后松的做法实有失策之处，胎儿在母体里"看到"与"听到"的，无论怎么清楚，终究是隔着妈妈的肚皮，而在母体以外的孩子所感受到的要比胎儿真切多了。家庭氛围犹如空气般，时时包围着孩子，孩子在其中呼吸、生存、吸取养分。家庭氛围虽然不像奖赏、惩罚、有意指导那么直接地影响孩子，却也间接影响着他们。

家庭氛围最易犯的错误

在营造家庭氛围时，最容易犯的错误有：

1.家庭布置崇尚豪华而失去自然

随着社会的发展，人们的生活有了很大的改善。宽敞的客厅、舒适的卧室、整洁的餐厅等，家里的装修日趋豪华，设备不断更新，家具由普通变豪华，书柜不知何时已被装饰柜所取代，书香已被闪亮亮的银器等取而代之。这有什么不好呢？家庭像旅馆、饭店，使得家庭在追求现代、新潮的过程中失去了自然与温馨。在这种环境中，孩子会经常听到父母喊道："小心，别把东西弄坏了。""注意点，别把地毯弄脏了。"这样的家成了展览馆，孩子感受不到温暖与关怀，只知要处处小心翼翼，因此失去了纯真。

2.家庭生活追求享受而失去情趣

在这种追求享受的家庭氛围中，有的家庭像电影院、歌舞厅，电视电影像魔术师一样，吸引全家人，全家双眼盯着大小荧幕，完全忽略了现实生活中的互动与思考。试想，沉浸在这种氛围中，家人的交流机会会有吗？父母除了关心孩子的学习状况，稍微过问孩子的成绩外，很少关心孩子在校的情形，不再花时间陪孩子聊天、讲故事、玩游戏，家庭的生活方式日趋单一化。孩子在这种氛围的熏陶下，思想与情感日趋苍白，读书之外，就是和平板、电视机、计算机为伍，当他们遇到挫折、苦恼、疑问时，就更难向父母诉说了。结果父母与孩子的情感相距越来越远，家庭失去了原有的安全、温暖、舒适、自由的面貌。

3.家庭人际日趋复杂而失去稳定

随着社会的发展和人们生活节奏的加快，人们与外界的交往日趋频繁，人际的关系相对日益复杂。随着经济领域中的竞争伴随而来的各种矛盾也冲击着每个家庭。有的家庭虽然日子过得尚宽裕，可是父母整日谈论的是钱，整日发愁的也是钱，整日争吵的依然是钱。尽管父母没有直接向孩子谈钱、要钱，可是孩子整日被"钱"字包围着，免不了会受到影响。

有的家庭夫妻关系紧张，或是一方经常在外，一方独守空房，或是双方矛盾重重，难以化解，三天一小吵，五天一大吵，家庭气氛时时处于火山爆发的状态。孩子生活在这种氛围中，仿佛处在地震、战争之中，家庭面临倒塌、崩溃，父母无心关爱孩子，孩子内心充满不安、担忧，无法安下心来读书学习。当然这是比较严重的典型状况。生活中常见到有些家庭，夫妻双方意见不合，当着孩子的面互相指责，或者遇到小事就大惊小怪，遇到困难和挫折更是怨声不断，把世界看得一片灰暗，对任何事的态度都是怨天尤人。孩子在这种氛围下生活久了，心境也失去了平和，感到郁闷、惶恐、烦躁不安。久而久之，孩子的注意力必然会分散，进而影响学习成绩。

由此可见，虽然家庭氛围不是父母有目的地为教育孩子所精心设置，可是比父母的直接说教更带自然色彩，更容易被孩子所接受。家庭氛围会暗示、感染、熏陶孩子，孩子会在不知不觉中自然而然地适应，逐渐内化成自身的一种特质，可见家庭氛围具有自发、潜移默化的教化功能。良好、和谐的家庭气氛为孩子的成长提供了温馨、安全的情感环境，是对孩子进行教育的最基本保证。生活在这样的家庭里，孩子会感到轻松、愉快，会按着自己的感觉去体验、去探索，有利于形成自己的内部世界。而家庭情绪气氛紧张，孩子会处于害怕受成人惩罚的恐惧中，经常体验这种消极的情感，孩子的心灵容易受到摧残。父母想教育好孩子，就要营造一个优美、和谐、欢乐、进取的家庭氛围。

营造和谐美好的家庭氛围

那么这样的氛围要如何营造呢？

1.家庭布置力求整洁舒畅

布置房间应注意整洁和适宜的采光，太亮刺激性强，太暗使人压抑；且色调应柔和，可安定孩子的身心，鲜艳的色彩易分散孩子的注意力，影响其学习。室内摆放物品，如花草盆景、悬挂图画等，要井然有序，方便实用又不失情趣。为孩子营造一个良好的学习环境，安置适宜的书桌、书柜，给孩子一个属于自己的自由天地，在其中学习、游戏、思索。

2.家庭生活力求规律有情趣

家庭宛如一个小型社会。社会的运转是个大系统，家庭的运转是个小系统。要使系统运转自如，需要系统内的每个环节都井然有序，互相配合。所以应有计划地安排家庭中的每一项工作，如起居时间、家务劳动及物品摆放等，避免杂乱无章。孩子在这样的氛围中成长势必会养成良好、规律的生活习惯：起床、睡觉、吃饭、做作业都有固定的时间；衣服、书籍、玩具会摆放在一定位置上。

此外，父母应注意丰富家庭生活，使家庭成员生活充实富有情趣，可以外出旅游、参观，参加绘画、摄影、比赛、运动；学习集邮、琴棋书画，种植花草等。这些活动不仅可以改变单调的生活气氛，而且有助于增加亲子互动的机会，帮助孩子了解社会、理解生活，发展兴趣爱好、丰富生活，形成积极向上、乐观的人生态度。

3.家庭人际力求和睦、友爱、互助

家庭的人际关系不仅维系着一个家庭的快乐、幸福，也会影响孩子个性的形成和发展，决定其将来踏上社会后与他人交往的情形。生活在互敬互爱、关系融洽的家庭里的孩子，心情会是愉快的；而生活在吵吵闹闹、气氛紧张的家庭里的孩子，会是提心吊胆的。所以父母应注意平时家庭成员的关系，做到平等、尊重、互爱、互助。在日常生活中，要尊重家庭成员的人格、权利、自由、兴趣、爱好，认真耐心听取对方的意见，不以嘲讽或漫不经心、轻视的态度对待家人；家人遇到困难或生病时，应给予关怀、爱护、帮助，以体贴、理解的态度为其排忧解难，避免"唯我独尊""我说了算"和支配家人的做法；在意见出现分歧时，应心平气和地商量，切忌当着孩子的面互相指责、揭短、推卸责任或争吵，会使孩子失去安全感，在他人面前会觉得抬不起头来，同时也会失去对父母的尊重与爱戴，这些都不是父母所愿意看到的结果。因此要想让孩子成为一个快乐的人，父母首先要精心爱护与营造一个和谐的家庭

当人们疲惫孤独的时候，会寻找舒适的家园；当人们无助寂寞的时候，会寻找无私的亲情；当人们浮躁迷乱的时候，会寻找宁静的慰藉。家，是一个温馨动人的名字；家，是人们欢乐的摇篮、心灵的寓所，也是消除劳累、恢复生机的加油站。没有任何地方可以取代它。家，不应该变成旅馆、饭店、电影院或战场。质朴无华、体贴入微、温暖平和，才是它永恒的风采。父母用爱营造家的氛围，让爱伴随孩子，体会到家的暖意，让孩子如沐春风，懂得爱与生活。

2-5　父母的影响力

　　婴儿自呱呱坠地，面对的第一个世界就是家庭，孩子的生活有三分之二是在家里度过，最常接触的是父母，所以父母的一言一行、一举一动都会影响着孩子。马卡连柯说："不要以为你们（指父母）在和孩子谈话、教训他、命令他的时候才是在进行教育。而是在生活的时时刻刻，甚至你们不在场的时候，也在教育孩子，你们如何穿戴、如何和别人谈话、如何议论别人、如何欢乐或发愁、如何对待朋友或敌人、如何笑及如何阅读报纸等，这一切都对孩子有着重要的意义。"由此可见，父母平时的一言一行都对孩子具有深远的影响。

　　父母对孩子的影响力，是指父母与孩子的互动中，影响和改变孩子的心理和行为的能力。这种影响力可以分为强制性和自然性。

　　强制性影响力，是父母的年龄、体力及经济等各种优势所赋予其对孩子的影响，具有强制性和不可抗拒性，孩子则表现为被动和服从。强制性影响力在孩子学龄前的影响较大，这时孩子的年龄小，生活阅历浅，分析能力差，对事物的判断常以父母的态度为是非标准，崇拜父母，甚至模仿父母的言行。随着日渐成长，他们有了自己的想法后，强制性影响力会逐渐减弱，这时自然性影响力就显得很重要。

　　自然性影响力，是由父母本身所决定的。父母的知识、才干、修养高，对孩子的影响力较好；反之，就会给孩子带来不良的影响。常听有些父母说："我们这一代就算了，只要把孩子培养好，别的什么都不用想。"这番话乍听之下，你或许会敬佩父母的自我牺牲，牺牲了自己的事业，牺牲了奋斗的目标，一心只关注在家务和孩子身上。可惜的是，这往往会成为一种无谓的牺牲。由于父母放弃了事业，孩子看不到父母的价值，原先对父母的崇拜就会减退；但是那些事业有成、热爱自己事业的父母，会给予孩子强大的激励力量，鼓励孩子在学习中实现自我价值。

在一次对中学生的调查中，有位学生在问卷中写道："我的父亲知识贫乏又不求进取，工作消极又缺乏事业心，教育方法粗暴又不理解孩子。"并毫不隐讳地表示，这样的父母不值得尊敬。他认为理想中的爸爸应该是"知识渊博、虚心好学、兴趣广泛、和蔼可亲、勤奋工作的人。"

两次获得诺贝尔奖的居里夫人，她一生的时间几乎都在实验室里和镭打交道，但她同时以严格的教育，将女儿带进了物理世界。她的女儿同样荣膺了诺贝尔奖的桂冠。居里夫人的双重成功，证明了父母自身价值的充分发展，乃是鼓舞孩子去建立一个成功的自我形象的强大动力。

有些父母本身的知识水平不高，爱好就是打麻将、看电视等，孩子放学后或假日，看到的都是打麻将的父母，长此下来，孩子有样学样，不再花心思在学业上，而是学会了消磨时光、享乐。父母怨声载道地抱怨着："我这孩子就是贪玩，也不知道看书。"殊不知，孩子的行为习惯是受到其影响，在潜移默化中形成的。

因此父母要不断学习、充实自己，以提高自己的素养。假日可以带孩子到公园散步，领略大自然的风光；或是参观博物馆，了解历史、人文景观及风土人情等，使孩子对知识产生渴求、热爱，热衷于探究宇宙；闲暇时多阅读书报杂志，营造良好的书香氛围，孩子也会逐渐养成好习惯。要知道，在孩子的心中有许多的"为什么"，如果父母不加强学习，一问三不知，那么在孩子心中的地位自然就会下降。可见，父母要充实自我，提高文化修养。

除了文化修养外，父母的道德素养对孩子的影响力也是不容忽视的。父母都希望自己的孩子品学兼优，然而有些父母却忽视自己的道德操守对孩子的影响。例如，平时教育孩子要诚实、守信，但却为了逃避开家长会而谎称要出差；父母平时从不关心老人、邻里间谁家有困难也不闻不问，直到当自己生病躺在床上仍要起床为孩子烧菜煮饭时，才觉得孩子真没良心，枉费自己平时的付出。但孩子何以发展成这样，做父母的难道不该反省吗？要知道，孩子的品格是在父母的影响下一点一滴形成的。

俗话说："种瓜得瓜，种豆得豆。"品格换来品格。美国著名的心理学家班杜拉的社会学习理论认为，孩子的良好行为都是通过观察学习而获得。因此父母要不断加强自身的道德修养，塑造良好行为，学会关心、关爱身边的人，使孩子从小在爱的熏陶下长大，成为一个有爱心的人；父母还要学会负责任，对自己负责、对他人负责、对家庭负责、对国家负责，使孩子从小在责任感的氛围下长大，长大后成为一个有责任感的人。

人无论是走到了辉煌的顶点，还是难以成器，虚度人生，都不会忘记父母的影响。有道是："孩子是父母的影子。"孩子是父母影响力的反射，也就是说，父母有怎么样的行为就会有怎么样的影响力。因此为人父母者应不断提高自我修养，使孩子成为对国家、社会的有用之才。

2-6　爱与被爱要平衡

父母经常担心子女的教育问题，怕他们以后在社会上被人瞧不起，于是在子女身上的投资和心血都用在智力开发方面。这样做虽然无可非议，但不免让人担心：只将注意力放在孩子的智力发展上，而忽略了必要的道德、爱心教育，等到孩子长大成人后，他们会怎样步入社会呢？

有位妈妈诉苦说："前阵子我生病在家，头晕无法起床，孩子却非得让我起床煮饭，不然就不吃饭。"

奶奶六十岁大寿，孩子要先吃一块蛋糕，父母不许，孩子蛮横地说："不让我先吃，你们都别想吃！"说完一巴掌将蛋糕打到地上。奶奶哭道："我爱你十二年，你爱我一天也不行吗？"

人们常称赞父母对子女的爱是无私奉献，不求回报，好像父母对孩子的爱是天经地义的事，可孩子对父母的爱又是如何呢？

一项"最受你尊重的人是谁"的问卷，分别针对日本15所中学的1 300名、美国13所中学的1 000名和中国22所中学的1 200名高中生进行了调查。结果显示，日本学生将父、母分别排在第一、二位；美国学生将父母分别排在第一、三位；中国学生把母亲排在第十位、父亲排在第十一位。相比之下，中国父母为孩子的付出最多，受到的尊重程度却最低，这也是造成孩子自私、冷漠、不善于体贴人的重要原因。可见，要实现亲子之间爱的情感交流并不简单，这是一个很复杂的心理问题。那么为人父母者如何才能在对孩子付出的同时，也能获得回报呢？

建立健全的家庭心理结构

现在常可以看到一种颠倒的家庭亲子关系：父母成了奴仆，为孩子提供面面俱到的服务，哪怕像整理床铺、洗袜子和手帕之类孩子力所能及的事情，甚至拿书包，也都由父母代劳。这种颠倒的家庭亲子关系，致使家庭心理结构的倒置，淡化了父母的教育责任心，使孩子的人格产生缺陷。

在这种家庭环境中长大的孩子往往养尊处优，比较自私，对父母的辛苦既不敏感，也无法体谅。孩子只有对被爱的要求，而没有付出爱的责任感，使得爱的"双向道"变成了"单行道"。他们将父母的关爱视为理所当然，既不能体会别人给他的爱，也不懂得去爱别人。因此父母要消除自己的服役心理，强化自己的社会角色心理，使孩子形成完善健全的人格，培养孩子高尚的情操和良好的性格。只有这样孩子才能真正体会寸草春晖的温暖，理解父母的教育苦心和辛劳。

以身作则让孩子学会爱

父母经常要求孩子尊敬长辈，自己有时却做不到。因此喊破嗓子不如做出样子，父母应该做孩子的表率，身教重于言教，用爱心和自己的人格魅力感染孩子。只有当孩子被父母的爱心所感染时，才会自觉或不自觉地转化为内心需要，也就是心理学上所说的"由顺从到认同，再到内化"的过程。佛洛姆认为，爱是学来的，父母要以自身的榜样和形象给孩子良好的示范。例如，为患病的老人端茶、喂药；给予工作不顺心的同事言语或物质的安慰、关心；对身边有困难的人给予帮助等，让孩子从父母身上学会如何去关爱别人。

让孩子在实践过程学会爱

现在的孩子大多只知道索取，不懂得给予；只知道获得，不懂得牺牲。其根本原因在于孩子从小缺乏一个主动付出的教育环境，导致孩子缺乏主动付出的情感体验，无法理解他人付出、牺牲的深层内涵，当然也就难以珍惜这种情感。所以身为父母和老师，在教育孩子为什么要关心他人、帮助他人的同时，更应该创设多种环境，让孩子主动承担家庭责任，在得到父母关爱的同时主动给予回报。在日常生活中，可以通过小事启发诱导，让孩子参与力所能及的家务劳动，如扫地、洗碗、倒垃圾等，在身体力行中使孩子体会父母的辛劳，由此产生关怀与体贴的情感。让孩子在父母生日时送上一张自制的贺卡，在父母生病时端茶送药，在给予中，让孩子体验到付出的快乐。

如果每个人都想着被爱，而不去关心、帮助别人，这世界就成了一个寡情的世界；如果每个人都只愿意得到社会的认可，而不愿意为社会奉献自己的心力，这世界就会成为一个失落的世界。我们需要的是懂得付出爱的人，社会需要的是无私奉献的人。父母在爱孩子的同时，还要教孩子感知爱，并学会爱他人；要使孩子懂得他们的生活与他人休戚相关，他们的快乐与满足，都是与他人为他付出的爱分不开的。总之，要让孩子了解，爱与被爱应该要平衡。

2-7 奖赏的艺术

俗话说："数子十过，不如奖子一功。"适当的表扬和奖励是一种很好的教育手段。小学生由于其自身的特点，常会在心中提出许多关于自己的问题："我是一个怎样的人？是好学生？还是坏孩子？""老师、同学是怎么看我的？他们喜欢我吗？"这些问题的解答大多并不是由他们自己来决定的，而是根据周围人对其评价形成的。年龄越小的孩子，越仰仗父母、老师及其他成人对自己的评价，父母或老师说他是怎样的孩子，他就会认为自己是怎样的孩子。如果父母或老师认为他能干，他就有一种胜任感；如果父母或老师喜欢他，他会有一种自豪感。所以父母对孩子的奖赏是对孩子一种肯定的评价。这种评价可以激发孩子向上的动机，增加孩子某一行为发生的频率，使孩子往后在遇到类似情境时知道如何做，并逐步发展成为一定的行为习惯。奖赏还有助于孩子获得成功的情绪体验，满足孩子的成就感。父母应帮助孩子形成自我评价和自我观念，让孩子对自己充满信心，保持继续尝试的兴趣和热情。

但父母在奖赏的同时，不能忽视因受奖赏表面效果的迷惑而容易步入的误区。常有父母对孩子说："如果你这次能考上某某学校，我就买什么给你""如果你达到妈妈的要求，妈妈就买什么给你"，或是干脆订出奖赏章程：考试得80分，给20元；得90分，给50元；得100分，给100元等。有人可能会问："这有什么不对呢？孩子学习更努力了，也确实听话多了。"可是长此以往会是什么结果？

有的父母不仅在学习上如此激励孩子，还扩展到家庭教育的各个方面。孩子做家务，洗一次碗10元，扫一次地10元……总之，只要孩子不听话，或是做事有所犹豫，父母就开始用"奖励机制"这个法宝。结果发现孩子越来越难教育，甚至会讨价还价、斤斤计较，价钱谈不拢，便丢出撒手锏："我不做了。"最后父母由主动变为被动："好好好，就如你的要求。"孩子的行为成了对父母的"奖赏"，父母拿出多少奖赏物，孩子就出多少力。试问，如果有一天父母不再给予这种奖励，孩子会有什么反应呢？

从下面的两个实验中可以给我们一些启示。

美国的社会心理学家费斯廷格，曾做过一个实验：首先，参加实验的受试者要进行一项极为无聊的工作，当工作完成后，实验者对他们说，因为他的助手不在，需要受试者为他做一件事，那就是欺骗下一个受试者，把刚才那项无聊的工作说成非常有趣。作为酬谢，有的人得到了20美元，而有的人仅得到1美元。实验后，当实验者问受试者对原来那项工作的态度时，出人意料的是，获得1美元的受试者比得到20美元的受试者更欣赏原来的工作。为什么？

因为在实验中得到20美元的受试者这样安慰自己："虽然我不喜欢这项无聊的工作，但为了20美元的报酬，说它有趣还是值得的。"他们是为了"钱"而说那项工作有趣，事实上，他们根本就不喜欢；而获得1美元的受试者觉得这点报酬根本不足以补偿他所做的一切。"我会为1美元骗人吗？当然不会。那么我为什么要说那项工作有趣呢？其实它本来就不无聊，无论怎么样，它还是很有趣的。"所以得到1美元的受试者不是为了钱而说那项工作有趣，而是在说服他人的过程中自己的态度发生了转变，认为那项工作还是值得做的。

从这个实验我们可以看出，重奖可能会在短时间内促使人努力去完成某一项任务，但容易造成"为奖励而做"的心态。在家庭教育过程中，有许多父母就是用重奖来促进孩子的学习，导致孩子不是为了知识、兴趣、理想而学习，而是为了钱而学习，因而严重倒置了学习与奖励之间的关系。这样不仅不能培养孩子的学习兴趣，反而加重孩子对金钱、物质的欲望。因此父母在奖赏孩子时，千万不要被暂时的效果所迷惑，要思索奖赏可能产生的长期效应。

第二个实验是美国社会学家霍曼斯在西方电器公司的霍桑工作室的一项研究，目的是调查各种工作条件对生产率的影响。他选择了6位女工作为受试者，实验持续了1年多，分12期。第1期，让6位女工在一般车间工作两星期，统计正常生产率的标准；第2期，将她们从车间安排到特殊的测量室，工作条件没有任何变化；到了第3期，实验者改变了她们工资的支付办法，把100个工人的产量指标改为她们6个人的产量指标；第4期，则在时间表上安排5分钟的工间休息；第5期，把5分钟的工间休息时间增加到10分钟；第6期，建立了6个每次5分钟的休息时间；第7期，提供简单的午餐；再后3个时期，每天提前半小时下班；第11期，实行每周5天工作制；到了最后的第12期，取消所有的优惠条件，又恢复以往的工作条件。这时6位女工的工作环境与其他女工的工作环境完全相同了。但出人意料的是，不管条件怎么改变，增加或减少工作休息，延长或缩短工作日，每一实验期的生产率都比前一期要高，她们越来越努力工作，效率越来越高。

这是什么原因造成的呢？难道说外在的奖赏（工作条件的变化）不起作用了吗？如果是这样的话，为什么她们的工作效率比其他女工高呢？原来这里对她们发生影响的不是奖赏物（工作条件）本身，而是奖赏的形式。由于工作条件的变化，让她们感到自己是特殊人物，受到了格外的待遇，使她们受到了人们的极大注意。她们感到被认可，有一种胜任感和愉悦，他们知道实验的关键是生产效率，所以无论条件如何改变，她们总是想把这些变化设想成有利，以便设法提高自己的生产效率。

由此可见，人们在受到奖赏时，不仅会因获得奖赏而产生物质上的满足，还会为奖赏这种特别的形式而获得精神上的满足。这告诉我们，奖赏不一定都是物质的，也可以是精神的，且奖赏本身不一定越贵重越好，因为贵重会使人们"为奖赏而做"。相反，如果能利用奖赏这种形式让人们获得精神上的满足，那么它的作用是巨大、持久的。实验证明，物质奖励激起的只是人们的外部动机，而精神奖赏则能激发人的内部动机。

在家庭教育中，奖赏是一种行之有效的手段。每个孩子都喜欢听到他人（尤其是成年人）的赞赏和表扬。在获得的表扬中，孩子得到他人对自己评价的认知，看到了他人眼中的自己，这对孩子发展自我认识、自我评价是很有意义的。因为小学生已经开始发展自我同一性，这种自我知觉与他人知觉的和谐一致，将有助于今后处在青少年期的学生较好地完成自我同一感的发展。问题是在奖赏时父母应当明确：为什么而奖、奖什么、什么时候奖、怎么奖。如果父母能在奖励孩子之前，先弄清楚这些问题，就可以避免许多失误。

奖赏不是一件随心所欲的行为，而是一门艺术，要使奖赏能真正发挥作用，产生效果，父母必须掌握这门艺术。在具体实施时，可以从以下几方面入手。

寻找正确的奖赏目标

在奖励孩子时，要明确为什么而奖，孩子的这种行为是否应该奖赏。由于小学生还处于经验少、自制力较差的年龄阶段，父母的奖励、表扬就显得非常重要，因为它会左右孩子的行为，使孩子自觉或不自觉地调整自己的态度和行为，朝父母所肯定的方向发展。对于父母给予奖励和表扬的行为，孩子会在以后类似的情境中增加其出现的频率，以求得父母的肯定和赞赏。所以父母如果能正确地选择奖赏目标，将有利于培养孩子良好的行为习惯和道德品格；但如果在不该奖励时也给予表扬、肯定，那么就等于强化了孩子的不良品格。例如，孩子与同学打架时打赢，父母不但不批评，反而说你很棒，甚至还买一盒冰淇淋给孩子，这无疑是鼓励了孩子的不良行为。这样做会混淆孩子的是非界限，今后可能会经常与同学争执、打架。

寻找合适的奖赏物品

要让奖赏唤起孩子内心的愉悦、满足，产生良好的效果，需了解孩子的年龄特征和内心需要。心理学研究证实，人们对待奖励存在一定的期望。如果奖励的程度与期望值相当时，效果一般；奖励程度低于期望值时，效果就差；奖励程度略高于期望值时，效果最好。例如，父母回家后，发现读小学一年级的女儿把屋子打扫得十分干净，如果父母只说一声："不错。"女儿一定会很失望，因为她原本期望父母会给她更多的表扬。如果父母进门后问女儿："是你做的吗？以后也要这样。"那么女儿以后就不会做了。如果父母对女儿说："是你做的吗？真不错，一年级就能做得这么好，而且懂得帮助爸爸妈妈做家务，你真是太棒了。"这样女儿就会很满足。

当孩子获得小小的成绩时，父母就给予大大的夸奖和许诺，也会滋长孩子盲目骄傲的情绪。所以父母在进行奖赏时，要注意期望值，同时应注意奖赏不应太偏重于物质，否则易造成孩子为奖品而做的心态。奖品应隐含精神的层面，如可以买图书、学习用品及运动器材等。如果奖励的物品恰是孩子盼望已久的东西，孩子的内心一定会十分满足，奖赏的效果也就达到了。这里要提醒父母注意的是，孩子在成长过程需要父母的肯定、爱和关注，期待通过这些来满足其胜任感，树立自信心，因此父母对孩子的奖赏应注重精神效应。

寻找恰当的奖赏时机

这就是要求父母掌握什么时候奖、如何奖的技巧。人们对待奖励不仅存在"期望值"，还存在"期望时"，也就是应该得到奖励的时间。那么什么时候奖励效果较好呢？是任务完成后就进行奖励，还是行为出现一段时间以后再给予奖励？研究发现，实时奖励有利于行为的迅速建立，而延时奖励有助于行为的长久保持。因此父母在进行奖励时，应注意时间的选择。

在良好行为形成初期应给予实时奖励，但要控制好奖励的程度，随着行为的巩固、发展，奖励的时间可以延缓，以至行为习惯的养成。这里需要指出的是，当孩子认为自己有良好表现，期待父母给予表扬奖励，但父母却无动于衷时，会造成孩子良好行为的消退；当孩子出现良好行为而没有期待父母给予表扬或奖励，父母却指出了孩子的优点、给予肯定和奖励时，孩子会有一种意外的惊喜，增加对此种行为的注意。因此在平时的家庭教育中，父母要注意孩子的进步愿望，实时给予"加温"。

总之，在对自己的孩子进行奖励时要牢记，奖赏只是手段并不是目的。奖赏机制是为了激发孩子奋发向上的动力，而不是诱惑孩子对奖赏的贪欲。

2-8　惩罚的学问

"数子十过，不如奖子一功。"这是否意味着在教育孩子时，父母应放弃惩罚呢？其实不然，因为"没有惩罚，就没有教育"。也许有人会说："这不是前后矛盾吗？"不，深入分析后就会发现，奖赏与惩罚在对孩子的教育过程是相互配合、相互依存的。

奖赏与惩罚是在培养孩子良好品行时所采用的两种强化手段，其目标可谓殊途同归。小学生在成长过程中，会遇到各种环境的影响，这些影响有些是积极的，有些是消极的。小学生因年龄小，经验少，往往在接受这些影响时难以区分是非、善恶，他们在做出某种行为时，也经常不明白其后果。所以父母要引导孩子向正确的轨道发展，就必须运用奖赏与惩罚这两种手段来对孩子的行为进行调控。

奖赏是对孩子良好品行的一种肯定，以鼓励孩子在以后类似情境中不断保持这种品行；惩罚是对孩子不良品行的一种否定，借以控制孩子不良品行的再次发生、发展。过分的表扬、奖赏，容易形成孩子自命不凡、傲慢偏执的性格；过多的批评、惩罚，则容易养成孩子自卑、粗暴、执拗的性格。因此在家庭教育中，父母要结合奖励与惩罚，做到奖惩并用。

惩罚失效的原因

常有些父母在运用惩罚手段时表现出万般无奈与困惑："我平时说破了嘴，说尽了道理。打也打了，骂也骂了，可是孩子就是不听话……""小时候说他，他还有点怕；现在我说他，他只当'耳边风'，有时还顶嘴，打他也不怕，真不知道该怎么办……"类似这种惩罚无效的事例很多。究其原因，主要是由于父母在运用惩罚时犯了以下错误。

1.事由不明孩子不服

有些父母一发现孩子犯错，立刻火冒三丈，没有冷静分析孩子犯错的原因，很容易造成误判。例如：有位刚入小学的女孩拿了同学的苹果，妈妈回家得知后马上急了，认为这么小就有偷窃行为，怎么得了，便不分青红皂白地严厉指责女儿。事实上，女儿的苹果是同学的父母给她的。像这种事由不明的指责往往会使孩子的内心不服："根本不是这么回事。""你说得不对。"一旦产生了这种僵局，孩子是很难接受惩罚的。

2.一味指责缺乏说理

有些父母常自认"说破了嘴皮"，殊不知，父母在批评孩子时，只是一味地指责、数落孩子的过错行为，并没有花时间、精力去帮助孩子理解此种行为为什么不好，为什么他会受到处罚。孩子在接受父母的惩罚时很难产生内疚感，也没有想道歉、弥补的理解，他们虽然口头上说"我错了"，内心却没有真正地反省，当然也就很难避免再次犯错。而有些父母则认为已说尽了道理，却不见效果。原因在于父母的说理没有真正对孩子"动之以情""晓之以理"，缺乏针对性，没能说服孩子。

3.惩罚的是不良行为

惩罚的对象是具体的不良品行，而不是孩子本人。可是有的父母在惩罚孩子时往往忽略了这一点，因为"恨铁不成钢"，父母便把惩罚目标直接指向孩子，有时用语不当、言过其实，说孩子"总是犯错""从来没有好表现"。有时还旧账新账一起算，把一个不良行为类推到孩子的品格上，说孩子"根本是个坏坏子"。这样不仅会使孩子产生叛逆心理，还可能造成孩子自暴自弃的心态。

4.方法单一，频率过高

有些父母只要孩子稍有差错就会惩罚，且手段往往过于单一、粗俗。刚开始孩子还有些害怕，长此以往，这样的惩罚犹如得了一种慢性病，孩子开始适应，什么药也治不好。因为惩罚没有真正触及孩子的内心世界，效果很差，且频繁使用惩罚，容易诱发孩子的叛逆心理，造成孩子自卑、自暴自弃、个性执拗，最终走向和父母对立。

惩罚时的注意事项

当父母发现惩罚对孩子不奏效时，可以问问自己："我是不是犯了以上的毛病？"如果确实存在这种情况，必须实时纠正过来。在运用惩罚手段时应注意以下三点。

1.要谨记：言出必行

父母惩罚孩子时，常有吓唬孩子的心态，或因一时情绪不佳而对孩子说："如果你再这样，就不准你看电视。"或是取消了孩子某项特别喜欢的活动。但当孩子不良行为发生后，父母又心疼孩子，在孩子的讨饶下，常因心软而改变初衷，放弃原来对孩子要进行的惩罚。殊不知，这种做法无疑是给孩子一种信号：父母说话不算数，他们只不过是说说吓唬我而已，不必把他们说的当真。父母的言行不一，不但不能让孩子对其行为有所警惕，还为孩子不良行为的发展留下了后遗症。所以父母在施罚前要冷静，既然决定惩罚，就应言而有信。

2.要考虑孩子的年龄

研究证实，对不同年龄的孩子施以相同惩罚手段，其效果不同。父母在选择惩罚手段时，应注意孩子的年龄特点。例如，对于幼儿，应在做错事后立即给予惩罚，因为事过境迁，再进行惩罚就没有效果了；而对高年级的小学生，父母应避免在外人面前严厉指责孩子，孩子会感到没面子，不但不去注意错误的本身，反而会在内心怨恨父母，严重的还会当面顶撞，与父母发生争执。同样在说服和体罚时也应考虑年龄差别。

3.要掌握惩罚的轻重

这主要表现在两方面：一是注意惩罚的量度；二是注意惩罚的时机和次数。父母惩罚孩子时，惩罚的程度应与孩子犯错的量度相当，这样才会使孩子被罚得心服口服，否则会让孩子产生不满情绪，认为是父母有意找碴。

至于惩罚的时机和次数，一般来说，在不良行为发生之前加以劝导，比不良行为发生之后再予以惩罚效果更好。前者防止了不良行为的发生，后者只是体验了错误行为发生后的结果，事先并没有抑制不良行为的意愿。例如，对待在马路上随地吐痰、扔垃圾的人，如果事先劝阻，他们就会改正错误做法；如果等他们错误行为发生后再去罚钱，他们注意的不再是行为本身，而是罚钱这个事实。另外，惩罚应间隙适宜，频繁使用只会导致孩子心理疲倦、麻木，以致失效。

了解体罚的成效

此外，我们应如何看待体罚？要不要在家庭教育中完全杜绝体罚？

让我们先来分析为什么传播媒体及众多教育者反对体罚。因为棍棒教育出来的孩子，其行为不是受自己的思想、道德观支配，他们的良好行为，是因为害怕棍子所带来的棒打。这类儿童的自制力很差，只要父母一离开就无法无天、大闹天宫。父母的棍棒行为会引起孩子的模仿，这无疑是教了孩子如何去体罚他人。研究证实，这种经常受到体罚的孩子，他们的攻击行为较多，且体罚对孩子造成的身心伤害，可能导致亲子间情感上的对立，孩子会疏远父母。

既然体罚有这么多坏处，为什么还有许多父母赞成体罚呢？因为在他们眼里，体罚是最能奏效的一种惩罚方式，只要狠狠揍几下，孩子就会听话，这比说服教育要容易得多，而且立竿见影。俗话说："棒下出孝子"，体罚的存在似乎也有一定的道理。

那么体罚是否有效呢？心理学家博顿等人调查了70位4岁小孩抵制诱惑、欺骗行为与父母教育方式的关系。结果证实，那些平时用体罚训练的孩子比那些非体罚训练的孩子更能抵制诱惑，而且欺骗行为较少。从这个实验中可以得到一个启示：对于年幼的孩子来说，说理的效果可能会差一点，因为孩子的知识、经验和理解能力还不能使他们理解父母说理的内容，体验父母态度上的细微变化。而体罚造成的某些部位的疼痛可能更容易使他们记住教训，避免再犯错。

可是随着年龄增长，孩子的思想逐渐丰富，自我意识逐渐增强，体罚的效果变得越来越差。因为他们不再像年幼时那样慑于成人的威严，对父母不尊重他们人格的做法会感到不满，抵触情绪会日益剧增。

综上所述，父母对于体罚应持谨慎态度。既不可完全否定体罚在一定时期、一定场合下的作用，也应清楚意识到滥用体罚所存在的严重弊端。只要父母出于对孩子真诚的爱，相信是一定可以把握好这个尺度的。

教养八戒

父母是孩子的第一位老师。家庭环境对于子女的健康成长关系重大。什么样的家庭才有利于子女的成长？苏联著名教育家马卡连柯提出了"完全家庭"的概念。所谓"完全家庭"，不仅相对于组织结构上的"残缺家庭"（如父母分居、离婚等）而言，也相对于行为结构上的"残缺家庭"（如父母经常争吵等）而言。马卡连柯认为，只有具备以下三个要素的家庭才能称得上"完全家庭"，才有利于子女的健康成长。

1.父母相处和睦、融洽

2.家庭充满爱与相互尊重

3.父母的威信主要通过身教言教而获得

父母缺乏威信，或其威信不是建立在正确基础上的家庭，是很难造就出色的子女的。

下列的情况都是被"威信"戒除之列：

1.以高压获得威信

动辄怒骂、打罚子女，使子女惧怕。

2.以疏远获得威信

看子女"不顺眼"时，就不理不睬，故意疏远。

3.以傲慢获得威信

在子女面前摆出一副了不起的样子，这在子女缺乏鉴别力时还有效用，但很难长期有效用。

4.以严厉获得威信

事无巨细，不分是非，都要子女绝对服从，明知自己有错，也不承认，而要子女照办。

5.以教训获得威信

用没完没了的训话指责来要求子女服从。

6.以安抚获得威信

对子女百依百顺，即使不合理的要求也加以满足。

7.以慈善获得威信

对子女的错误，姑息迁就。

8.以滥赏获得威信

随便许愿，轻率奖赠，使有价值的东西丧失其应有价值。

这八种威信都是虚假的，即使子女服从你，也只是出于惧怕，或无奈，或奢求。这些对于孩子身心的健康发展都是不利的，在家庭教育中应该注意这"八戒"。

教育孩子的原则

以下教育孩子的十多条原则，是四川著名的教育家刘绍禹在20世纪30年代所提出来的，对现在的儿童教育者一直具有启发性，因此列出来供为人父母者参考。

1.不要太关心孩子，随时问他这样那样。这样很容易养成孩子过度的以自我为中心的心理，认为人人都应尊重其利益，而成为自私自利的人。

2.不要太亲近孩子。孩子只有与同龄人相处，才能学得与人相处之道。若时常与成人黏在一起，其依赖或自卑的心理则难以被打破，将来离家进入社会，一定会感到莫大的困难。

3.不要给予孩子一切他想要的东西。孩子从小应知道权利与义务的关系。不尽义务，不能享受权利，享受与工作是相对的，非单方面的。

4.不要贿赂孩子。父母有时为避免孩子一时的搅扰，往往拿金钱或物品给孩子，这是不应有的做法，这等于在奖励孩子的搅扰，养成孩子要挟的习惯。

5.不要欺骗孩子。孩子发觉受欺骗后，对父母、师长的信任就会减弱，以后父母、师长的话，就不会发生效力了。

6.不要恫吓孩子。父母如果只吓唬而不力行，以后一切的告诫，孩子当然不会遵从了。

7.不要在外人面前当众批评或嘲笑孩子，避免养成孩子怀恨或害羞的心理。

8.不要在孩子面前争论对他的惩罚。父母主张不一，孩子会无法适从。

9.不要对孩子太严厉，避免孩子养成过度的畏惧心，或面善心非的性格。

10.不要过度夸奖孩子。孩子做事不差，略为表示赞许就可以了，过度的夸奖容易养成其沽名钓誉的心理。

11.不要时常暗示孩子做不好的事。与其随时告诉孩子哪些事不该做，不如告诉他哪些事该做。

12.不要勉强孩子做他不能胜任的事。孩子的自信心大半由做事成功而来，让孩子做太难的事，足以摧残其自信。

13.宜明察孩子的禀赋，不要勉强他做力不从心的事，不要以自己的主见为孩子决定所学。

14.让孩子充分自由活动。只要孩子的行动没有超越常规，就不要去干涉他，因为活动是一切学习之母。

15.训诫孩子时，应力求镇静，尤忌借孩子来泄愤。

16.孩子的活动偶尔超越常规时，宜以良好的活动代之。若直接阻止，反不易收效。

17.宜帮助孩子分析其环境，衡量其行为；宜帮助孩子解决困难，而不是代替他解决。孩子越年长，应更能料理自己的事务，父母、师长不要越俎代庖。因为品格的养成与体力的增进，均由练习而来。例如，父母为孩子代步，不让孩子走路，孩子的脚力当然就不会强健。父母为孩子解决一切困难，不让孩子有练习解决问题的机会，孩子会无从运用其心思，锻炼其意志，其品格当然就不会有长进。孟子说："天将降大任于斯人也，必先苦其心志，劳其筋骨，饿其体肤，困乏其身，行拂乱其所为，所以动心忍性，增益其所不能。"真是至理名言。

CHAPTER 03

品格与兴趣的陶冶

3-1 人格的陶冶

大千世界，芸芸众生。为何有的人令人终生难忘，而有的人则很难在他人的记忆里留下些许的印象？为何有的人与你只有一面之缘，你却从此将他铭刻在心上，而有的人纵然朝夕相处，他却从未在你心中掀起波澜？这主要是人格的魅力使然。

我们经常谈论某人正气凛然，坦荡真诚，具有独立人格，而某人卑躬屈膝，逆来顺受，丧失了人格。这里所指的人格蕴涵着传统文化的伦理色彩，主要涉及人的品德、格调及尊严等。

从现代心理学角度来看，人格的涵义相当深广。我们把影响个体行为的因素分为两大类：一是环境因素；二是人格因素。那么人格就是除了环境因素外，影响个体行为的个体自身所有因素的总和。具体而言，人格是指个人相对稳定的比较重要的心理特征的总和，包括气质、性格、智慧、兴趣及倾向性等，是在生理素质的基础上，透过社会力行实践逐渐形成和巩固。所以可以说，人格是个体生理素质、心理素质、道德素质的结晶。

优良的人格特征是成才的核心要素。纵观古今中外，哪一个成功者的个性特征中不包含"淡泊明志""坚韧不拔""百折不挠""锲而不舍"及"自强不息"等品格呢？爱因斯坦曾说："优秀的性格和钢铁般的意志力比智慧和博学更重要。智力上的成就大多依赖于性格的伟大。"确实，理想的人格催促人永无止境地奋进，持之以恒地追求更高的完美，进而令生命发出耀眼的光芒。

而对少年儿童来说，人格的涵养就是为他走向人生未来，初步奠定人格力量的基础。也许你的孩子未来只是一个平凡的普通人，但是良好的人格特征会使他获得他人的尊重，他的生命在平凡中照样会绽放出动人的光彩；也许你的孩子在将来没有拥有一些外在的东西，如金钱、地位及容貌等，然而他拥有从童年时奠定下来的良好人格，他也将同样能展现自我的独特风采。

那么理想的人格力量究竟包含哪些内容？又如何去初步奠定少年儿童人格力量的基础呢？从人格的一般内涵来看，应包含智慧力量、道德力量和意志力量。我们不妨借用孔子的精辟论断，即所谓"智、仁、勇"。

智慧力量的激发

智慧是引导人格走向完美境界的灯塔。为了激发与累积少年儿童的智慧力量，我们可以从以下几点做起。

1.让孩子感受大自然的风光

大自然不仅给了人类生存的空间，还赐予我们生活的欢乐。绚丽的奇花异草，点缀了我们的生活，人类的生命从此多彩；多姿的奇山怪石，燃起了我们想象的引线，让人类的思考平添了奇特感觉；众多的花鸟虫鱼，成了人类生命的伙伴，使我们不再感到孤独寂寞。把我们的孩子送回大自然的怀抱，将促使他们去探寻无穷的奥秘，激扬起智慧的潜能。

2.让孩子的双手更灵巧

人们与生俱来的财富，便是拥有一双属于自己的手。苏联教育家苏霍姆林斯基说过："人的手可以做几十亿种动作，是意识的伟大培育者，是智慧的创造者。""在人的大脑里，有一些特殊、最积极、最富于创造性的区域，将抽象思考跟双手精细、灵巧的动作结合起来，就能激发这些区域积极活跃起来。"手脑并用可以使孩子的智慧潜能在拆拆装装、锄草护花及操作计算机等各种活动中得到淋漓尽致的发挥。

3.让孩子的兴趣张开翅膀

作为老师或家长，应该细心地留意孩子，看他们对什么特别投入，特别能静下心来，那么不妨在那一方面引导他们，孩子对于乐此不疲的兴趣，最终会化为对整个学习生活的热爱。当孩子有厌学情绪时，也不妨避开正题，找出其独特爱好与长处，利用其自身优势，发展兴趣，增强自信。对孩子来说，重要的是开发潜能。

4.让孩子的思考迸发如泉涌

思考力、想象力是人们采撷智慧灵光的两把金钥匙。创造性想象要求我们勇辟蹊径，走别人没有走过的路。创新往往在求异过程中实现，如果仅满足于标准答案，因惧怕失分而不敢求异，就可能熄灭创造的火花。我们要强调集中思考、发散思考、直觉思考并进发展。充分提供"模糊领域"的问题情境，让孩子在众多假设中自主选择。思考过程的培养远比结果更重要。

5.给孩子更多的艺术熏陶

艺术世界具有无穷的魅力，艺术让人充满热情、活力，忘却功利，甚至会情不自禁地投身于看来难以完成的工作。有一个更好的佐证是几乎所有一流的科学家都爱好音乐，音乐能激发智慧的火花。让你的孩子多听点音乐吧，尤其是当他冥思苦想做不出习题的时候。未来的世界是高科技与高情感相平衡的世界，即科技与艺术交汇融合的世界，那么未来的建设者就应该拥有更高的艺术素养。

道德力量的涵养

人的道德感是抵御邪恶的第一道防线。近代中国教育家陶行知说过："道德是做人的根本。根本一坏，纵然你有一些学问和本领，也无什么用处。"所以他提倡"建筑人格长城"。为了替我们的孩子打下做人的基础，我们可以从以下几点做起。

1.养成好习惯，弘扬传统美德

孩子置身在五光十色的世界，社会风气无时无刻不影响着他们年幼的心灵。抢先占领形象教育的阵地，是师长义不容辞的天职。讲究文明礼仪，遵守社会公德、社会秩序，陶冶勤奋、诚实、节俭、质朴、自强、守信、负责的品性，永远不会过时；养成守时、惜时的习惯，学会合理安排时间，是讲究效率的重要标准，不可忽视。让我们在传统美德中注入更多的时代特征，因为这是培养孩子优良品德的起点。

2.育之以情，陶冶爱心与互助

从培养孩子的亲情、友情、真情开始吧，让孩子懂得珍惜父母情、融洽师生情、储存同窗情、放送博爱心，让爱的旋律在孩子心中永驻。只有爱，才会产生利他的助人行为，才能升华无私的奉献精神。现代社会强调平等互利的合作精神，但并不排斥道义上的谦让、奉献，我们该适当地引导孩子才是。

3.养成积极进取的人生态度

人的一生都是在追求，只有在理想指引下的追求才能使人生更加充实、辉煌。人生犹如行进在一条跑道上，消极的人不断被后来者追上，而奋进的人则不断超越前行者。对少年儿童来说，树立远大志向，脚踏实地行动，该是养成积极进取精神的必经之路。让我们点燃孩子理想的火花，引导他们一步一步踏实地追求，为将来做大事时能挥洒自如、游刃有余奠定基础。

4.让孩子积极参与团体生活

合群是孩子的天性，父母要鼓励孩子与同伴一起学习、玩乐。每个人都有归属感，在团体活动、交往过程中能满足孩子的这种心理。良好的团体氛围为孩子带来积极向上的促动，人格也会互相感化。团体生活不仅能使人深切地体验到人的自尊感、团体荣誉感、义务感，而且有助于弥补多元价值取向所带来的人情冷漠、世态炎凉、缺少沟通的缺憾。

5.教会孩子正确地对待自己

孩童时期自我意识不强，应让孩子在各方面都能正确地认识自我。不夸大，否则会盲目骄傲，不缩小，否则会自卑压抑；不掩饰，有过失要勇于承认，更不能滋长推三阻四找借口的坏习惯。虚心、自信、勇于改过是形成人格力量的重要基础。

意志力量的锤炼

磨砺意志，将使孩子在未来的征途中受益无穷。为了让孩子成为生活的强者，可以从以下几点做起。

1.强化独立自主的意识

我们应有意识地让孩子学会选择，如参加哪些兴趣活动，假期的一天该如何安排，不妨多听孩子的意见，逐渐地孩子就会遇事有主见，增强自主性，有利于克服依赖心理。

2.培养锲而不舍的精神

坚韧不拔的毅力是一个人胜任未来挑战的必备特质。我们切不可忽视孩子做事的过程，当他没有耐性时，当他虎头蛇尾时，当他朝三暮四时，我们应该多给予具体指点。重要的并不在于做了什么，而在于过程中所形成的习性。

3.鼓励挑战、竞争精神

有些人人云亦云，跟着感觉走、跟着流行走，大到孩子的培养目标，小到吃穿玩乐无不如此，说到底，这是跟着别人走，并不是竞争，充其量只是比较、模仿。从小培养孩子敢为人先的勇气吧，多一点别出心裁、异想天开，少一点千篇一律，将使明天的世界更加精彩。

4.教孩子学会自我控制

这里主要是指因过分任性而造成人际交往中的情绪偏差行为。在不适当的场合更不能耍性子，必须恰当地调控自己的情绪、行为，这些必须从小做起。

5.教孩子坚持永不气馁

人生旅途多坎坷，挫折、困境常伴左右，让孩子了解父母工作的艰辛、生活的磨难很有好处，否则会让孩子有一切都来得很容易的错觉。在孩子成长中遇到烦恼、挫折时，要不失时机地鼓励他们勇于克服。培养超越感，攀登无止境，奋进不停步。

3-2 自制调控的魅力

所谓自制调控，是指人用意志支配自己的情感和行动的一种活动。这种活动主要表现在人对自己不良情绪、需要、动机和行为等诸方面的自制和调控。假如一个人的本能得不到理智的约束，他就永远不能成为一个有用的人。成人如此，孩子更是这样，因为孩子的意志力薄弱，自控能力也就更差了。那么要怎样才能让孩子克服自身和外界的障碍，约束自己的行为，做到自制呢？

有些孩子自制能力较差。他们随心所欲，上课时会突然站起来，有说有笑；无所约束，自由散漫，上课不是随便讲话就是做小动作；做作业总是拖拖拉拉，经常需要他人督促；遇到喜欢玩的东西，会毫无节制，忘记其他事情。他们任性，凡事需要他人提醒、说明；他们无责任感，对自己的行为放任自流。这类孩子在学习困难、成绩不良或经常违纪违规的学生中占有很大比例。有的学生明知自己平时学习不努力，考试临近时，依然抵挡不住电视、游戏机等的诱惑，虽然事后懊悔，但就是管不住自己。对这类孩子，老师教得辛苦，父母管得辛苦。

那么为什么会造成孩子如此缺乏自制力呢？

一般来说，自制力缺乏主要是由于意志力不强造成的，而儿童的意志力与家长的教养方式又有着密切的关系。溺爱型的教养方式，因一味宠爱娇惯孩子，养成孩子任性、随心所欲的坏习惯，对自己的所求一定要满足，否则就撒野，不去控制自己的情绪；保护型的教养方式，因过多地为孩子承担责任，使孩子依赖性强，独立性差，不能负责自己的学习、生活，没有责任感，对自己的行为不加控制，长此以往，必然带来不良后果。孩子缺乏自制力有其生理与心理因素，且个体之间又存在着差异，所以对于自制力缺乏的原因只能阐述其普遍性，无法尽述其特殊性。

人之所以被喻为"宇宙的精华，万物的灵长"，正是源于人具有宝贵的理智。那么在了解了儿童自我调控的缺乏后，我们该如何培养孩子的自制调控能力呢？

激发自我调控的愿望

自我调控愿望不能用强迫命令的方式来形成，只能在日常学习、活动、生活中通过激发孩子自身的需要来形成。每个孩子都有自尊心，都希望得到父母的认可，这是一种积极向上的内在动力。平时父母和老师应在充分信任和适当引导的基础上，放手让他们去独立完成任务，让孩子在成功中品尝到自我努力的快乐，在失败中体验到自我疏忽的痛苦，这样才能使孩子充分认识自我，激发自尊、自爱的情感，引起强烈的自控愿望，产生自主、自动、自觉的行动。而对于自控力较差的孩子，应让他们知道缺乏自制所带来的危害，进而产生自我纠正的愿望。

严格制度与纪律训练

严格的制度和纪律对于培养儿童的自制力十分重要。苏联教育家马卡连柯指出："规定学生在一定时间起床，是对其意志的最根本训练，其可以改正在被窝里幻想的习惯。"又说："所谓有纪律，正是一个人能够愉快地去做自己所不喜欢的事情，这是非常重要的一条纪律原则。"不言而喻，要做到这一点，就必须要求学生有较强的自控能力；换言之，遵守纪律有助于培养意志的自制性。许多孩子的自制力差，往往与他们的不良习惯有关。例如，睡懒觉、先玩乐再做作业及边做作业边看电视等，时间一长就会养成其懒散的毛病，无法自制。而这种坏习惯的养成，正是由于他们日常缺乏严格的制度、纪律训练。

为了养成良好习惯，为了使制度、纪律能产生培养意志的作用，我们一定要引导儿童按要求不断地进行练习，并进行必要的监督，对其行为进行督促、鼓励、提醒与检查。要从小事做起，并持之以恒，不断强化。只有这样，孩子才能逐渐适应，最终才能养成良好习惯。

循序渐进提高自控力

例如，对于按时完成家庭作业的要求，有的孩子经常做不到，为了不受批评责骂，还会编造各种谎话欺骗老师，那是因为他们喜欢玩、喜欢看电视，管不住自己。这就需要父母和老师的合力，使他们逐步摆脱外在的诱惑，形成一种内在的自我控制能力。对于这些自制力差的孩子，可以用增强法使之改变。第一阶段，时间为10~15天，只要求准时交作业，做到了，老师可给他某些奖励；第二阶段，时间仍为10~15天，要求准时交作业，且不准漏写，老师可在全班同学面前表扬他；第三阶段，时间为15~30天，要求准时交作业，不漏题，天天提高正确率，老师可以让他得到一张小贴画；第四阶段，自我命令，自我鼓励。这样逐步让他养成一种自觉做作业的习惯，进而形成一种内在的自制力。

重视意志的自我教育

为了培养孩子的自制力，除了要求父母和老师通过上述方法进行教育外，还必须重视儿童的自我教育。苏联学者谢利凡诺夫曾说过："当意志的形成是在别人有目的的影响下进行的时候，通常说的是意志教育；但在一个人自己提出特别的任务去培养和加强自己的意志，并在这方面采取行动时，就是意志的自我教育了。"进行意志自我教育，可以通过自我反省、自我提醒和自我约束这三个环节来进行。经常反省自己意志的优缺点，针对自己的弱点，选择相关的名言警句用以提醒和勉励自己，同时制订一些规则、要求，并严格执行。

自制是一种生活智慧，是一种气度，也是一种人生艺术。它不是怯懦，而是力量的展现；它不是束缚人的锁链，而是每个人的护身铠甲。自制就像出海航程中的舵，舵如果坏了，就只能在海中漂流、沉浮。所以当孩子能理智地学会克制自己时，成功与胜利就已经孕育其中了。

3-3　磨砺意志抗挫折

古人云："人生不如意十之八九。"在人的生命历程中，会遇到各种或大或小的挫折，而一生都顺顺利利，从未遭遇过挫折的情况，几乎不可能。

挫折，是指人在某种动机的推动下，在追求某种目标的过程中受到阻碍或干扰，因无法克服而产生的紧张状态与情绪反应。由于儿童心理发展还不平衡，挫折容易引起他们的消极行为，如逃避、退缩、敏感及攻击等。这种行为一旦固定成习惯，将严重危害其身心的健康发展，导致人格的偏差。因此培养孩子的抗挫能力十分重要。

为了培养孩子的抗挫能力，除了要让孩子对挫折持有正确的认识外，磨砺意志是战胜挫折的关键。

意志，是指人自觉地确定目的，根据目的支配、调节行动，进而实现预定目的的心理过程。凡有成就的人大多有坚强的意志，这样的事例古今中外不胜枚举。爱迪生在他的助手们面对接连不断的失败，几乎完全失去发明电灯泡的热情时，他靠着坚韧不拔的意志，排除来自各方的压力，经过无数次实验，终于使试验成功，成为人类现实中的普罗米修斯；居里夫妇在既无前人经验，又无良好设备的情况下，凭着顽强的意志，坚持不懈，不断筛选，从几吨重的沥青中提炼出十分之一克的镭，证实了镭的存在。清代作家蒲松龄落第后并没有被击垮，他写下了一副自勉联："有志者，事竟成，破釜沉舟，百二秦关终属楚；苦心人，天不负，卧薪尝胆，三千越甲可吞吴。"他这样写了，也这样做了，终于完成了传世名著《聊斋志异》。

无数事实证明，一个人必须有坚韧不拔的意志，才能成为生活的强者，才能在事业上有所作为。那么我们要如何帮助孩子磨砺意志，增强抗挫能力呢？

树立远大志向，坚定意志

有志者，事竟成。树立远大志向能激发出孩子的热情，提高其行为的自觉性。志向越远大，目的越明确，意志就会越坚定。法国微生物学家巴斯德在谈到立志、工作、成功三者的关系时说道："立志是一件很重要的事情。工作随着志向走，成功随着工作来，这是一定的规律。立志、工作、成功是人类活动的三大要素。立志是事业的大门，工作是登堂入室的旅程，这旅程的尽头就有个成功在等待着，来庆祝你的努力结果。"爱迪生发明电灯、居里夫妇发现镭及蒲松龄创作《聊斋志异》等，皆缘于他们为自己树立了远大的志向，进而激励他们冲破重重阻力和障碍，为实现自己的志向而奋斗。

创设障碍情境，坚强意志

孟子曰："天将降大任于斯人也，必先苦其心志，劳其筋骨，饿其体肤，空乏其身，行拂乱其所为，所以动心忍性，增益其所不能。"这说明了一定数量和一定强度的挫折能使人们增长知识才干，培养其坚强的意志、克服困难的毅力和提高对周围环境的适应能力。虽然孩子在日常生活中也会遇到困难，但这些困难往往较小且容易克服。为了使孩子能在未来迎接更大的挑战，在挑战中勇往直前取得胜利，就需要根据孩子的特点，有意创设障碍情境，提高难度，进而培养他们分析问题、解决困难的能力，使他们以后再遇到挫折时能有足够的心理准备，能勇敢面对挫折，冲破阻碍，重新站起来。越受挫越发愤，越是逆境越要抗争。古罗马哲学家塞尼加有句名言："真正的伟人，是像神一样无所畏惧的凡人。"谁能以坚强的意志对待生活中的挫折，谁就能最终战胜挫折。

这里需要提醒的是，在为孩子设置障碍时应注意不同孩子的特性。也就是说，这些障碍为孩子带来的挫折是其心理可承受的，是孩子通过努力能克服的，否则难度太大，就容易造成反复失败，而多次失败不但不能坚强其意志，反而会增加其失败体验，引起自卑感。我们应记住这个原则：设置障碍是为了坚强意志，而不是为了体验失败。

从小事情做起，坚韧意志

莎士比亚说："千万人的失败，都是失败在做事不彻底，往往做到离成功尚差一步就终止不做了。"而对于年龄尚小的孩子来说更容易半途而废。他们做事往往忽冷忽热，一曝十寒，不能坚持到底。"绳锯木断、水滴石穿。"成功不仅需要战胜困难的勇气，更需要毅力。曹雪芹写《红楼梦》，体验了十年的辛苦；司马迁写《史记》，度过了十五载岁月；达尔文写《物种起源》，经历了二十个春秋；李时珍写《本草纲目》，花费了二十七年时间；马克思写《资本论》，历时了四十个寒暑；歌德写《浮士德》，耗用了六十年的光阴。这些大师们为自己的目标与厄运进行了不屈的斗争。如果他们没有坚韧不拔的意志，是不可能取得这些辉煌成就的。

老子在《道德经》里说："千里之行，始于足下。"坚韧的意志不可能形成于一旦，而是在日常学习、生活中逐步培养起来的。我们应培养孩子从每一件小事做起，不马虎、不懈怠，把完成每一项学习任务都看作是向远大目标接近一步，把克服生活中的每一个小困难都当成是磨砺意志的考验。长此以往，就会磨砺出坚韧的意志。

马卡连柯说："我们一切胜利都是我们强大意志、我们奋不顾身的英勇精神、我们自觉地和不屈不挠地追求目的的结果。"所以意志培养的问题应成为我们生活中最重要、最应关注的问题。

3-4 继承美德，学做人

现在的孩子在学业上游刃有余，但在为人处事上尚待加强，因而有必要让他们了解传统美德的内涵。

诚实为人

拥有一颗真诚、纯洁的心灵，是人品养成的重要一课。孩子应从小学会以诚待人，不欺人亦不自欺。那么家长该从哪些方面着手呢?

1.播撒真诚的种子

利用孩子爱听故事的特点，为孩子多讲一些有关真诚做人的故事，如刘备"三顾茅庐"；也可从反面教育，如通过"狼来了"的故事，使孩子知道撒谎的代价。

2.以身作则树典范

喜好模仿是孩子的特点。孩子可塑性大、模仿能力强，但不善于明辨是非，以致成年人的言行不论好坏都很容易被孩子模仿。父母是孩子的启蒙老师，首先要杜绝言行不一的行为，以免让孩子纯洁的心灵染上尘埃。

3.注意讲究教子艺术

很多父母一发现孩子做了错事，就以棍棒来解决，从而使孩子失去承认错误的勇气，日久天长，孩子为逃避惩罚而养成撒谎的习惯。因此当孩子出现某些过失行为时，父母一定要温和地给予批评引导，让孩子觉得父母是讲道理的。当孩子有了撒谎习惯时，不要一味指责他们，而应问明原委，如孩子为了表扬而说谎，则应先肯定其积极上进的一面，之后指出不应该为了夸奖而骗人。如果父母发现孩子不诚实是因为成人要求过严，给他的压力太大，则应调整力度，让孩子尽量放松。

守信树人

孔子曰："人而无信，不知其可也。"在现实生活中，有的人非常讲信用，托他办的事情百分之百完成，约好的时间从不延误。而有的人则显得满不在乎，别人请他做的事，一遇到困难就退缩。究其原因，这与不同的家教关系密切。

有些父母喜欢对孩子乱许诺。今天许诺，如果你这次考试成绩优秀就给你买玩具；明天许诺，如果你帮妈妈把这点事做完就带你吃大餐。但许下的"诺言"经常不能兑现，使孩子对父母产生信任危机，还让孩子误认为可以说一套、做一套。

有些父母时常惩罚落空。"不完成作业就惩罚洗碗""考试不理想就不准出去玩"，说的时候往往很严厉，但说完就算了，根本做不到。孩子认为只不过有惊无险，久而久之，就不再把父母的要求当回事，继而还会不理会老师的要求。

有些父母自己就有不守信行为，被孩子看在眼里、记在心里，进而在孩子心中形成无以为信的阴影。要教育孩子以信为本可从两方面入手：

1.时时自省，言行一致

如赴约守时；答应别人的事按时完成；对别人的承诺要兑现等。

2.要注意教育方法

不少孩子有"能赖就赖、能拖就拖"的想法，这时父母应从细微处着手，如规定孩子在晚饭前把作业完成，当没有完成时，必须适当限制或延迟他看电视的时间。这么做虽然没有过多的批评，却使孩子知道父母的要求必须照办，不守信必须为之付出代价。

讲信用在社会交往中越来越重要，因此孩子从小就要养成守信的品格，记住"言必信，行必果"，成为一个守信用的人。

责任心立人

古人以"敬"为行事之德，敬即专注、尽责之意。身为社会人，我们必定会承担一定的责任。一个具有强烈责任感的人对自己所承担的任何任务，总是严肃认真、一丝不苟。那么孩子的责任心和责任感该如何培养呢？

1.引导孩子具备自我管理意识

现在的孩子从出生就是掌中宝，一切事情都由大人包办，因而逐渐养成被动、依赖的习性。所以父母一方面要维护孩子的主体地位，让他学会安排自己的学习、生活，自己制订计划；另一方面要培养和强化孩子的自我管理意识，能进行自省，学会凡事三思而行。

2.让孩子明白自己该负的责任

孩子对责任心、责任感的理解有限。老师和父母应从实际出发，向孩子说清楚，什么是他该负的责任。例如，让孩子明白，他是家庭一员，有责任参与家务劳动；他是学生，有责任努力学习各类知识；他是班级成员，有责任参加各项团体活动等。通过教育让孩子明确自己的责任，也从中培养其责任感。

3.让孩子体验到尽责后的愉悦

例如，孩子在家里主动扫地擦桌，并尽心尽责，家长应及时表扬，使孩子意识到自己的责任，尽义务并享受其中的喜悦。

责任感是个人品格的体现，应从小培养孩子能对自己的言行负责，并逐步做到对他人负责、对团体负责、对社会负责。

勤劳做人

由于父母过度的保护、帮助，让不少孩子的双手只用在学习、玩耍上，这样做反而剥夺了孩子独立动手、动脑的机会，进而阻碍其成长。那父母应该怎么做呢？

1.给孩子动手的机会

父母不应以孩子自理能力弱为由而包办所有事务。放手让孩子大胆去做，从小事做起，如洗袜子、整理床铺和书包等。

2.培养孩子的自觉性

有的孩子喜欢走到哪里，物品就丢到哪里，对乱七八糟的环境视若无睹，这时父母可以"你的房间已无处可坐"为由，拒绝进入他的房间。孩子的自尊心受到刺激后，反而促使他动手整理，并逐渐形成主动整理的习惯。

良好的习惯形成后往往会影响其他各个方面，如生活中勤劳的人，不会是个懒于学习的人。因此要让孩子离开父母的怀抱，让他们从日常小事做起，练就生存的本领和能力。

节俭成人

现在的孩子生活物品几乎应有尽有，却也因此而引发了负面效应。孩子的消费水平日趋增长，使孩子几乎不知道"节俭"为何物，而父母的补偿、虚荣及从众等心理，也纵容了孩子的浪费。

"由俭入奢易，由奢入俭难。"父母应从长远利益出发，在生活中对孩子进行节俭教育，使其养成节俭的好习惯。

1.父母要身体力行，强调节制

假如父母平时习惯了挥霍，节俭教育也就无从谈起。因此父母首先要节制，在孩子脑中逐渐留下"节制"二字，当想购买东西时，不妨问一问："是否真的有需要？"

2.建立有计划性的正确消费观

父母应有意识地教育孩子了解劳动与金钱的关系，让孩子了解一分耕耘一分收获。家长每个月固定给孩子零用钱，训练孩子详细记录每一笔支出，进而使他们理解计划花钱的必要性。

3.坚持对孩子进行节俭的训练

定期给孩子零用钱，规定孩子在账面允许范围内花钱，有钱时不超支，无钱时暂不买东西，并检查其账目，做得好要表扬，做得不好则以减少零用钱为制约，孩子就会自然而然形成节俭的习惯。这样推而广之，孩子对一日三餐、穿的衣服、用的其他东西也就会有了爱惜之心。

节俭是自古修身、齐家、治国、平天下的良策，让孩子养成节俭习惯，有助于其意志的磨炼和人格的锻炼。

诚，得人之心；信，处事之道；敬，行事之德；勤，为人之本；俭，生活之习。这些美德能使孩子德才兼备，成为真正的有用之才。

3-5　回归美的世界

　　高尔基说："照天性来说，人都是艺术家，他无论在什么地方，总是希望把美带到他的生活中去。"追溯历史，当劳动使人和猿揖别时，人类就开始了对美的追求，社会的进步就是人类追求美的结晶。从原始人穴居的洞穴到现代化的摩天大楼、从生吞活剥到美味佳肴、从击石作乐到贝多芬的《命运交响曲》、从树叶遮羞到多姿多彩的时装等，足见美的发展势不可挡，足见人类由爱美天性而迸发的巨大力量。美无时无刻不在召唤着每个人，为之陶醉，为之奋斗。

　　五彩缤纷的世界，天上的明月、地上的鲜花、达·芬奇的《蒙娜丽莎》，都使人们感到美。那么使这些不同事物闪耀着美之光彩的共同原因是什么？究竟什么是美？黑格尔说："美乍看起来，好像是一个很简单的概念。但不久我们就会发现，美可以有许多方面。这个人抓住的是这一方面，那个人抓住的是那一方面，纵然都是从一个观点去看，究竟哪一方面是主要的，也还是一个引起争论的问题。"

　　探求美的历史长河之源，不难发现，在人类诞生之前，世界上并不存在美。美是人类社会的产物，美起源于劳动。通过劳动，人的愿望、智慧和力量得到运用和发挥，创造出劳动成果。这样人们才能从中看到自身愿望、智慧和力量，既满足了物质的需要，又在精神上给人带来愉悦之情，而这种精神上的愉悦之情就是一种美感。美的本质就是人类在劳动过程中运用的愿望、智慧、力量等的形象化展现。劳动创造了美，美又在劳动中显出奕奕神采。

美是美好生活的核心

美的本质并不等于美的现象。我们在生活中直接感受到的是各种具体、生动、丰富的美。自然的美、人的美、艺术的美，无不使人心旷神怡，精神振奋。它们都是构成人们美好生活的核心。

1.寻找自然美

早在18世纪，思想家卢梭的著作《爱弥尔》就被称为"新旧教育的分水岭"。卢梭主张"回到自然"，让孩子在大自然的环境中感受各种美，培养他们对美的事物的兴趣和爱好，使他们的自然素质不至于被腐蚀。然而对在钢筋水泥的城市中生长的孩子来说，自然美似乎离他们很遥远。整天枯燥地学习、考试、埋头于书海里，听不到鸟儿欢快的叫声，最多只见几只灰灰的麻雀在屋檐下哼哼唧唧。出门以车代步，家中计算机、手机紧紧包围着他们。现代化的工业文明令人们的生活更舒适、方便，同时也令人们丧失了许多自然的闲适和美意。

暂且抛开电子、机械产品所带来的枯燥和郁闷，到大自然中发现美的灵魂吧。那峰峦延绵的高原、一望无际的平川、起伏平缓的丘陵、宽广丰腴的盆地、星罗棋布的湖泊、奔腾浩瀚的江河，都将会使人们在潜移默化中更快地成长。投身于大自然的怀抱，会使人心胸豁然开朗，陶冶情操。林则徐在升任两广总督后，亲手题了一副对联："海纳百川，有容乃大；壁立千仞，无欲则刚。"都市里的烦闷比起大自然的和谐显得多么渺小。

父母可以在孩子紧张的学习之余，利用假日带着他们冲出都市丛林，用双足去走出一条自然之路，去体验气喘吁吁、大汗淋漓的感觉，与大自然情景交融，在大自然中涤荡美的灵魂。

2.塑造心灵美

"山不在高，有仙则名；水不在深，有龙则灵。"可以说，自然界的一切，有人则美。一切的美都是因为人而存在，最美的风景便是人。人的美无所不在，美与人们形影不离。只要把最美好的心灵呈献给社会，五彩缤纷的美便源源涌向人们的心扉，让人应接不暇。每一个美的形象都会使人们忘我地生活着。

现在的孩子从小就是父母的掌上明珠，我行我素，自我中心强烈，他们极少想到别人。在家中，稍不如意，就"一哭、二闹、三跳脚"；在学校也常表现出"独占""唯我"的行为，同学之间无法友好相处。面对这样的孩子，即使打扮得再时髦、再美丽，也无法让人感受到他的可爱。有句话说："人不是因为美丽而可爱，而是因为可爱而美丽。"外貌的美犹如花朵，迟早会凋谢，没有德行的美貌转瞬即逝，而心灵美则经久不衰。纯真、善良是孩子最真的美。父母应教导孩子学习用心去体会、用爱去关怀、用情去资助，做一个真善美的好孩子，使心灵之花长盛不衰。

3.欣赏艺术美

美的事物千姿百态，美的形式丰富多彩，艺术美能唤起人们最美的情感。优秀的艺术作品更能鼓舞、净化人的灵魂，充实、丰富人们的精神世界。

近代许多卓越的科学家更是自觉接受艺术的熏陶。爱因斯坦喜爱拉琴，在写《相对论》的日子里，人们常听到他拉奏莫扎特的奏鸣曲；著名数学家华罗庚喜欢写旧体诗；著名地质学家李四光热爱摄影。科学家热爱科学，也热爱艺术。充满艺术美的生活又陶冶了他们的情操、开阔了他们的思路、润泽了他们的精神、给予了他们新的活力，使他们能以丰富的知识、健全的体魄和旺盛的精力攀登在科学的崇山峻岭间。

值得庆幸的是，目前越来越多的有识之士已经意识到培养孩子高雅艺术情趣的重要性。马克思说："如果你想得到艺术的享受，那你就必须是一个有艺术修养的人。"随着物质生活条件的改善和精神生活的充实丰富，人们的审美情趣也不断提高，对于艺术的追求越加深入和广泛。年幼的孩子更应让他们从小便懂得鉴别美，欣赏美。

中华五千年的文化，创造了无数璀璨辉煌的文化，悠扬的京剧、婉转的昆曲、苍遒的书法、雄伟的建筑、精美的诗歌、动人的传说等，无不散发出美的韵律，更是我们弘扬高雅艺术的最好素材。将这些祖先遗留给我们的财富，牢牢植根于孩子的灵魂，深深融于孩子的心灵中，使孩子在传统文化中进行美育教育。

生活离不开美，缺少美的生活就像沙漠缺少绿洲般地枯燥无味。自然风景的美，能净化人的灵魂；精神生活的美，使人充实；生活节奏的美，使人奋发进取；文化知识的美，使人更聪明；人际交往的美，使人欣慰欢畅；劳动创造的美，赋予人们至高无上的情趣。美以其极大的魅力召唤着我们，尤其是天性爱美的孩子。

对孩子进行美育教育

父母和老师应该怎样根据孩子的心理特征来进行美育呢？

1.培养形象和情绪记忆力

孩童时期是人一生中形象记忆与情绪记忆的最佳时期。这时的他们刚懂得审美观察、知道内省自己的情绪，易于形成鲜明的印象。给予孩子新鲜的审美刺激，以便形成强烈的第一印象，这是培养孩子形象记忆和情绪记忆的要领。因此，要以活泼、新颖的形式组织各种孩童活动。那么多年以后，孩子还会记起系上红领巾的那个庄严时刻；还会记起生日烛光旁伙伴们一张张可爱的笑脸。

2.有计划地安排艺术欣赏

把孩子引入艺术之门的可靠方法是抓住有关艺术的最基本部分。绘画课，让孩子在欣赏中慢慢体会各种构图方式和不同色彩的表现功能；初学音乐，可以在习唱歌曲和听音、发音的基础训练上欣赏旋律性强的乐曲；文学欣赏能力培养的入门手段是表情朗读，可以让孩子进行角色朗读，通过对叙述语言和人物对话的揣摩玩味，来理解文学语言的艺术表现能力。

3.鼓励发展孩子的创造力

孩子的创造意向值得尊重和珍爱，因为它是孩子未来更多创造活动的萌芽和预演。孩子自由活泼的创造精神万万践踏不得，因为这是他们最初的美的追求。

世界要是没有美的灵光照耀，人类社会将永远被野蛮的黑暗所笼罩。但黑夜给了我们黑色的眼睛，我们便要用它去发现美、寻找美、追求美。

3-6　追寻欢乐的童年

有人说："少年不识愁滋味"。但现在的孩子早已尝到愁味。填鸭式的教育，使孩子整天埋首于成堆的作业中，单调的学习生活不利于智力开发，也不利于身心健康。父母应该放手，让孩子自己去追寻属于他们的欢乐，学会休闲。

孩子闲暇生活的问题

平常只有在闲暇时的小部分时间里，不用受到他人的支配。而闲暇生活不仅是调节人的学习、工作和自理生活的需要，更重要的是，它为丰富生活、充实人生提供了广阔的自我天地。但由于受传统教育观念与要求的束缚，孩子的闲暇生活还有很多问题。

1.无法选择

我们的孩子从极小时，就开始在一个由考试构成的教育环境中成长，他们的目标是考高分，进入名校，于是各类补习班自然而然侵占了孩子大多乃至全部的闲暇时间。尽管不少孩子并不愿意加入这种学习的行列，但迫于考试的压力，现实使他们没有自主安排闲暇生活的自由。

2.无权选择

许多父母不遗余力地让孩子参加英语班、钢琴班等，使孩子经常在晚饭后、周末假期时奔波于各教室之间。闲暇时间再也不是原来可供自己自由安排的时间，而成了"可供父母自由安排的时间"。一旦孩子提出自己的意愿时，父母便以各种理由否决，使孩子没有选择权，只能在父母的羽翼下成长，做一个循规蹈矩的小忙人。

3.无可选择

社会为孩子提供的可利用资源少得可怜，加上父母过分关爱，使孩子很难飞出"鸟笼"到户外去单独玩乐，而学校的许多场所仅供上课使用，虽然还有些专设的青少年活动中心，但真正参加其中活动的仅占整个学生团体的极小一部分。这样，无处可去使得闲暇生活陷入另一困境。

4.不会选择

相对于那些由父母严格规定闲暇活动内容的孩子而言，那些得以自己支配闲暇时间的孩子的闲暇生活又如何呢？调查显示，孩子假日活动除做作业外，依次为看电视、玩手机、看小说、闲逛或随便打发时光。可见，青少年在闲暇生活的选择上还存在盲目的问题。

帮助孩子利用好休闲生活

针对以上这些问题，我们应如何帮助孩子懂得休闲呢？

1.给孩子多点自己的时间

孩子天性好动。当孩子因玩耍而忘了时间时，请不要过分指责他们，也许在玩耍中，孩子的想象力、创造力得到了意想不到的提高。如果一味地要求他们坐在课桌前解题、钢琴前弹奏，他们学到的都是别人的东西。孩子在玩乐时，父母如果能积极参与并适时指点，那么收到的效果会更佳。

2.给孩子多些选择自主权

一般来说，人对自己感兴趣的事物总是优先注意，同时还伴随着良好的心情。只有对自己感兴趣的事物，孩子才会全身心投入，并不断发挥自身潜能，不断超越自我。因而家长应大胆放手，让孩子做自己想做的事，鼓励他们发展自己的兴趣爱好。但若发现孩子有不良嗜好时，则应及时阻止。

3.给孩子创造更多玩乐场所

学校在课余时间应开放计算机教室及图书馆等资源教室。社区应开设形式多样的爱心学校，使孩子在周末及假期等空余时间有好的去处。父母可以带孩子去动物园、植物园及博物馆等，让孩子走进自然，了解社会，在游玩中增长知识；带孩子去公园野餐、到郊外散步等，都不失为是休闲的好方式。

　　闲暇活动是每个人生活中不可或缺的一部分。对孩子来说，闲暇生活能更自然培养他们的兴趣爱好，能更有效促进他们发展特长，闲暇使孩子有更多机会去实现他们对生活的追求，使孩子的个性得到更充分的发挥。健康的闲暇生活有助于促进心理的健康发展。所以请给孩子更多的闲暇时间去追寻他们的欢乐，让孩子在广阔的闲暇天地中去获得身心的愉悦。

3-7 学会玩乐增情趣

玩是孩子生活中不可缺少的项目，但如今孩子所谓的玩，无外乎是看电视、玩手机及看漫画等，这种局限并不利于孩子的多方面发展，不利于语言表达和创造力的提高，不属于真正意义上的玩，因此父母和老师有责任指导孩子真正学会玩。那怎样才是真正意义上的玩呢？

学会自己选择

玩应该是由孩子凭自己兴趣、意愿来自主选择，这本身也是培养孩子独立性的过程。然而过惯了"茶来伸手，饭来张口"生活的孩子，早已养成了依赖性，事事由父母安排，且父母因对孩子的不信任而过分管束孩子，使"玩"这项自主活动也成了被动学习。

孩子年龄较小，对自己的兴趣爱好尚不明确，此时需父母通过观察来发现孩子的兴趣是什么，然后从此入手加以引导，但不要强迫。当孩子从中得到乐趣时，自然就会投入其中。因此父母在关注孩子"玩"的方面要避免强迫和放任两个极端，要在尊重孩子意愿的基础上加以引导。

学会自我释放

由于社会给予的压力过大，使孩子不管在学习上还是在兴趣爱好上，都要一争高下。不正常的竞争意识又往往使玩失去了其本意，反而增加了孩子的心理负担。其实玩本来就是不带丝毫功利色彩的，不需刻意追求，应完全以自由自在、轻松自如的心态投入，随时开始，随时停止。所以家长应让孩子顺其自然地发展，不要注入功利色彩，要有意识地培养孩子形成自然、健康的闲暇兴趣，消除竞争，使他们的身心得到真正放松。

学会合理安排

玩是孩子课余生活的休闲，也是对学习活动一种必要的补充与协调。但孩子的自控能力还较差，时间观念还不强，往往一玩起来就收不住，造成过度玩乐。根据孩子这个特性，父母可以制定一套适合孩子的作息时间表。孩子的自主意识还在形成之中，对于"玩"的观念与方式经常会盲目从众，父母应在民主的前提下实行监控，如发现孩子沉溺于电玩时要循循善诱，使孩子意识到会有不良后果。父母和老师要提醒孩子做到玩乐和学习两不误，有张有弛、调适得当。

学会随时随地玩

要打开孩子玩乐的活动面，使内容丰富多彩起来，听音乐、看漫画、下棋、外出旅游、打球、跳橡皮筋、丢沙包、踢毽子也是玩。会玩的孩子可以在任何场合自得其乐。玩本来就无处不在、无时不有，不讲究设备条件，不苛求场地环境，参与自如，形式多样。父母不要怕孩子会受伤，不要怕孩子会弄脏，应帮助孩子在玩乐中学会玩乐，让孩子随时随地投入到玩乐中。

学会与人融洽相处

现在父母宠爱孩子，使孩子容易形成以自我为中心。父母应多鼓励孩子与同伴交往，如让孩子与同伴玩"过家家"游戏，通过各种角色转换，使他们体验各种角色心态，使他们能从他人角度考虑问题，逐步摆脱自我中心，促进身心健康发展。

学会和谐发展

父母在孩子玩耍的过程中，要注重孩子左右脑的开发，左右手的配合，动态与静态结合，自然和人、社会和人、人与人的和谐平衡。例如，孩子的爱好是看各种科技书，那么父母就要让他学以致用，进而使每项玩乐活动都能淋漓尽致地激发孩子无尽的潜能。

　　玩乐为孩子带来的智慧和乐趣是无穷的，合理玩乐有利于孩子开拓生活的意境与情趣。但玩毕竟只是生活的一种伴奏，不要让玩成为生活的主旋律。会玩的人绝不会沉溺于玩，学会玩乐也就学会了学习，学会了享受人生、体验人生的乐趣。

3-8　琴棋书画孕妙趣

常听孩子感叹：为何没有星期八？孩子除了常规学习外，还附加了许多额外的学习，其中大多是花在琴棋书画上。确实，琴棋书画能全面培养孩子良好的心理素质，因此备受青睐。

琴棋书画的好处

1.调节心情

琴棋书画可以调剂人的心境，舒缓紧张情绪，促进心理的健康发展。例如，音乐可以使人的心情得到愉悦。什么样的心情听什么样的音乐，在音乐中宣泄自己的感情。学习琴棋书画要有一定的心境，即平和、安静、放松、专注，这正好让人忘却一切，进而调节心情。

2.陶冶性情

琴棋书画可以丰富人的精神世界，拓宽人的生活空间，陶冶高雅的审美情趣与人品。琴棋书画既具有美的感染力，又具备审美的价值。音乐使人产生无尽遐想；棋类，给人无穷智慧；书法，给人富含韵律的动感；绘画，则给人美的感悟。让孩子从小接触琴棋书画，有助于丰富他们的精神世界，培养他们对美的感受和鉴赏。通过琴棋书画的训练，可以令心胸变得豁达，也较易养成沉静的性格。要想在琴棋书画中闯出一片天地，必须具有坚持不懈的毅力，这对课堂学习也有帮助。

3.扩展视野

琴棋书画可以开阔视野，增长见识，强化手脑并用，充分锻炼思考，发展智慧。琴棋书画是一个广阔的天地，可以从中学到很多学校课本中所没有的知识，如关于音乐家的生平传闻，关于书法中的古诗词等。棋类活动能充分训练思考的敏捷性、发散性；书法、绘画、乐器能培养双手的灵活性。

琴棋书画具有随意性和放松性，更能为孩子所喜好，进而增长学识，锻炼思考，增长才干。

4.激发灵感

科学家热爱科学也热爱艺术，如爱因斯坦在写《相对论》的日子里，人们常听到他拉莫扎特的奏鸣曲。科学与艺术的和谐统一，在于大脑左右半球功能的协调开发。由此可见，琴棋书画对科学研究也有相当的催化作用。然而有许多父母急于求成，功利性过强，往往不考虑孩子的实际情况，只注重结果而忽视过程，使得孩子精疲力竭，丧失了原有的兴趣。

父母角色的功能

那么父母应如何正确指导孩子充分享受琴棋书画的乐趣呢？

1.做到顺其自然

孩子在哪方面有天赋，在哪方面表现出强烈爱好，父母就应让他们自主选择。兴趣是最好的老师，切不可强迫孩子盲从父母的意愿。另一方面，要根据孩子的实际情况，不能急于求成，把进度定得太死，只会抹杀孩子的兴趣。

2.营造适当的氛围

近朱者赤，近墨者黑。潜移默化的作用不容忽视，父母平时就要创造相应的环境，有意识地与孩子一起听音乐、看画展，在平时的交谈中多一点这类话题。潜在的熏陶与鼓励尤为重要，让孩子在兴趣爱好中将自己的聪明才智发挥出来。

3.合理安排时间

由于孩子自制力较差，为了正确处理好兴趣学习与正常学习的关系，父母要帮助孩子制定相应的学习时间表，要注意与课堂学习相结合，劳逸结合，做到既充分利用课余时间，又保证正常学习。

4.培养孩子的毅力

孩子对事物的兴趣往往是三分钟热度，这时父母不能抱着"反正是业余兴趣，不愿学也罢"的心态，纵容孩子半途而废、知难而退，这样同时也是在纵容孩子的惰性，孩子在其他事上也会养成凡事都不在乎的态度。在学习琴棋书画中培养孩子的毅力和意志是目标，父母要鼓励孩子持之以恒。

5.切忌功名当头

有的父母是出于学艺术好赚钱的动机，才让孩子学习琴棋书画，有的父母则是为了升学加分等，如此就失去了学习琴棋书画的本意。父母应根据孩子情趣所在，选择一至两项较为适合其个性特点的项目，在无压力状态下轻松学习。

学习琴棋书画不全都为了培养超凡出众的音乐家、画家、书法家，更多的是为了培养孩子的情趣，提高其品德修养，使孩子品味到艺术的无尽趣味，在学习琴棋书画中变得灵秀、聪慧与高雅。

3-9　闲暇博览长才智

　　现实世界丰富多彩、生机勃勃，而书的世界则别有一番美妙绝伦的意境。它超越时空，贯通上下古今，东西南北，将过去、现在、未来连接。莎士比亚把书称作"全世界的营养品"。歌德则说："读一本好书就像和许多高尚的人谈话。"每一本书都会在你面前展开一幅画卷、一个世界、一种生活、一段历史。

独特的休闲读书

　　休闲读书的独特之处如下所述。

　　1.兴致所至，没有压力

　　这种阅读方式会让人自然而然地对某书产生兴趣，可能是耳闻某人的介绍所引起，也可能是大众媒体炒作而成，抑或可能只是看了书的简介或封面设计，于是拿起书便兴致勃勃地阅读起来。读书的出发点只有"想读"这么简单，绝不是谁要求、谁规定。这种全然是随心所欲，彻底放松的读书方式，不带有完成任务的目的，是一种闲暇享受式的读书。

　　2.随意浏览，没有针对性

　　随意翻阅，可以在目录中找寻自己中意的篇目挑选着看，觉得没有兴趣便索性跳过；或只翻看插图，随意看几段文字，也许会对书的主题无确切把握，却对某个段落留下较深的印象。休闲读书不在乎刻意的获得，也许只是伴随你度过一段无所事事的时光，或者只为你释放一份长久萦绕于身的紧张、忧郁的心性，而这正好展现了心理调节的妙处。

3.取其精华，没有系统性

在没有任何外界压力与要求，无拘无束状态下休闲读书，可以让心灵沉潜于书海中，与作者做会心的精神交流，领悟书中的精华与真谛。这是一种累积与储存，在将来的某个时刻，这些信息将使你表达深刻的思想、新颖的见解。休闲读书所产生的灵感会令你多一分睿智。

4.不拘形式，没有规律性

传统意义上的读书是一种读、搜集资料是一种读、看电视是一种读、上网浏览也是一种读……只要是搜集、筛选、处理信息都是一种读。在寂静的夜晚，斜倚床榻读抒情的散文，可以让人忘记一天的疲劳；在旭日东升的黎明，沐浴在朝阳下读着杂文，让人在犀利的字句中进一步认识人生的价值和生活的真谛。

休闲读书能转移大脑兴奋中心，让大脑得到充分调剂。连续一种学习、工作形式太久，头脑会丧失清醒和独创性，而休闲读书正是一种转换的方式，可以使人的大脑皮层的兴奋过程与抑制过程交替出现，由此缓解疲劳。居里夫人读书时，一旁总是放着其他几种书。鲁迅也用此法，他在创作文章或看非看不可的书籍后觉得困乏时，就会拿起其他书来随意翻翻，以消解疲劳。

休闲读书能培养多种兴趣，有助于充实自我。心理学研究证实，读书兴趣对读书效果有着深刻的影响。一般情况下，学习成绩好的学生，读书兴趣范围较广，读书持续时间较长。休闲读书确实是培养多种兴趣、充实自我的有效方法。许多自然科学家都有很深厚的人文艺术素养，不能不说是得益于休闲读书。

休闲读书能陶冶情操，升华精神境界。雨果曾说："各种蠢事，在每天阅读好书的影响下，仿佛烤在火上一样，渐渐融化。"皮果夫则认为："书就是社会，一本好书就是一个好社会，它能够陶冶人的情感和气质，使之高尚。"博览群书，遨游书海，无疑会开阔人的胸怀，提升道德感、理智感与审美境界。

休闲读书能拓展知识领域，紧跟时代的节奏，是现代社会所必需的充电、累积。其突破了课堂狭小的范围，上天揽月，下地探海，遨游于浩瀚的宇宙之间，是科技知识的累积；饱览古今中外文学家优美流畅的文笔精华，徜徉于文学艺术的殿堂中，是语言文学的累积；时而为跌宕的情节捏汗，时而为正直善良的主角的命运扼腕，也不失为人生阅历的累积。这些看似无心插柳的累积，焉知将来不会翠柳成荫？

开卷虽有益但要把关

开卷有益，孩子喜欢阅读是佳事，但他们在选择书籍时还是需要父母的指导。那么父母应如何协助孩子进行休闲读书呢？

1.为孩子选择恰当书籍

首先，要选内容适合儿童心理特点、兴趣爱好、理解程度和接受能力的材料；其次，面要广一点，知识内涵要丰富一点，可以是新闻方面、文学艺术、科学知识，甚至是有关动、植物方面的知识等。总之，不能偏食。

2.在读书过程中加以指导

如何引导孩子读书、从中学习什么及怎么引导孩子思考等，这些如同为孩子选择材料一样重要，父母最好能和孩子一起看，边看边讲，在看和讲的过程中，向孩子提出一些思考性的问题。之后还可以就某个问题与孩子展开讨论，或一起回忆书的内容，以进一步加深孩子对知识的理解和消化。

3.结合课本的有关内容

选择相关的休闲书，和课本知识相互结合，既能扩大孩子的知识面，又能进一步加深孩子对知识的理解，使之融会贯通。

4.让孩子拟出摘要重点

父母可以指导孩子搜集从书籍、报刊上看到的新鲜有趣的资料，或抄录下来，资料多了，可分门别类加以装订或做成卡片，随着阅读能力的提高，可逐步让孩子做些文章摘要，即把文章的主要意思和重点观点摘录下来，进而指导孩子写提要，即用自己的话把一篇文章的意思概括出来；也可写读后感，抓住文章的某个观点，或表示同感，或提出异议，或引申发挥。书看得多了，又有了资料累积，不仅有利于孩子把作文写得内容丰满，言之成理，还可使其兴趣广泛，知识丰富。

5.督促孩子运用工具书

父母可以根据孩子的知识程度，为他选购合适的工具书，并介绍工具书的使用方法，督促孩子放置在固定位置，用完要放回原处。这些看似微小的习惯，对有效利用工具书却很重要。另外，让孩子习惯于请教工具书。孩子平时读书看报，一定会问父母这个那个，父母不要越俎代庖，有问必答，要引导孩子养成向工具书请教的习惯，等孩子发现依靠工具书可以解决学习上的许多疑难问题后，就会逐步养成自觉查阅工具书的习惯。当然父母要教育孩子懂得工具书是供人们思考的工具，而不只是提供现成的答案，要让孩子学会根据工具书上的有关解释举一反三，进而获得正确的理解。

总之，休闲读书真是一大乐事，乐在含英咀华，且休闲随意，余味无穷。读书吧，让孩子成为欣赏人类那不间断的伟大劳动所产生的美好果实的人，也让孩子的闲暇时间变得更加丰富而充实。

3-10　乐在运动与游戏

常言道："生命在于运动。"尽管现在的孩子吃得极营养，却缺少必要的活动，这是现代孩子体力下降的根本原因。多数女同学因好静而不愿运动，多数男同学因不了解运动规律而过度运动，这两种极端都是不可取的。适度、广泛的运动和游戏，是孩子在生长发育阶段不可少的。

运动与游戏的好处

1.激发活力，健美体魄

不少运动需要体力的投入，那么多余的热量也就会被释放，可避免肥胖，使人的体格强壮、健美。运动同时还能促进人体的新陈代谢，提高肌体免疫力。因而运动能使人精力充沛、活力四射。

2.开发智力，多元学习

有人误认为运动是体力的拼搏，其实不然。要想成为高水平的运动员，必须要有知识、智力为基础。以"老鹰捉小鸡"游戏为例，不仅需要体力消耗，还需要精细的观察力、敏锐的判断力、迅速的反应力。可见，运动与游戏需要体力与智力的结合。通过这些益智项目，在领悟到运动与游戏本身乐趣的同时，能使人变得更聪明，在学习上更得心应手。

3.锻炼意志，陶冶情操

每项运动和游戏都需要充沛的精力，当到达极限时，能否冲破或超越极限是对人意志的严峻挑战。而这种挑战一旦成功，其喜悦的心理体验是无法言喻的，且为了得到更多的这种心理体验，人们会督促自己不断进取，进而不管是在工作还是在学习都会不时展现出这种顽强的意志力。

另外，运动和游戏有益于人际交往，陶冶高尚情操。运动、游戏都有其规则，投入活动时，必须遵守体育道德，如诚实、友好、尊重、公平等。在团体运动和游戏中，同时需要伙伴间的配合、互助，这有助于孩子形成团结友爱、互助的团体精神，而这些积极的品格必然会扩散到生活的其他领域中。因而运动与游戏使孩子能更好地了解自我与他人，学会正确对待自己和别人，养成尊重别人、遵守团体规则等良好品性与习惯。

运动与游戏注意事项

父母与老师在指导孩子进行运动与游戏时，要注意以下几点。

1.注意动静相宜原则

父母适当参加部分运动与游戏，是使孩子获得全面发展的前提。在安排运动与游戏时，要充分考虑运动、游戏的力度与强度，要针对孩子在不同年龄阶段身心发展的特点进行，做到动静结合。

2.掌握正确方法和技巧

任何一项体育运动都有其方法和技巧，讲究循序渐进，如长跑，一开始跑慢点，路程短点，过了适应阶段后，再逐步加速，切不可蛮跑。

3.父母参与可启发积极性

有父母为榜样，孩子的积极性会提高。父母通过身体力行来影响孩子，不断支持和鼓励孩子参加活动，如和孩子一起观摩比赛，用自己的热情感染孩子，让孩子充分体会到运动的乐趣。

4.选择合适的运动项目

由于孩子正处在生长发育阶段，较适合带有韧性和灵活性的伸展运动，如健身操、游泳等，有助于孩子的身姿挺拔。父母在进行运动指导时，要制订好计划，确定恰当的运动量，每次半小时左右，循序渐进，因势利导。

选择恰当的项目，把握适当的运动量，掌握科学的锻炼方法和技巧，确定具体可行的目标，通过运动与游戏，让孩子陶冶情操，磨砺意志，发展体能，使他们更添活力和欢乐。

3-11　亲近自然感悟真谛

也许很多老师正为学生在历次考试中取得高分而欣慰；也许父母正在惊叹自己的孩子小小年纪便能自如地操作计算机；也许父母正为自己的孩子能在黑白键上弹出流畅的乐曲而自豪。然而这些被欣慰、自豪的孩子，却已离开大自然的怀抱很久了。虽然现在的孩子享受着高科技带来的种种成果，但是他们对大自然的美好却显得麻木。领略大自然的博大宽广有益于孩子的身心健康。

大自然可以改善人的心境

当人们对喧嚣繁闹的大都市感到厌倦时、当人们为升学与考试压力所累时，不妨到广阔的大自然去走一走，在空旷山谷或密集丛林中大声呼唤，宣泄心头的烦恼。在感受自然的宁静与平和时，在清新的空气消除身心的疲惫之后，你就会感到心理压抑感减轻，心境舒畅，这是对心理进行了一次必要的调适。

大自然可以陶冶人的情操

现在的教育是"关起门来读书"，往往只凭一张画、一幅景说其秀丽。何不让孩子走进大自然，亲眼看到人类智慧的结晶，亲身领略大自然的旖旎风光，在赞叹之余，感受到生活之美、自然之美，进而提高审美的情趣。这不是比单纯的理论说教更能深入人心吗？

大自然可以激发人的智慧

古人说："读万卷书，行万里路。"大自然蕴含的知识远比书本丰富、深奥。大自然种种神奇的景象，给予孩子驰骋想象的天地，进而成为开发他们智力的一条充满趣味的途径。当孩子在探索自然奥秘时，其思考已不断地扩散；当孩子在接触自然的奇妙时，其灵性已在不断升华。让孩子沉醉于自然，让自然给予他智慧与勇气、乐观与豁达。

大自然可以强健人的体魄

大自然是一座天然的运动场，青少年正处于身体成长的关键阶段，在清新的大自然怀抱中爬山、玩水、露宿、玩乐，不失为是极佳的健身方式。大自然欢迎所有孩子投入怀抱，我们要让孩子多亲近大自然。

亲近大自然，要善于利用各种可以利用的机会，远至名山大川，近到市郊户外。寒暑假期间，让孩子到风景胜地游玩，看看大好河山；周末假日，带孩子到郊外走走，闻闻泥土清香。摆脱往常的拥挤和喧闹，让孩子在学习之余，结伴到公园放松，解除疲劳。

亲近大自然，要善于做大自然的有心人。大自然蕴涵着无穷无尽的知识，关键是要激发孩子的求知欲和想象力，培养其观察力和分析力。鼓励孩子多问为什么，让孩子在观察中发现问题，一点一滴累积，去挖掘大自然的珍藏，自己动手创造美好的环境。

亲近大自然，要随时为孩子开启自然之门。在孩子幼小的心灵里，自然万物都是有生命的，他们对一草一木都充满着情感。父母、老师要顺应孩子这个天性，鼓励、满足孩子向往大自然的愿望，不要以"浪费时间"等理由阻止孩子。

亲近大自然，要根据实际情况，为孩子创设条件。亲近大自然有许多方式，像是和孩子一起养花植树、一起去海边散步、在树荫下或小溪边为孩子讲故事等。不要以费钱费时作为拒绝亲近大自然的理由。父母应尽量多带孩子回归大自然，让孩子在大自然的怀抱里尽情放松，寓智于游，寓教于乐。

大自然是孩子学校以外的课堂，这里没有围墙，且博大精深。请多让孩子回归大自然，让他们在自然界中汲取营养，增长见识，体会人生的真谛。

CHAPTER 04

智慧潜能的开发

4-1　叩开智慧之门

人们普遍认为，聪明的孩子必定能够出人头地、成名成家，而愚钝的孩子注定只能无所作为、庸碌一生。事实真的是这样吗？答案是否定的。聪明与愚钝，心理学的衡量标准是智力，智力中上即聪明，智力低下即愚钝，一个人智力的高低是多种因素交杂所产生的结果。

首先，遗传因子为智力提供了物质基础，它是一种潜在的可能性。如果父母双方智力正常，那么孩子的智力一般也不会太差；而一对智力不高的父母所生下的孩子，通常智力也较低。

其次，环境对智力的后天发展具有决定作用，脱离客观环境，人的智力就不可能得到正常的发展，由印度狼孩就可以得到明证。他们从小生活在狼群中，与人类社会隔绝，被发现时的智力水平和动物无异。后经科学家艰苦的努力，至死才达到三岁正常幼儿的程度。

儿童智力发展的表现

心理学家研究发现，儿童进入小学后，由于生活环境、活动内容有较大变化，智力呈现迅速发展的趋势，具体表现为：

1.从具象到抽象

儿童的思考能力出现了质的飞跃，即逐步从以具象思考为主过渡到以抽象思考为主。孩子的思考活动已可摆脱对具体事物的依赖，能够直接运用概念来进行判断推论，进而能更迅速有效地掌握人类的间接知识。

2.认知能力迅增

儿童认知活动的目的性、意识性迅速增强，有意识注意、有意识记忆、有意识想象等认知能力发展较快，逐渐学会自觉、有效地进行学习。

3.逐渐理解事物

认知活动的逻辑性不断加强，能够逐步深刻地理解事物及其关系。此外，认知活动的持续性、稳定性也有很大提高，认知活动中的创造性成分日益增多。总之，儿童的智力处于不断发展的时期，智力程度不断提高，多种智力因素不断发展，智力结构也不断完善。

需要注意的是，儿童智力的发展是不均衡、有差异的，这种差异具体表现在达到的水平、发展的速度和发展的方向上。

必须澄清的一个事实是，绝大多数孩子在智力方面是处于同一起跑线上的。心理学工作者曾对22.8万位儿童进行智力普查，发现智力低下的儿童仅占总数的3%，真正智力超高的儿童也只占3%左右，绝大多数孩子的智力都属正常，高低相差不大。

如果你的孩子是个智力超高者，那么请好好培养他，让他成为真正的有用之才。对这样的孩子，培养的重心不在于教他解一两道难题，而是应该在培养其良好的非智力素质上。聪明的孩子要取得成就不能光靠脑袋，还须具备勤奋刻苦的精神、坚定顽强的意志、百折不挠的勇气。只有智力因素与非智力因素结合，才可能奏响成功的乐章，否则再聪明也是枉然。

如果你的孩子被认为是个笨孩子，请千万不要对他丧失信心和爱心。进化论创造者达尔文、发明大王爱迪生、科学巨人牛顿、大文豪巴尔扎克、哲学家黑格尔，他们小时候都有过"笨蛋""劣等生"的称号，而这并没有影响他们日后的成功。至今仍有不少人以学习成绩（尤其是数学成绩）来作为衡量聪明与否的标准。如果以此为标准的话，中国会失去一位数学家华罗庚，因为华罗庚小时候的数学考试经常不及格，还留过级。因此不要片面地以学习成绩来衡量孩子。如果他的智力较差，也不要轻易放弃，可以培养他们的非智力特质，以弥补其智力上的不足，即所谓的"勤能补拙"。

有人年纪小就达到很高的智力水平（即早慧），有人年纪一大把才显露出才华（即大器晚成），这只是智力发展速度上的差异。古代秦国的甘罗，12岁出使赵国，为秦国争得了大片疆地，被封为上卿；初唐诗人王勃，6岁善文辞，9岁读《汉书》，13岁写《滕王阁序》。两人都是"早慧"的典型。齐白石40岁才表现出绘画的才能，达尔文50岁才出版《物种起源》，巴甫洛夫76岁才发表《大脑两半球机能讲义》。他们是"大器晚成"的代表。对于早慧的孩子，不要放松教育，要为他们的成长提供后劲；对于暂时表现一般的孩子，不要一味斥责，要给予他们鼓励，相信他们能够后来居上。无论是早慧儿还是普通孩子，都要培养他们刻苦钻研、勤奋学习的精神，这样才能使他们少小有成就，老大更成器。

加德纳的多元智能

儿童智力的差异不仅表现在发展的速度、水平上，还表现在发展方向上。美国心理学家加德纳认为人的智能有8种。

1.逻辑数学智能

这是一种可以解决复杂数理问题、进行逻辑思考的能力，也是从事科学研究者所必备的基本能力。科学家的逻辑、数学能力大多都很高。

2.语文智能

语文智能包括口头语言运用、文字书写的能力。具有高度语言智力的人，能准确地表达内心思想感情，擅长于学习和运用语言文字，他们喜欢文字游戏、阅读、讨论，在写作方面会有所成就。

3.肢体动觉智能

有这种智能的人，善于控制身体的运动。出色的运动员、舞蹈家、外科医生及手工艺家等，都能展现出高度发展的身体运动智能。

4.空间智能

这是指从三维空间观察环境，在脑海中构筑一个形象或图像的能力。画家、雕刻家、建筑师多半空间智能发达。

5.音乐智能

音乐智能指感知并创造音调和旋律的能力，包括能欣赏、唱和及创作等。加德纳认为这种能力大多来自于天赋。

6.人际智能

人际智能指善于理解别人、揣摩他人心理与人合作的能力。他们喜欢人群，通过与人互动交流，认识外在的世界。加德纳认为，在这方面发达的人，适合当教师、推销员、政治家。

7.内省的智能

这是一种善于了解自己的内心感受和行为动机，并将它表达出来的能力。简言之，这是一种"认识自我"的能力。

8.自然观察智能

这是指对自然万物、具体事物的观察能力，如于细微处观察的独到之处，观察的深度、广度、灵敏度及细致性等。

很显然，一个人不可能这8种智能都很发达，也不可能这8种智能都很低下。有人可能逻辑数学智能较高，音乐智能较低；语言智能发达的学生，可能肢体动觉智能较弱；而逻辑数学智能较低的孩子，也许空间智能并不低。每个人都有自己的长处，找到它、发展它，你会发现智慧之光就在眼前。

加德纳的多元智能理论是对偏于认知的传统智能理论的挑战，其告诉我们不能只用一种尺度去评价人，聪明与愚钝是相对而言的。我们不可能要求所有的孩子逻辑数学智能都很高，而应允许、鼓励孩子在擅长的方面发展。总而言之，我们必须承认孩子智能发展上的差异，必须了解孩子的智能特长。如果您已找到孩子智能发展的方向，那么就为孩子找到了开启智慧之门的金钥匙。

4-2 注意的效能

　　细心的父母一定曾注意到，有经验的老师在上课时，会要求学生的目光注视并跟随着他；当你步入一个学习风气良好的班级时会发现，学生与老师的神态、目光并不因旁人的出现而转移。人们有时还会惊讶于一种情景：对学习优秀的学生来说，即使家中正播放着电视节目，他照样能专心于学业上。如此种种，都反映出一个共同的现象，那就是集中注意力。这对发展儿童的智慧，保证孩子顺利完成学习任务，有十分重要的作用。

　　然而不少父母却过度看重学习的结果——分数，而忽视了学习的过程。有的即使发现了学习过程有些问题，也常以"孩子很聪明，就是有些粗心。""孩子懂是懂，只是思绪无法集中。"等来轻描淡写地加以原谅。可以毫不夸张地说，当前对儿童学习的指导，很多做法都背离了儿童学习心理发展的规律。

　　人的学习过程是一种认知活动。"注意力"是一种心理现象，它始终伴随着认知活动。假如我们将人的认知储备比喻成一座大仓库，那么"注意力"便是这座仓库的大门，老师好比是运输知识的车夫，把知识一车一车地推进坐着学生的这座知识仓库。首先，要经过"注意力"这扇大门，倘若大门紧闭，不管老师送来多少知识也是进不去的。当然这个说法只是比喻而已，毕竟人不是消极、被动地认识广阔世界的。但是对于担当输送传递知识任务的老师而言，只有努力唤起学生主动探索知识的欲望，引起学生对学习的注意才会开始产生效果。

　　注意是心理活动对一定对象的指向和集中，可以分为三种类型。

　　● 事先没有预定目的，也不需要做意志努力的无意注意。例如，一个人无论在做什么，都会对事物的强度、大小、刺激、变化、起始及新鲜程度等产生无意的注意（力）。注意力是有对象的，而且对象的特征会直接影响孩子。因此父母要善于利用事物的形状、大小及色彩等来吸引孩子的注意力。

● 有预定目的，必要时还须做一定意志努力的有意注意。铁杵磨成针是典型的有意注意，这对意志薄弱的人来说是很难做到的。要将孩子的注意力指向活动的本身，注意才有其合理性与兴趣性。

● 事前有预定目的，但随时间推移渐渐对此事物本身产生了兴趣，不再需要意志努力而能继续保持注意的有意后注意。

然而无论是哪种注意，作为一种内部的心理状态，都是以集中性、稳定性、广度、分配及转移等特征表现在人的行为中。

注意力的集中性，是指注意力指向于一定事物时的聚精会神程度。无数教学实践证实，学生的学习成绩与学生学习时注意的集中力呈正比，对小学生来说，注意集中是逐步发展而成：从集中注意力于事物的表象，逐步发展至专注于事物的本质；由注意力集中的时间较短，逐步发展至时间较长。

注意力的稳定性，指的是在一定时间内把注意力集中于某一事物或活动上的能力。例如，一个学生在完成某种作业时，先后发生了看书、画图及演算等系列活动，这些不同行为都是为了完成作业，所以其注意力仍然是稳定的。注意力稳定，就能在较长时间内连续不断地进行学习，自然就能获得较丰富、有系统的知识。心理学研究显示，一个人的注意力能够保持10~20分钟，但如果在此之后，能够允许其有几十秒钟的短暂休息，那么之后的稳定性则能保持相当长的一段时间。

注意力的集中和稳定是学习知识的前提，而注意力的广度、分配及转移等则有利于学习效率的提高。

注意力的广度，也称注意的范围，指的是在同一时间内所能注意到的客体的数量。小学生的注意力广度将随着年龄的增加不断发展，但老师如果能注意到认知材料呈现时的系统性、条理性、光亮度、色彩及速度等因素，那么学生的注意广度也将随之扩大。

注意力的分配，指的是在同一时间内把注意力分配到两种或多种不同对象上的能力。例如，学生上课时，一边听讲，一边做笔记，这就是注意力的分配。学习中，集中注意力固然十分重要，但分配注意力也不可少。因为它能帮助人们以较少的精力从事较多的学习活动。当然分配注意力是有条件的，即在同时进行的两种或多种活动中，只有一种是不熟悉的，需集中注意力去观察、思考，其余的活动都要能达到自动化的程度。因而一个人越是能熟练地掌握某种有关动作、知识、技能，注意力的分配也就越发容易。

注意力的转移，指的是根据新的学习任务，主动将注意力从一个对象（物件）转移到另一个对象（物件）上的能力。例如，一个小学生刚经历了下课的愉快活动，上课铃响后，该生的注意力就理应从所爱好的游戏活动中转移到课堂上来。由此可见，能较好完成注意力的转移对好动、爱玩的小学生来说，十分重要。

接下来，我们谈谈如何有针对性地进行注意力的训练和培养。

避免和排除被与教学无关的因素干扰

为了使学生的注意力集中在学习上，教室周围环境要尽量安静，防止引起注意力被分散的刺激物出现；上课过程应尽量避免被打扰，针对这一点，父母要配合老师，不要在上课时间闯入教室而打断课程的进行，即使有事来访，也应该等到下课再说，否则既会分散学生的注意力，也会影响老师的授课情绪。另外，老师的穿着、仪表要整洁大方，不要过于鲜艳时髦，也不可太过邋遢，以免引起学生的注意和议论。

加强学习目的性教育，引发有意注意

老师要重视学习的目的性教育，将此渗透到各个学科中。开始讲授一门新课时，要说明该学科的学习目的、任务及重要性。每堂课、每次作业、每个教学环节，都要使学生明确学习老师的要求，激发学生的求知欲，进而引起他们的有意注意。学生对学习目的与意义的认识越清楚、深刻，在学习过程中就越能加强意志的努力，维持有意注意。

调动激发出学生广泛的学习兴趣

人的兴趣和注意力彼此密切相关，各种注意力的发生和维持，都是以一定兴趣为条件。人们一旦对某一门学科、某项工作产生兴趣，就会集中精力，乐此不疲，专注、研究之；反之，则会注意力分散、走神。因此老师要充分注意培养学生的学习兴趣，考量学生的能力来设计教案，讲课时可以根据实际情况，改变声音频率和言语节奏，抑扬顿挫，用丰富的语言形式来引起学生的注意；对某些重要内容则加重语气，或做必要的重复，并伴随适当的手势和板书。

同时要设法运用各种直观性的教具来增强客体刺激物的新奇性、强度和运动性等，注意加强教与学的双向沟通等手段，激发学生"我要学"的情绪，以此提高学生注意力的集中力和稳定性。

注意给予学生的知识难易度要适度

给予学生的知识必须适度，过难或过易的学习都会使学生丧失兴趣，削弱其注意力。值得一提的是，时下有不少父母望子成龙心切，经常强迫性地给予孩子所谓"超前教育"，这样一来，由于知识难度偏高，孩子将畏之如虎，之后当老师在课堂上按计划介绍此项知识时，孩子又将因已"一知半解"而失去新奇性，造成注意力的分散。此间的得失不言而喻。

善用两种注意力相互转换的规律

在教学中，要求学生只依赖有意注意来学习，容易引起学习疲劳和注意力分散，而应该运用无意注意和有意注意相互转换的规律。一般说来，开始上课时，学生的注意力往往还停留在上一节课的某些内容或课间活动的某些事情上，需要通过组织教学来引起其对新课的有意注意。接着要激发学生对新课程内容的兴趣，转入无意注意，认真思考理解。经过紧张的有意注意之后（不超过20分钟），老师应再次改变教学方式，加入趣味性和活动性的教学内容，如分组讨论、小小竞赛及分角色朗读等。在下课之前，学生的注意最易分散，所以在结束之前，要着重把重点再提醒一遍。尤其在留课后作业时，要交代清楚，必要时可以让学生复述一遍要求，使所有学生都能明白。当然两种注意力的交替运用并没有固定程序，需要老师在实际教学中灵活运用。

培养良好的高度注意力习惯

老师的创意教学内容是多方面的。例如，学习一开始，就能立即投入集中注意力；学习过程中，能始终保持高度注意力，不让学生分散掉；遇到困难时，仍能使注意力保持集中状态，有始有终，绝不虎头蛇尾等。俗话说："习惯成自然。"如果一个人养成了有利于学习的种种注意习惯，那自然而然地就会集中注意去学习，进而获得有系统的知识。

4-3 训练注意力

注意力是人们非常熟悉的一种心理现象。注意力能保障人对事物获得更清晰的认识，并作出更准确的反应，是人们获得知识、掌握技能、完成各种智力操作的必要心理条件。就如同人们所说的："注意力是窗户，没有它，知识的阳光就无法照进来。"那么要如何帮助孩子提高注意力呢？

确保孩子的身体健康

健康的身体是确保注意力集中的首要条件。身体状况不佳的孩子很难有效地集中注意力。为了确保学习活动期间，孩子的身体，特别是大脑及神经系统，处于良好的状态，父母应该注意孩子的脑部营养、睡眠和疲劳等方面的问题。

1.补充脑部营养

思考活动像肌肉运动一样，会引起化学变化和化学反应，会消耗大量的营养物质。经科学研究证实，神经细胞和大脑细胞都需要钙、镁及谷氨酸等元素。另外，维生素B群也有助于脑力劳动。这些大脑营养所必需的元素，能从鸡蛋、干酪、核桃、豆制品、全麦面包、蔬菜及鲜奶等食物中摄取到。在紧张的学习期间，父母应多让孩子吃些高蛋白和容易消化的食品。每次吃饭以八分饱为宜，吃太饱会损坏大脑机能，血液集中于肠胃易产生脑缺血，进而导致困倦。此外，要确保孩子喝足够的水，一般人每天需要喝1.5升的水，最好喝温开水或矿泉水，尽量少喝或不喝有刺激或兴奋性的饮料。

2.确保充足睡眠

充足的睡眠对保护神经细胞免于衰竭很重要。睡眠不足的孩子往往会有精神萎靡不振、脾气暴躁及食欲、健康情况和学习效果都不佳等现象。所以父母要让孩子在10点前睡觉。一般而言，孩子的睡眠时间应不少于9小时，这样才能使其大脑有充足的时间恢复精力。

3.切忌过于疲劳

有些父母望子成龙，常常在孩子完成学校作业后，还加进大量的家庭作业。事实上，如果让孩子连续几个小时埋头作业，其学习效率就会逐渐下降，因为孩子已十分疲劳。如果还要继续进行，就会出现无法学习的状态。为了使孩子能够有效地集中注意力，要防止、克服和消除疲劳，主要的措施是休息，保证孩子有足够的睡眠和营养。此外还应注意学习不要太单一。

保持安静的学习环境

安静而舒适的环境容易使孩子专心投入学习中，孩子在同样的环境下学习，自然能产生集中注意力的条件。以后每当孩子进入这个学习环境时，便能自然而然地处于注意和专心的状态，立刻就能投入学习中。因此安排好学习环境能养成孩子一来到书桌前就集中注意力并投入学习的习惯，使集中注意力变得更容易。

为孩子布置学习环境时，必须考虑周围不要有噪声，为孩子挑选一张高度合适的桌椅，因为坐不舒服很容易产生疲劳，导致分心；桌子不要靠窗，避免光线太强刺伤孩子的眼睛，或窗外的景物会分散孩子的注意力；在孩子学习的周围不要放电视或音响等。父母最好不要在孩子学习时看电视，至少不要让电视的声音干扰孩子。如果父母在孩子学习时也看些书报，将有助于形成良好的家庭学习氛围，这种氛围能感染孩子，使他们能更专心地学习。

此外，父母应注意帮助孩子排除分心的因素。孩子放学刚回到家，不免有些劳累，不妨让他吃点点心，和孩子聊聊学校或班级里的趣事，之后再让孩子进入学习环境。一旦孩子开始学习，父母切不可再和他闲聊，也不要在孩子的周围走来走去，或不时催问进度，这些可能使孩子分心的因素排除了，集中注意力的好习惯自然就会养成。

帮助孩子增强自信

有些孩子在考试前会紧张、心神不定,注意力总是无法集中,那考试怎么办呢? 越这样想,心里越紧张,考试时自然无法平心静气地认真答题。

可见,对自己的注意力有没有信心,直接影响到能不能集中注意力。因此父母要注意帮助孩子建立自信心,让孩子有成功的体验和感觉,不要动辄批评孩子,尤其不要轻易说孩子笨,讽刺挖苦的话更不该时常挂在嘴边,否则孩子会认为自己真的很笨,以为自己真的无法集中注意力,久而久之,就会慢慢失去信心。

父母应经常鼓励孩子,帮助孩子建立自信,可用平和的态度和亲切的口吻经常对孩子说:"你注意力比以前集中了。""我相信你再坚持一下,会比前些天做得更好。"孩子在父母的正面鼓励和引导下,会渐渐增强自信心。产生良性循环,对孩子的成长大有好处,做父母的务必要重视这一点。

了解孩子的知识程度

许多人都有这样的经验:当你在读一些自己从未接触过的、从不了解的内容,或是读比你现有的知识基础高出许多的读物时,过不了几分钟,就会感到索然无味或昏昏欲睡,注意力无法集中在眼前的文字上。

当我们让孩子集中精力去学习时,除了要注意保证前面提到的几个条件外,还应该了解孩子现有的知识基础,以便选择符合他现有程度的书和学习内容,让孩子阅读、学习,这样才能确保孩子已正确理解,便于保持注意力,否则只能是拔苗助长,非但学不好知识,还导致了注意力分散。

确定任务内容和完成期限

如果老师严格要求在两节课内完成一篇命题作文,学生会集中精力,全力以赴,大多数学生都可在规定的时间内完成,但如果老师只是说让学生写这篇文章,并没说什么时候交,那么大多数学生是不会集中精力写的。可见,根据任务的难易度和分量的多少,恰当地确定完成期限,能促使人集中精力努力完成。

同样地，孩子学习时间或内容也应该明确地确定，这样他就会集中注意力，倾注全力，在确定的时间内完成，进而提高学习效率。有些父母一味地要求孩子坐在书桌前学习、看书，至于看什么、看到什么时候则没有明确要求。孩子不知道何时才能结束，从心理上产生疲倦感，自然难以集中注意力，貌似坐在那儿看书，实则什么也没看进去。

因此父母在督促孩子学习时，一定要明白地告诉孩子这次的学习任务是什么，应在多久时间内学完。如果孩子完成了交代的任务，就应该让他做别的事，或让他休息，千万不要重新交代作业，这样孩子会觉得父母说话不算话，以后再有交代或要求时，他就不会再听了，甚至会故意拖时间或心不在焉，以致养成不好的学习习惯，到那时再想让他集中注意力来学习就很难了。

在平心静气的状态下学习

在如镜的湖面上扔入一块石头，所激起的水波会荡漾得很远才消失。在已有水波的湖面上扔进一块石头，其所激起的水波很快就消失了。大脑的注意力功能在某种意义上与此相似。如果孩子刚看过动画片，或刚遇到特别兴奋的事，正激动不已时，马上让他坐在书桌前看书，他恐怕是坐不住的，即使坐下了，他的心也如小石子抛进波涛翻滚的江面一样，不会留下什么痕迹，无法产生明显效果。

所以在要求孩子看书学习前别让他玩得太疯，也不要对他严加批评造成情绪上的波动，要让孩子保持轻松愉快的心情，在平心静气的状态下进入学习，这样才能在整个学习中保持注意力的集中，要不然孩子在心情浮躁、激动时，是很难将注意力转移到学习上来的。

4-4　观察的妙用

孩子喜欢动手、喜欢了解新鲜事物，如他们喜欢看绿豆发芽、看蚂蚁搬家及记录蚕宝宝的生长情况等。在这些活动中，孩子自觉或不自觉地发展着其观察力。

观察力是一种有目的、有计划、较持久的观察客观事物的能力。良好的观察力能提高孩子的学习效果。苏联心理学家赞科夫根据对学习上的所谓"差生"的长期研究，发现"差生"的普遍特点是观察能力较差。良好的观察力有助于发展孩子的智力，观察力是智力的重要组成部分。观察力的培养、训练，将有利于记忆力、分析力与判断力的提高。另外，良好的观察还有益于改善孩子的个性，如训练观察力能逐步改善孩子感知事物时被动、粗心等不良特征，孕育和发展孩子对事物感知的主动、细心等个性习惯。

观察力发展的特点

为了有效培养孩子的观察力，我们有必要了解小学生观察力发展的特点，以便有根据地制定训练目标。

1.观察精确性方面

小学一年级学生的知识水平很低，不能全面细心地感知客体的细节，只能说出客体的个别部分和颜色等个别属性；三年级学生则观察事物的精确性有明显提高，日趋全面、深入。

2.观察目的性方面

小学一年级学生随意性较差，排除干扰能力较差，能集中注意力使观察服从于规定任务要求的时间较短，观察错误也较多；三年级和五年级学生则有所改善，但无显著差异。

3.观察顺序性方面

小学一年级学生没有经过训练，观察事物顺序较凌乱、无系统，看到哪里就哪里；中、高年级学生观察的顺序性有较大提高，一般能从头到尾，边看边说，而在观察表达前往往能先思考后再说。

另外，小学生的观察还有其自身的特点：观察的主动性不强、积极性低，常是稍看一下就算了；在观察事物时，判断力弱、整体概括能力差，表达事物特征分不清主次，往往注意于各种无意义的特征而忽略了有意义的特征。而且儿童对熟悉的事物容易判断正确，对陌生的事物则判断困难。总之，从整体看，小学生还不能系统化地观察事物。

了解小学生观察力发展的特点能促使我们不盲目超前，而是有的放矢地根据不同年龄段孩子的观察水平提出不同的观察要求，有效地定出儿童的"最近发展区域"，促使孩子的观察力向上提升。

培养观察力的注意事项

培养小学生的观察力应注意以下几点。

1.运用多种感官共同参与观察活动

现代生物学的研究证实，当某一种感官感知某些事物时，别的感官会自动配合，进而得到一个完整的感性印象，这被称为"感官的相互支援能力"。所以日常我们在记生字、背单词时，边读边记的效果往往要比单纯抄写或默记好。

在观察中，要让孩子的多种感觉器官都配合活动，如看一看、听一听、摸一摸、试一试、尝一尝、闻一闻，或自言自语读出声，或边看边听边记忆，或边观察边记录等。总之，动员孩子的一切感官投入观察的行列，以增强观察的效果。

要提醒的是，多种感官并用并不是主张平均使用各种感官的能量，而是指在某一项活动或任务中，根据活动内容或任务性质，重点使用一种或两种感官，同时发挥多种感官的积极性，使其参与活动，增强观察效果。例如，对动植物生长、自然界景物变化的观察，以眼睛看为主，同时可以让孩子动手记；而对一些理化现象的观察，如火焰的内外焰哪部分最热、醋为什么是酸的、量筒的面积与体积的关系等，就需要动手做些小实验，不但要用眼看，还要动手做，甚至要亲口尝一尝。

2.观察对象要直观、具体、生动

观察活动主要是视听活动，是孩子亲自体验的活动，在观察训练中应该尽量做到直观、具体、生动，使儿童对观察对象和内容有完整、鲜明、精确的印象。

在实际观察训练中的直观，除了在教学活动中使用的教具外，更多的是实物直观和言语直观。

实物直观具有模型等教具所无法比拟的真实感，更能引起孩子的兴趣，加深其印象。与其在电视上观看海底世界，不如亲自带孩子到海洋博物馆走走；与其展示菊花照，不如带着孩子亲眼观赏菊花的美景等。

言语直观是指运用生动具体又富有情趣的言语，对事物加以描述，让孩子在头脑中形成具体而丰富的感性知识，并发展孩子的想象力。例如，在课堂教学中，可以让孩子闭上眼睛，一边静听老师用流畅生动的语言描绘自然的景色，一边想象美景就在眼前。经常使用言语直观，可使学生产生身临其境之感，对观察力的培养也很有益处。父母在运用言语直观进行观察指导时，可以通过聊天、讨论或相互问答的方式来充分发挥其作用，还可以鼓励孩子收看《动物世界》《人与自然》《科技万花筒》《Discovery》等电视节目，经常与孩子一同讨论所看的内容，启发孩子用言语表达观察所得等，这些都将使爱好看电视的孩子受益匪浅。

3.培养和发挥孩子的主动性

观察力培养的最终目的是儿童自身观察力、智力的良好发展。实现这一目标的最终原动力，在于儿童自身对观察活动的兴趣与维持、儿童是否能主动观察。而儿童主动性的发挥如何主要取决于父母和老师的引导与帮助。所以父母和老师首先要善于发现儿童喜欢观察的特点，因势利导，通过生动的故事、人物事迹、事物实例等，让他们明确观察的重要意义，并趁热打铁将偶尔的观察发展成为对观察的经常性兴趣。例如，孩子拿到新玩具喜欢拆解，父母不要粗暴地加以阻止，应引导他们学会边拆边观察每一个部分的构造特点，然后再组装起来，使孩子饶有兴趣地去观察。

观察活动有时很枯燥，特别是单调、变化慢、需要长时间连续观察的事物，即使孩子有浓厚的兴趣，难免也会半途而废。这时为了发挥孩子的主动性，父母的鼓励和赞赏就显得尤为重要。值得注意的是，"赞赏"并非一味地夸奖，如果不论好坏都赞赏，会给人留下"表扬不值钱"的印象。

父母应在孩子取得了一定的观察结果，或有不同以往的重要发现时实时地给予赞赏，并认真倾听孩子的叙述，分享他的快乐。当孩子写出一篇观察日记时，父母可以进一步帮助他完善，并让他累积收藏好，可能的话，可向社会推荐，让孩子体验成功的喜悦。这些实际的帮助对孩子是无声的赞赏，将对孩子产生巨大的推动作用。

4.教给一定方法，养成持久的习惯

儿童有了积极的观察兴趣，还应特别重视对其良好观察习惯的培养。观察习惯包括较明确的观察目的、对象选择、适度的观察注意维持、恰当的观察方法以及必要的观察记录等。观察习惯的养成对孩子学习习惯及成人后的生活、工作习惯等都有较大的影响。

在儿童提高观察力的过程中，父母的角色不可少。父母的眼光、计划应在儿童发展之前，而不是疲于应付儿童发展的实际问题和要求。父母在自己的孩子面前要表现出自信，不必因为现代知识更新而担心自己"知识老化""储备不够"。知识可以和孩子一起学，千万不能以简单的几句"我也不懂""我不太清楚"，就把孩子的问题丢在一边，应该和孩子一起找资料，解决观察中发现的疑问。训练孩子的过程，实际上是一个父母与孩子教学相长的过程。

4-5　培养观察力

从小学低年级到高年级的孩子，观察训练原则如下：从观察对象的数量看，先单一再多个，先无背景再有背景；从观察对象的变化看，先静态再动态；从观察对象的熟悉程度看，先是孩子熟悉的再是不熟悉、需要研究分析的；从观察对象的属性看，先现象再本质。

做好必要的准备

首先，要了解自己的孩子，清楚掌握孩子观察力发展的状况，这样教育训练才能正确有效。许多父母并没有从事教育工作，对孩子发展情况的衡量和评价往往不够客观，带有感情色彩或成人化。建议父母购买一些儿童教育、家庭教育方面的书籍，对照儿童的年龄特征，准确掌握自己孩子的特点。这样作出的评价才不会过高或过低，才能切合实际，才能合理引导。

其次，父母对观察力训练的内容有了相当的了解，才能真正做到不偏不倚。因此观察力实际训练方面的指导书必不可少，最好是有系统的、操作性强的。这样父母可以边读边着手对孩子进行训练。

最后，父母应该做好心理准备，对训练充满信心，相信自己能够胜任好"训练主导"这个角色。当训练初期孩子没有明显进步时，不要灰心。训练是长期的过程，在这过程中会遇到许多意想不到的问题，要有恒心，坚持不懈，有始有终。

训练要有良好的开端

父母应做生活中的有心人，当孩子对日常生活中的小事产生好奇时，应当实时因势利导，激发孩子观察事物的兴趣。父母应经常带孩子走出家门，广泛接触和观察周围事物，在不经意地交谈中训练孩子的观察力。当孩子问问题时，父母切不可嫌烦、不予理睬，也不应简单地应付答案，应巧妙地引导孩子先思考，再说说自己的想法，最好再反问一个问题，引发进一步的思考。例如，当孩子问"为什么树干一面颜色深，一面颜色浅"时，可以告诉他这与光照有关，并让他讲讲自己的想法，然后问他："当你迷路时，可以怎样利用树来辨别方向？"这样的引导使孩子明白了"为什么"，而非只是简单地知道"是什么"。

父母还可以有意提出一些问题，让孩子在观察中得到解答。例如，告诉孩子，盐在一定情况下，不会溶解于水，是什么情况下呢？让孩子自己去动手做实验、观察、找到答案。如此，孩子满怀好奇心去观察，每次观察又都满足了好奇心。渐渐地，孩子就会对观察活动产生浓厚的兴趣，对什么事都想探个究竟。常言道："好的开始是成功的一半。"努力保持勤于观察的好开端，将使孩子观察事物的主动性和积极性大大提高。

明确观察的目的和要求

一旦孩子有了较强的活动兴趣，观察训练便有了令人可喜的开端，但为了保证观察结果的有效，还必须向孩子明确地提出观察目的和要求。一般来说，明确观察目的和要求可从以下几方面来考虑：

- 要观察什么？
- 观察对象分几部分？每部分的特征与作用如何？
- 不同对象的相同点和不同处各是什么？
- 随着观察时间、地点的变化，观察对象有没有变化？是什么地方起了变化？什么地方没有变化？
- 观察对象变化过程有哪些步骤？结果如何？
- 哪些因素促使观察对象发生变化？

诸如此类的问题，能使孩子目标明确地去观察，又促使他们在观察中积极分析和思考。在每一次观察活动结束后，父母要对孩子的观察目标是否达到、观察任务是否完成等，做出中肯、切实的评价，使孩子进一步明白自己哪些地方做得好，哪些地方做得还不够，进而下一步的观察任务就会更明白。另外，观察目标和要求的确定应逐渐由具体到概括，还要训练孩子逐渐养成主动给自己任务的习惯，自己去充实观察目标。

掌握有效的观察方法

具体的观察方法很多，有描述性观察、特性观察、实验观察、比较性观察、分析性观察、追踪性观察和探索性观察等。前三者主要从观察的内容进行，解决的是观察的对象是什么，有什么特征、规律和现象的问题。后几个探究的是事物之间的异同："为什么是"和"为什么不同"；事物变化过程的来龙去脉或演变规律；事物之间的内在联系、相互转化及发展变化的原因和结果等。

父母应引导孩子根据不同的观察目的和任务，选择最佳的观察方法，进行有效的观察。

不断提高观察质量

有了良好的兴趣和较有系统的训练方法之后，还要努力使儿童的观察质量得以提高。

父母应让孩子多看、多听、多记，注意保护和训练孩子的感觉器官，特别是视听器官。选择适合儿童年龄特征的健康、丰富的内容，让孩子去看、听、记，绝不能不加选择。同时要鼓励孩子走出家门，贴近大自然，在自然、真实的环境中观察思考；引导孩子开阔视野，主动探索；训练孩子善于发现问题、提出问题，透过现象看到本质的能力。

观察训练与各学科紧密结合

对孩子的每一种训练、每一项活动都不应互不相关，甚至互相矛盾，而应是互为表里、互相促进。例如，孩子学习上出现的问题并不是知识环节上的问题，而是理解力、推理能力不足或学习习惯不良等问题。而学习习惯不良中又有很大部分是由观察力不强所导致，如不能仔细审题、容易看错题目、不能耐心分析题目条件或归纳文章大意等。因而学习上的许多问题是可以通过观察力的训练来弥补、改正的。

而且观察力训练的许多活动又是可以与学习过程紧密结合的。例如，在教学形近的生字时，可以引导学生通过观察找出形近字的异同点；在教学字的音节时，可以训练孩子辨别不同音的拼读；在体会课文描写的优美景物时，要善于引导孩子去领略不同词语所表达的意境的差异。在一个阶段的学习之后，帮助孩子进行回顾总结，让其通过观察理解，找出知识点之间的逻辑关系，以强化记忆。

启发孩子实时总结

在观察过程中，要启发孩子实时总结观察的结果，这个环节就像课堂学习中的复习一样，温故才能知新。

总结包括每次活动结束后的小结和一段时间训练后的总结。总结的形式灵活多样，可以是复述，可以是观察摘记，也可以是一篇完整的观察日记。

小结的时间也要把握好，原则是打铁趁热，即观察活动结束后及早进行。

总结是对某些活动的观察力训练的归纳和分析，往往容易被忽视，父母应定期提醒、督促孩子进行阶段性的总结，因为这有利于从整体上促进儿童观察力的提高。

总结的内容包括：某段时间内主要观察内容的汇总；某段时间内观察力训练的主要方面，如观察要有顺序、观察要抓重点等；某段时间内观察活动的主要心得，要启发孩子有条理、有层次地归纳心得，这是将孩子大脑中的印象进行系统化的重要过程。

每次总结后，父母应为孩子将书面的文字材料集订成册，以备进一步训练时作为参考。总结不仅是观察活动过程的形式，更是观察力训练不可遗漏的环节，其为观察力的一次大阅兵。

以上步骤，在实际操作过程中，父母可根据实际训练的内容、儿童的能力与程度，以及自己的客观条件和精力等，来决定哪些步骤可以简略，哪些步骤应重点加强。

4-6 记忆的奥秘

许多父母经常抱怨自己的孩子记忆力不好，学过的东西记不住，或者平时记得好好的，一到考试就忘了。小学阶段的学习，以基础知识和基本技能的学习为主，很多东西有赖于记忆，因此记忆力在小学生的学习中有着举足轻重的作用。

那么到底什么是记忆力？我们在学习、工作和日常生活中感知过的景物、阅读过的诗文、体验过的情感、从事过的活动、交谈过的话题及思考过的问题等，都会在头脑里留下不同程度的印象，并能在以后的生活实践中被回想起来，或当它们重新出现时被再认出来，这就是记忆。也就是说，记忆是过去的认知经历或情感体验在头脑中的反映。心理学家把记忆的基本过程分为识记、保持、回忆（或再认）三个基本环节。

识记，是指识别和记住事物的过程，如我们看见了一架飞机、一辆汽车、一个人的长相，把它记在脑子里，这就是识记。保持，即获得的知识经验在头脑里的存放和储存的过程。回忆和再认，是指在不同情况下恢复过去经验的过程。经历过的事物不在眼前，我们重新回想起来称为回忆，如默写生字；经历过的事物再度出现时，能认出它来的过程叫再认，如考试中的选择题便是要求再认的题型。可见，回忆的难度要大于再认，能再认的事物不一定能回忆。

儿童的记忆特点

从记忆的量上说，记忆能力比学前儿童有了很大的发展。从记忆的本质上说，小学生记忆的目的性、记忆方法和内容，都发生了根本的变化。

1.有意记忆是主要的识记方式

所谓无意记忆，是指没有预定目标的任务，无须付出意志努力的记忆，如听故事；而有意记忆是有预定目标并采取一定的方法和步骤，经过一定努力的记忆。小学生的有意记忆随着年龄的增长、学习动机的激发、学习兴趣的发展、学习目的的明确而不断发展，其主导地位逐渐显著。

2.从机械记忆向理解记忆发展

所谓机械记忆，就是在对记忆对象并不理解的情况下进行的记忆，也就是通常所说的"死记"；理解（意义）记忆，则是根据对材料的理解进行的记忆。研究显示，6～8岁的孩子，由于知识贫乏、思考发展水平还低、理解力差，因此他们大多运用机械记忆。随着年龄的增长，知识经验逐渐丰富，慢慢地可掌握思考的发展与学习的方法，理解（意义）记忆便逐步占据主导地位了。

3.从具体记忆向抽象记忆发展

小学低年级的学生往往对具体直观的事物记得较牢，而对抽象的词、公式和概念的记忆有较大的困难。随着教学的影响，知识的丰富和智力的发展，小学生的抽象记忆能力迅速发展，并逐渐占据优势。为此我们必须注意在具体事物的基础上，发展小学生的抽象记忆能力。

掌握科学的规律

要想启动记忆的潜能，我们还需要掌握科学的规律。

1.分布学习的规律

心理学家的实验证明，复杂知识的学习是分布学习优于集中学习，即在学习特定材料时，把整个学习过程分成几个部分，每两个部分之间插入一段休息时间。

2.系列位置效应

识记一系列内容时，材料在系列中的位置对记忆效果有影响。在回忆时，系列的开始部分和末尾部分的内容记得较牢，而中间部分记忆效果较差。父母在辅导孩子学习时，可指导他们将重要的内容安排在整段学习的首尾部分。

3.蔡格尼克效应

心理学家布尔玛·蔡格尼克在一次记忆实验中发现了一种心理现象：回忆未完成工作比回忆已完成工作更容易。这种效应是由于未完成任务引起的紧张状态造成的。当一项任务没有完成就受到阻止时，紧张状态还要持续一段时间，最多持续二十四小时，有时只持续十几分钟。为提高记忆效果，当孩子在努力作业的过程中，尤其是当父母发现其遇到困难或者干扰因素时，父母可采用中断学习的方法，以提高学习效率。

4.提示法

这是一种常用的记忆方法，主要用于长时间记忆和系列学习。当用于系列学习时，可先确定学习内容之间的相关联系，使各项目按顺序排成一列，通过记忆联系回忆各项目的具体内容。用于长时间记忆时，可通过提示学习内容的部分特征，以部分提取回忆全部内容。例如，要求孩子记忆单词mouse（鼠）时，可提醒他，这词与 mouth（嘴）的读音相似，但两个字母拼写不同，这样可以帮助孩子想起正确的单词。

人的记忆潜能从理论上讲可说是无限的。有人曾如此比喻：美国国会图书馆是世界上最大的图书馆之一，藏书近两千万册，而我们每个人的大脑的信息存储量可容纳三四个美国国会图书馆。可以说，每个人的大脑都像是一座无尽的金矿，等待着我们去开发利用。

4-7 提高记忆力

许多人认为"记忆力的好坏是天生的"。于是记忆力不好只能怨天尤人。但是心理学家研究证明，记忆力的好坏绝对不是天生的。我们在了解小学生记忆的特点和科学的规律后，在培养儿童的记忆力，提高记忆效果时，一定要遵循这些规律，进行科学的施教。

提高记忆应遵循的原则

1.有的放矢，明确近期目标

人不管做什么事，都具有某种目的。心理学研究认为，是否有明确的识记目的和任务，是否有强烈的学习愿望和纯正的动机，是影响识记效果的决定性因素。

那如何确立记忆的近期目标呢？关键是要学会安排记忆过程，把长远目标划分成若干不同的近期目标，一个一个地实现。父母应时常提醒孩子制定近期目标，以此作为衡量其学习和记忆效果的尺度，激励他不断进取，为实现目标全力以赴。当然，目标应控制在适当的水平上，不应太高或太低。

2.打铁趁热，实时予以强化

孩子的记忆效能若得到改进，应实时奖赏他，使其行为得到强化，这必然会刺激他的记忆能力有更大的提高。如孩子在较短的时间内背出一篇课文，父母应以极大的热情表扬他，作为一个热情的听众鼓励孩子朗诵，为他喝彩，并允许他做自己喜欢做的事，同时希望他下次做得更好。孩子受到鼓励，看到自己的努力为父母带来的愉悦，必然会在下次背书时更努力。

3.循序渐进，逐步累积

有些父母望子成龙心切，想一下子把许多知识装入孩子的脑袋里，结果欲速则不达。原因就在于忽视了记忆的阶梯，没有循序渐进。这就像盖房子，只要第三层，不要第一层、第二层一样，于是房子成了空中楼阁。

学习内容过深，新知识的跨越度太大，会使本来在正常进度下容易吸收和记忆的知识变得像"天书"一样难以记忆。如果不按阶梯走上去，便会头昏眼花，难以达到智力高峰。所以父母不要急于求成，一定要让孩子在消化吸收已有知识的基础上循序渐进地掌握新知识，否则将会拔苗助长。

4.加强复习，防止遗忘

复习不仅有巩固记忆的作用，而且还可以加深对知识的理解。

复习要实时。根据德国心理学家艾宾浩斯的实验，遗忘的速度是先快后慢，即刚记住的内容常忘得最快最多。所以刚开始复习时，次数宜多，复习间隔宜短，再逐渐减少复习次数和时间，扩大复习间隔。

复习比较长的材料，最好不要时间太集中，比如背诵几篇课文，如果一天之内要全部复诵一遍，这样效果一定不好。而如果每天背一篇课文，做几道算术题，默写十多个外语单词，一点也不感到吃力，所以分散复习效果比较好。同时也要有机地结合单元复习，做阶段性的复习，这样就更系统化，学生可以学得更扎实。

掌握有效的记忆方法

除此之外，我们还应掌握有效的记忆方法，以提高记忆效率。

1.有意记忆法

心理学研究证实，有意记忆的效果明显优于无意记忆。为了系统掌握科学知识，必须进行有意记忆。

进行有意记忆，首先，要严格要求自己，为自己提出明确的记忆目标和任务，而且越具体、越详细越好。其次，有意记忆一定要专心致志，一旦下决心记住一段内容，就要全心投入。如果对要记忆的东西漫不经心，一定不会取得很好的效果。

2.理解记忆法

理解记忆的效果要优于机械记忆。艾宾浩斯在记忆实验中发现，为了记住十二个无意义音节，平均需要重复十五六次；为了记住三十六个无意义音节，需要重复五十四次；记忆六首诗中的四百八十个音节，平均只需重复八次。这说明凡是理解了的知识，就能记得迅速且牢固。

因此父母要指导孩子经常进行理解记忆，不要死记硬背。例如，背古文，如果不弄懂意思，仅逐字逐句地背，会非常吃力。若掌握了全篇的意义，在理解的基础上再背，那就迅速多了，而且记得牢固。但理解记忆也需通过反复记忆来加深印象。

3.联想记忆法

联想记忆是利用联想来增强记忆效果的方法。一般互相接近的事物、相反的事物、相似的事物之间容易产生联想。例如，把字形、字音相近的一组字放在一起记，像"肠、畅、汤"，这样记忆效果会更好。英语单词也是如此，还可以将反义词放在一起记，如black（黑）与white（白），利用联想提高记忆效率。

4.多通道记忆法

尽可能动员多种感觉器官投入学习。尤其是外语学习和汉语学习，都要耳听、眼看、口读、手写，互相配合，在头脑中构成神经联系，形成记忆痕迹。

现代科学研究证实，人从视觉获得的知识能够记住百分之二十五，从听觉获得的知识能记住百分之十五，若两者结合起来，则能够记住百分之六十五。因此感觉器官的有效结合是加强记忆的重要途径之一。

5.精选记忆法

对记忆材料要加以选择，进而确定重点。父母和教师要帮助小学生选出学科的重点、关键问题，让他们抓住精髓。若要考出好成绩，必须对所学知识要充分理解，精选重点内容，将它们牢牢地记住。

记忆的方法还有很多，记忆的规律还等待去进一步探索。古希腊思想家亚里士多德曾说："记忆是智慧之母。"任何一项能力都是可以培养的，记忆也不例外。只要我们循序渐进，持之以恒地培养训练孩子，记忆之门定会打开。

4-8　发展想象力

何谓想象？有些父母认为想象力只是孩子不切实际的胡思乱想，因而对此并不在意。其实想象力在人的智力活动中十分重要。

世界上的任何事物都有其固有形象。花儿的姹紫嫣红、云朵的千姿百态、动物的敏捷活泼、山水的灵秀俊逸，还有人类的多彩多姿等，大千世界构成了人类的生活环境。当这些现象在人的脑海中留下印象，并在一定时间内保留，活跃在人的头脑中时，该形象就被称为表象了。想象力则是人脑在现实刺激物的作用下，对已有表象进行加工改造，并创造新形象的过程。

想象力的种类很多，一般将想象力分为无意想象和有意想象两大类。无意想象是指那种没有自觉目的，也不需要做任何意志努力的一种想象力。所谓"想入非非"及"胡思乱想"等多半含有无意想象的成分。人们在睡眠中的梦，实际是无意想象的极端形式。

有意想象则是一种有目的，并自觉做出一定努力的想象力。我们在下文中提及的想象多属这类想象。这种想象力在学习、工作中作用甚大。有意想象又包括再造想象、创造想象和幻想三种。再造想象，是指根据语言的描述或图案的示意，在脑中形成相应新形象的过程。例如，没有见过金字塔的人，根据图片、电影以及文字材料等，可以在脑中"看到"它，甚至"身临其境"，这就是再造想象所产生的结果。创造想象，是不依据现成的描述，仅根据已有表象在脑中勾勒出前所未有的新形象。例如，传说中的美人鱼、中国古代传说的龙及科学发明家关于创造物的形象等，这些都是创造想象的产物。至于幻想，则是指对于未来的想象力。现今的动画片中所反映的情节，大多属于幻想。

在分析了想象力与世界的关系及其种类后，让我们来看看想象力在人的智力结构中所处的地位，以及想象力与学习的关系。人的智力结构是由注意力、观察力、记忆力、想象力、思考力等五大因素组成。人们在智力活动中，可以运用观察力、记忆力、思考力和注意力来获得大量的信息、事实和一系列的推理。但所有的一切，如果没有想象力的加入，是不能奔放、飞腾起来的。难怪有人形容："事实好比空气，想象力就是翅膀，只有两方面的结合，人的智力才能如矫健的雄鹰，一飞冲天，翱翔万里。"

可见，想象力在智力结构中的作用是其他因素所不能替代的。不仅如此，想象力还是使智力活动富有创造性的重要条件。人们根据大自然中生物的许多特定功能产生了种种想象，这些想象鼓舞着人们去进行创造发明活动。于是有了从羡慕鱼的游泳本领到船的诞生，从丝毛草划破手到锯子的发明，从向往鸟在天空自由飞翔到飞机的诞生等，这一系列不可辩驳的事实，不都证明了想象力的重要性吗？

想象力与学习同样密切相关。从某种意义上说，学习本身就是一种创造性活动，而想象力在其中发挥了重要作用。

因为有了创造想象，我们才能体验到别人感知过的知识经验，并能进一步对已有的知识和表象进行加工创造，创造出前所未有的新形象，进而将我们的思路带向无比广阔的新天地，也由此产生新的创造性活动。

因为有了再造想象，我们才能感受自己没有感知过的事物，并想象出别人创造出来的形象；因为有了再造想象的参与，我们的音乐或绘画作品才会富有生命朝气与活力，即使是学习最抽象的数学，也可以凭借文字产生空间想象、通过画图来解题。

事实证明，想象力丰富的人所获得的知识往往大大超出想象力贫乏的人。爱因斯坦说过："想象力比知识更重要，因为知识是有限的，想象力概括着世界上的一切，推动着进步，并且是知识进化的源泉。"

那么小学生的想象力有哪些特征呢？首先，学前的幼儿期，想象的主题易变，想象的内容较直接、片面。进入小学后，开始有一定要求的学习活动，在学习过程中为了理解教材、掌握教材、完成作业，就必须展开有意识、有目的的想象活动。例如，老师要求学生有感情地朗读课文，感情的由来便是一种想象力；再如作文课的写作、数学课的解题等，都是如此。在这些要求下，学生的有意想象得到了激发和培养，并随着年级的升高逐步占据了注意力的地位。但由于受限于知识经验，其想象力往往显得贫乏、简单，导致他们的一些想象在大人眼中是幼稚可笑的。

其次，小学生的想象最初都是有着很大的具体性和直观性，之后逻辑性和概括性才逐步发展起来。例如，低年级学生学习课文时，一般只能直观、具体地想象课文所描述的情景，而中、高年级学生学习课文时就能透过想象力推测课文的内容与情境，甚至能理解文中所要陈述的思想。

最后，小学生的想象力逐步趋向于现实性。一般来说，低年级学生和学前儿童差不多，想象常常与现实相距较远，他们十分喜欢童话，常信以为真。到了中、高年级，想象力的现实性不断增强，他们慢慢会分辨童话故事和现实的差异，因而也会逐渐地从对童话的迷恋转向喜爱那些更富于现实性的英雄故事、游记和历险小说。

鉴于小学生在想象力上的种种特点，父母和老师都应该积极创设条件，引导学生将无意想象转向有意想象，将具体的直观想象引向概括、抽象的想象，并使想象更富有现实性。具体来说，我们可以从以下几方面着手。

丰富种种表象

表象是人们看过、听过、摸过及闻过等接触过的东西在人脑中留下的印象，它是脑子里加工出"新产品"的原始材料。一个人表象贫乏，想象也必将狭窄、肤浅；表象丰富，想象就会丰富且深刻。因此要提高学生的想象力，必须让学生掌握丰富的知识，扩大眼界，多接触自然和社会。因此可经常带领小学生参观、郊游、访问及看电影等，还可运用观看实物、插图等手段，使学生尽可能形成视觉和听觉表象。

学生的感性认识和切身体验多了，想象的范围自然也会扩大，内容也会趋于丰富多彩。在这方面，著名艺术大师达·芬奇的父亲为我们做出了好榜样。达·芬奇幼年时住在水都威尼斯，威尼斯城有几百座石桥，父亲每天带他散步一两个小时，父子俩边走边聊，把全城的石桥都走遍了。童年时的散步不仅使达·芬奇获得了丰富的感性经验，也使他的观察力、想象力得到发展，为他后来成为卓越的艺术大师奠定了基础。

丰富语言文字

想象活动是在语言的调节下进行的，也常基于文字的描述说明而展开。因而仅有丰富的表象而没有丰富的语言文字，就有可能使想象永远停留在直观形象的水平上。为此要鼓励学生丰富课外阅读，尤其是要多读一些优秀的文学作品。通过领会文字的细腻描写，增强对语言文字的感受能力，体会不同作品中的文化底蕴，锻炼遣词造句的能力，进一步使想象力具有概括性和深刻性。

参加各项活动

对小学生来说，创造想象一般是在动手操作的活动中形成、发展，因而父母和老师要多鼓励学生动手、动脑，让他们自编故事、自排节目，表演话剧、绘画创作、作文练习、开展科学实验以及设计各类游戏活动等。通过开展各类活动，让孩子自己动手尝试，自己动脑思考，才能激发其活跃的想象力，并在品尝了想象力的无穷乐趣后，迸发出创造的火花。丰富的想象力会使学生在上课中思考更清晰，能够举一反三，融会贯通。

所以放手让孩子自由自在地投身到他们喜欢的活动中吧！学无定法，何必强求呢，想象的王国更是没有边界可寻。让孩子怀着一颗充满好奇的心不断地发现、创造出许多令他们雀跃、激动的奇迹吧。

4-9 活跃思考力

说起思考，人们并不陌生，当你在学习中遇到难题时，不是常会说："仔细想一想，再动动脑。"这"想一想""动动脑"实际上就是指思考。谁都知道，思考活动贯穿于整个学习过程，对学生的学习很重要。早在两千多年前，孔子就断言"学而不思则罔，思而不学则殆。"说的就是光学习不思考，会迷惘无知，得不出结果；光思考不学习，会疑惑不解，得不出结论。有关研究还证实，思考是理解知识的必要心理因素。

思考还是巩固知识的重要心理条件。正如人们所说的："若要记得，必先懂得。"

观察力、注意力、记忆力、想象力和思考力这五个因素构成了人的智力结构。其中，思考居智力活动的核心地位，因为无论是观察、注意、记忆，还是想象，都只是为人们提供加工的信息原料，提供活动的动力资源，而要使这一切运转起来的因素则是思考。可以说，离开了思考活动，所有的信息原料就无法有效组合，不能产生新的有效价值。同时，其他各因素在活动中，一般都有思考的参与；离开了思考，其他因素也就很难发挥出应有的作用。可以说，间接性、概括性是思考区别于其他因素，并使之居于核心地位的两个根本特征。

思考的概括性，就是根据大量的已知事实，并在已有的知识经验基础上舍去各个事物的个别特点，把同一类事物的共同特征和本质特征抽取出来加以概括，进而得出新的结论。例如，人们在生活中得出的诸如鸟会飞、花会谢等认识均是概括认识的结果。一切科学的概念、定理、定义、法则，都是经过思考概括的结果，都是人对客观事物的反映。

思考的间接性，指通过已有的知识经验或以其他事物为媒介来认识某一事物。感知能获得关于事物的直接经验，思考则要通过迂回、间接的途径反映事物的本质规律。例如，中医主要通过望、闻、问、切等间接手段诊断病人病情，就是思考间接性的体现。

儿童的思考类型

在我们的生活、工作与学习中，有着大量思考活动参加的现象，其范围之广泛，形式之多样，层次之丰富，简直令人目不暇接。以下来了解一下与小学生学习、生活有关的几种思考类型。

1.动作思考

所谓动作思考，指的是凭借直接感知，并在实际操作的过程中进行的思考。其结果比较简单，动作既是思考的起点，也是思考的结果。思考与动作几乎是相伴始终的。例如，幼儿常喜欢用掰手指或摆弄某种物体来进行计算。再如，当我们发现电灯不亮了，为了弄清原因，便通过一系列实际操作去检查，这些都是动作思考的表现。

2.形象思考

形象思考最基本的单位就是表象，其基本特点是思考的具体形象性。例如，低年级学生在进行计算时，从现象上看，他算出了$4+5=9$，但实际上他们并没有对抽象的数字进行分析综合，而是靠脑中出现的实物表象相加算出来的。形象思考作用的范围很广，当人们用直观形象来解决问题时，特别是在解决比较复杂的问题时，鲜明、生动的客观形象对于思考的顺利进行是十分有帮助的。可以这样认为，无论学什么科学，如果没有形象思考的参与，都是很难学好的。

3.抽象思考

所谓抽象思考，也称作推理思考，是指以概念、判断、推理形式来反映客观事物的运动规律，进而达到对事物本质特征和内在联系的认识。例如，要学生证明数学中的某一命题或定理，他会运用数学符号和概念来进行推导和求证。推导和求证的过程，就是抽象思考的过程。抽象思考在小学阶段一般比较少见，直到高年级才会在某些学科中涉及。

除了以上三种基本思考形式，我们还有必要提一下集中思考和发散思考，这是根据思考过程中指向性的不同所提出的。

所谓集中思考，是指思考中信息朝一个方向聚敛前进，进而形成单一、确定的答案，其主要功能是求同。例如，解数学题的每一个步骤，都是为了达到题目最后的要求；下棋的每一步都是为了击败对方。

与集中思考相对应的是发散思考。其指的是思考中问题的信息朝各种可能的方向扩散，并引出更多新信息，使思考者能从各种设想出发，不拘泥于一个途径，不局限于既定的理解，尽可能做出合乎条件的多种解答，其主要功能是求异与创新。例如，当有人提问："砖块有什么用处"时，答案可以是盖房子、铺路、砌墙、制成锤子、压纸、代替尺画线及掷物等。这些答案把砖的用途发散到了各个领域，且每个答案都是对的。值得一提的是，在当前教育中十分重视发散思考的培养，因为已有研究发现，集中思考和发散思考，特别是发散思考是人类进行创造性活动的必备条件。

协助孩子完善思考

小学生思考发展的基本特点，是从以具体形象思考为主要形式，逐步过渡到以抽象逻辑思考为主要形式。而当小学生的思考过程到了以抽象逻辑思考为主要形式时，绝不意味着具体形象思考的全部消失，因为此时不仅形象思考依然存在，那些抽象逻辑思考大多仍是直接与感性经验相联系，仍然具有很大成分的具体形象性。帮助小学生完善具体形象思考，并较好地完成向抽象逻辑思考的过渡，不妨从以下几方面着手。

1.创设问题情境

思考总是从问题开始的，思考的过程主要是在解决问题的过程中进行的。教育家必须十分重视学生能主动提出问题，认为"学贵有疑""小疑则小进，大疑则大进"。除了要保护学生提问题的积极性外，还应当努力创设问题情境，以此来激发和培养学生的思考力。例如，在让学生接触新知识前，可诱导其发现问题；在进行新知识的传授时，要注意揭露矛盾，促使学生进行思考，还应激发学生自己提问，并逐步引导学生抓住问题的关键，做到人人会主动提出问题。

2.丰富表象和语言

思考的过程就是对信息加工的过程。信息是思考的原料，原料越丰富，思考加工就越易有效进行。信息归纳起来无非是表象和语言两大类。因此要提供足够思考的原料，就应当通过各种途径，努力丰富学生的表象和语言。

3.教会学生思考方法

有些学生之所以会百思不得其解，是因为他还未进入思考过程或者还没有掌握思考方法。因为人的思考过程，就是运用一定的方法去认识客观现实的过程，因而为了发展学生的思考力就必须要教予他具体的方法。

思考是一个复杂的心理过程，从问题的提出到解决，人脑要对各种资讯进行分析、综合、比较、分类、抽象、概括、系统化、具体化、归纳及演绎等。其中分析和综合是最基本的两种，也是思考过程中最基本的环节。其他方法又都是密切联系、互相交织的，因而我们训练学生时，必须要帮助他们对此加以综合运用，这样才能使其理解、巩固，并获得系统知识。

4.鼓励参加实际活动

小学生以动作思考为多见，然而有人对此并不以为然，以为只有幼小的儿童才是在动作中思考，随着年龄增加应逐渐脱离动作思考。其实即使是伟大的科学家也是不能完全摆脱动作思考的。我们平常所说的手脑并用，实际上就是鼓励孩子多参加各种活动，特别是实践活动，一方面使思考服务于实践，另一方面又可用实践来检验思考的效果。

5.培养孩子创造性思考

创造是一种复杂的心理整合，是智力因素和非智力因素的结晶，是意识和潜意识的交融，是形象思考和逻辑思考的互补，是发散思考和集中思考的统一。孩子是否具有创造性，是将来能否成大器的象征。为了培养孩子的思考能力，父母和老师不妨采取以下措施。

● 在引导孩子学好基础知识和基本技能的同时，鼓励他们阅读有益的课外书籍。孩子的知识越丰富，技能越熟练，思考就越广、越深、越灵活，也就为创造思考准备了条件。

● 培养孩子独立思考的习惯。脑功能用则进，废则退，越思考越灵活，因此要教育孩子勤于思考，善于思考，不要人云亦云，随声附和。

● 让孩子多做创造性练习，参与创造性的活动。如学会用自己的话回答问题，让孩子自己设计理化实验、演算一题多解的习题，自己进行小发明、写小论文及独立开展活动等，这些都有助于创造思考的培养。

4-10　唤醒左右脑

歌德曾在《神怪的故事》一书中写道："主宰世界的有三个要素，那就是智慧、光辉和力量。"智慧，在此被推崇到一个至高的地位，使人不禁为之向往。因为有了智慧，人类才从远古的茹毛饮血走向现代的高度文明；因为有了智慧，人们才能在浩瀚的历史长河中不断反思、发展、完善自我。谁不想成为一个睿智的人？谁又不想拥有一段被智慧之光照亮的人生？智慧，笼罩着一层炫目的色彩，为人们所渴求。

狭义地说，智慧就是智力，指人们在获得知识和运用知识解决实际问题时所必须具备的心理条件或特征。平时我们常说的聪明与否指的就是智力水平。智力既是先天的，又与后天的培养训练密切相关。要提高智力水准，就必须充分开发我们的大脑，因为大脑才是智慧的最终源泉。

对大多数人来说，大脑只被利用了很少一部分，还有惊人的潜力有待开发。尤其对小学生而言，在求知的旅程中刚刚开始蹒跚学步，如果在这个关键时期能够尽早地开发大脑，将有助于提高其创造性，提高学习质量和效率。

大脑分为左、右两半球，经过科学家们反复实验研究后指出，左、右脑的分工不同。左脑偏于理性，对文字、分析、记号的任务颇能胜任，又称为语言脑；右脑则是直观的，对具体、综合、绘画、经验的对象特别敏感，又可称为音乐脑。

大脑两半球的差异，主要在于两者用不同的"语言"做各自的事情。尤其是在出生之后的一系列训练，更使它们向着不同的思考模式发展。大脑在完成一个特定任务时只允许一个半球占优势（当然，这并不排斥左右大脑的协调与合作），左半球在言语声音的听觉方面有轻微优势，常能对言语输入做出迅速反应，进而因多次强化而得到较多、较快的发展。长此以往，当左脑变得越来越对言语思考专门化时，右脑由于很少涉及言语的东西而继续直接操作感觉表象。学校教育又常常是整齐划一的，使用相同的教科书，倾向于多用言语表达，以致学生逐渐地成为数位的、逻辑的推崇者，循规蹈矩，侧重用左脑来进行逻辑推理。但是我们也应该了解，忽略右脑的训练和作用，将会造成巨大的能力缺失。

右脑是创造力和直觉的源泉。右脑有个显著特征：信息储存量大。我们平时所说的创造力便是对已有的信息再加工的过程，如果能充分使用右脑积聚信息，那么把各类信息按不同方式联结的可能性便会大大增加，创造力自然也就提高了。我们常常强调直觉的重要性，这种直觉产生的重要条件之一就是要求右脑直观、综合、具体的思考和发挥作用、触类旁通。倾向用左脑思考的人就往往表现为创造性不足。

活化、锻炼右脑并不困难，只要稍稍用一点功夫就能使原本沉睡的右脑动起来。在此我们提出若干训练方法，指导学生循序渐进，培养学生的具体思考、综合判断和创造力。

指导学生用图形代替语言表达思想以刺激右脑。例如，当用语言表达"A包含着B，所以A大于B"这个概念时，在代表A的圆圈中画上代表B的圆圈，这就把概念图形化了。把这一原理应用于日常生活中，鼓励学生尽量用这种方法记笔记，用具体形象来唤醒对知识的记忆。另外，迷宫游戏也是锻炼图形认识能力的简便方法。

提供学生更多欣赏图画的机会。欣赏绘画作品时，要直观地整体欣赏，不要过分注意某个局部，若能培养学生拿起画笔自己作画，则对右脑的刺激作用会更明显，当然要提示学生作画时应随心所欲，以感觉为重，而不是把注意力放在与实物的对照上。有研究显示，许多富于开拓性、创造性的人都不同程度地喜欢绘画。

指导学生通过阅读锻炼形象思考能力，让学生一边读一些简单的文字描述，一边在头脑中想象有关场景。也可以组织学生读一些体育报道，交流各自联想到的具体场面。用珠算法练习心算也可以锻炼形象思考能力。

训练学生尝试着创造没有语言的无意识状态。爱因斯坦曾说："我思考问题时不使用语言，而是靠生动有形的形象去进行。当这些形象形成一个完整的整体时，我再去花费更多的努力去表达它。"这的确是一个值得借鉴学习的好方法。要想使学生能够从自己大脑中除掉语言，进而达到活化右脑的目的，最简单易行的办法就是鼓励学生多进行体育活动。因为只有在体育运动中什么也不思考，一心投入才能创造出一种没有语言的无意识状态。而这种状态，恰恰是创造力最活跃的状态，各种联想、想象都在此状态中挣脱常规的束缚，而自由地碰撞、联结，进而迸发出智慧的火花。

提倡先用右脑进行想象，后由左脑引导并修正形象，进而培养创造力。如果学生喜欢随心所欲空想，不必制止他，要知道空想有时就是发明创造的蓝图。富兰克林就是从幻想孩提时代放风筝的情景中，想出了著名的放风筝检验放电现象的实验。所以要鼓励学生多利用想象，就像借助地图在大脑中做空想旅行，每天先在脑中想象一下今天要做的事情等。

成功地开发运用右脑，其实就是充分发挥了人体大脑的潜力，学会左右脑协调工作。这样将会令人获得无尽的灵感和超乎寻常的创造力。对小学生而言，从小开发右脑将会使其一生受益。

【学生自测题】

1.你经常把自己看过的电影、电视内容叙述给同学听吗？

2.你复习时一定会按计划进行吗？

3.课桌或书桌不收拾整齐就会感到不舒服吗？

4.读书一般都从头开始按顺序读吗？

5.作业一定要提前几天完成，心里才比较踏实吗？

6.你经常阅读小说吗？

7.即使是一本难懂的书，你也会坚持读完吗？

8.看展览时，你是一个一个依次看吗？

9.你喜欢写文章吗？

10.你喜欢看图画书吗？

11.书桌上有点乱你反而觉得方便舒服吗？

12.你喜欢全家一起旅行、玩游戏、进行体育活动吗？

13.你读书时是否总是从喜欢的章节开始？

14.你喜欢诗歌、短诗、短歌等韵文吗？

15.你喜欢做塑胶模型或玩魔术方块吗？

16.你乐于思考围棋的开局和布局吗？

以上16个问题，回答"是"2分、"否"1分，若前8个问题的得分超过后8个问题的得分，你是一个"左脑型"人，说明你有潜力锻炼和使用右脑；若前8个问题的得分低于后8个问题的得分，你是一个"右脑型"人，但也不要忽视开发右脑，因为你的右脑型倾向是无意识形成的，如不积极应用也会逐渐衰退；如果前8个题和后8个题得分相同，则是"左右脑型"人，属于思考力平衡较好的人，但若不注意积极应用右脑，也有陷入左脑型的危险。

4-11 心灵手也巧

手动和心动结合，手和脑并用，这是培养孩子全面发展的基本条件。然而，如今的父母包括孩子本身对动手做存在着偏见，甚至从心底轻视动手做。生活中的动手做有简有繁，简如剪贴、折纸，繁如模型制造、设计。动手做必须有思想、有巧妙的技艺。因此应提倡动手做，使孩子将动手与思考融为一体。

动手做开发儿童智力潜能

动手做是教育的一部分，其对于开发儿童智力潜能的作用是其他教育内容不可替代的。

1.使脑力劳动和手的活动相结合

动手做就是在大脑的积极思考后，用灵巧的双手去实现该项动手做的目的的过程。通过抽象思考与双手精细、灵巧的动作配合，那些特殊、最积极、最富创造性的感官得以激发而积极、活跃地工作。通过动手做，人的动作和思考不断进行传导，因而产生高质量的创造性思考的源头。

2.培养坚韧不拔和吃苦耐劳品格

这里的动手做并非指简单的体力劳动，而是指需要孩子运用已学知识不断探索、不断尝试，需要脑力劳动的参与。这不仅需要付出艰辛劳动，还要克服各种困难，亲自解决各类问题。久而久之，孩子会形成坚韧不拔的毅力和吃苦耐劳的美德。

3.增长见识，提高创造力

孩子在各种制作活动中，展示了无穷的想象力和创造力。如废弃的铝罐变成了仿18世纪欧洲宫廷椅、竹编花瓶及草编提包等，而这些都需要有一定的知识基础。这种动手活动使孩子忘却了烦恼、孤寂，创造力得以展现。

培养孩子动手做的能力

父母应认识到动手做带来的积极效应。为避免培养出高分低能的孩子，该怎样培养孩子的动手能力呢？

1.纠正孩子轻视动手做的观念

把动手做当作和学习一样重要的教育内容，在生活中有意引导孩子参与劳动，鼓励他们自己的事自己做，如收拾书桌、整理学习用品等。即使孩子做得不够好，父母也要宽容以待，并对不足之处婉转提出建议，必要时可以示范给孩子看。

2.利用孩子的好奇心和好动习性

有些父母往往嫌孩子在旁边碍手碍脚，总是不让孩子待在身边。其实孩子的模仿能力很强，父母若在做事时，让孩子在一旁观察，并适时当个小帮手，甚至创造条件让孩子自己动手，用他所学到的知识解决实际问题，那么孩子的好奇心得到了满足，就会对动手做产生兴趣，将有利于培养孩子的动手能力。

3.给孩子独立动手的机会

有的父母为了让孩子安心学习，不惜牺牲自己的闲暇时间，绕着孩子团团转，如打扫房间、倒茶等，使孩子丧失了基本的生活自理能力。更有些父母为了帮孩子得高分，亲自动手完成学校交付给孩子的功课，孩子的依赖性逐渐地越来越强。父母不要样样事都帮着做，应利用孩子的好胜心，引导孩子耐心完成各项任务。

4.动手做并非是变相惩罚

常有学生因为作业未完成被罚扫教室，也常见孩子因做错事被罚洗碗，这种做法并不符合孩子身心发展的特点。孩子在刚认识世界时，对一切事物都抱着美好的幻想，而这种以劳动作为处罚的手段会导致孩子厌恶劳动，视劳动为一种耻辱，反而轻视劳动，对动手做事产生误解、偏见，更避而远之。

通过劳动把知识体系的种种关系和相互联系展现出来，劳动不仅意味着实际能力和技巧的水平，更意味着智力发展的程度、思考和语言的修养。请抛弃重知识、轻实践的观念，让动手做与学习做伴，造就聪明的头脑，拥有一双灵巧的手。让孩子适时适度地参加动手做，在动手做中培养他们的创造能力。

4-12　善学还需乐学助

科学巨匠爱因斯坦说："一切方法的背后如果没有一种生气勃勃的精神，到头来不过是笨拙的工具。"从学习的角度来讲，爱因斯坦所说的这种精神指的就是一种乐学的情感和精神。

长期以来，我们最常听到的是"孩子学习成绩如何""学习态度如何""学习习惯如何"，却不曾或者很少提起"学习情感如何"。然而教育、教学发展到21世纪的今天，我们更有必要去探究学习中更深层的因素，那就是几乎可以看作是学习原动力的学习情感。

孩子是学习的主人，这个角色是任何人都无法替代的，所有的知识、经验，只有经过内化才能"占为己有"，而情感因素的参与使这内化过程更有可能、更为积极，让知识的掌握变得更轻松，习惯的培养变得更自然。

情感是对人、对事、对物的热情，是不稳定的、内在的，不是与生俱来的。然而它又是确确实实可以通过后天的教育培养、激发的，那么如何循序渐进地激发孩子对学习的热情呢？

从爱心出发，建立师生融洽情感

"因为喜欢某某老师，所以我也喜欢上了这门学科。"这是孩子的话，从中反映出的是：情感是调节师生人际关系的精神环节，学生对教育内容是否有兴趣，乃至对这一门学科是否喜欢，有时取决于师生关系的融洽程度。若师生间关系紧张，情绪抵触，就不可能使教与学出现健康与和谐的师生关系，而融洽和谐的师生关系恰恰能为各种教学手段的有效实施奠定基础，奏响教与学的成功的乐章。

改进启蒙教育，孕育乐学的心态

学习的主体是学生，我们不能替代学生学习，也不能强制学生学习，所能做的是给予乐学这一把钥匙，引导学生走进知识的殿堂。乐学的心态是学生主动获取知识的不竭泉源。

有些父母在孩子还未读书前，就煞有其事地告诉孩子："你要读书了，读书可不是那么好玩的，要收心。"于是乎孩子还未踏进知识的殿堂，就已经毛骨悚然、心有余悸。中国古代的大文豪苏轼，父亲苏洵是他的第一任老师。苏洵熟知孔子的乐学思想："知之者不如好之者，好之者不如乐之者。"于是为了激发孩子的乐学情感，苏洵将欲让孩子读的书，在午夜时分，悄悄藏至一处，如此重复数日，直到引起了苏轼的好奇心，遂而"追随""挖宝觅书""挑灯详读"，乃至真正感到"不亦快哉"，至今仍让我们深深感叹此举真可谓是独具匠心的启发乐学情感的楷模。

学习是愉快的，但是学习要付出努力，这是要让孩子知道的第二点，就像欧阳修在游记中所写的，越是需要跋涉的偏僻之处，越是少有人至，而一旦到达，感受到的是那么美妙、令人神驰的境界。学习也是如此，只有不怕艰难和崎岖的人，才有希望达到科学的顶点。

满足好奇心，保持高昂学习热情

好奇心是儿童探索学习活动的前导和创造力发展的起点，要珍惜和满足儿童的好奇心，促使好奇心逐步由不切实际到切合实际，由对事物外部的好奇心发展到对事物内在规律的探索欲，由对表面现象的好奇到本质规律的揭秘。这对培养儿童的创造力非常有益。爱迪生从幼儿时期就有强烈的好奇心，曾被他的老师认为是"傻瓜"而逐出校门，但母亲保护和珍惜他的好奇心，鼓励他敢想、敢说、敢做、敢于打破常规，最后他成长为一位大发明家。日本教育家本村火一说得好："社会上许多父母都讨厌孩子的问题，这是大错而特错的，绝不能压抑孩子的究理精神，孩子们问什么，我们就应回答什么、教什么，绝不能嫌麻烦，敷衍塞责，应付了事。"

注重学习内容和方式要有趣味性

学习的主体是学生，因此学习内容和方式应该合乎主人的"胃口"，以引起"食欲"。倘若要求主人去迁就死板的教材，久而久之，学习的精神就会倦怠。因此在学习过程中，多让孩子参加各种有益、有趣的活动，让孩子发现他所不理解的新奇问题，进而产生学习的需要、学习的兴趣，启发孩子的学习热情。

在学习过程中，更应注意内容和形式的趣味性，紧紧扣住学生的心弦，引领学生步步深入，去探究真知，在愉悦的心情中自然而然获得新知，学习就会变成一件乐事。

以情带动情，启发无穷的想象力

就如演员一样，要先感动了自己，之后才能感动他人。父母和老师也是如此，必须以情动情，启发孩子的每一丝想象，带动孩子的每一个感官，使文字变成有生命的东西，去感悟生活的美，尝到读书的甜头，领悟学习的境界，进而焕发出乐于学习的愿望，拥有"神驰"于知识海洋中的能力。

以鼓励为主，激发自信与成就感

肯定的、鼓励的、关切的语言和目光能给孩子勇气和力量，而漫不经心、怠慢的态度则会伤害孩子学习的自信心。身为父母和老师，应看得到孩子一点一滴的进步，适时给予鼓励，以唤起孩子的自信。对进步较慢的孩子，更应消除其心理障碍；在与他们的相处中，要努力用真情去弹拨他们的心弦，以诚恳、真挚的鼓励唤起他们的自尊，感化他们的心灵，使这些孩子隐藏在内心深处的追求知识的火花燃烧起来。

CHAPTER 05

学习策略的优化

5-1 营造好学的氛围

明星学校总是令人向往，让自己的子女进入一所声誉远扬的学校是大多数父母的心愿。为什么有那么多的父母执着地想将子女送入明星学校就读呢？答案是：这些学校的学习氛围好！许多父母常说："能进入这些学校，将来成功的概率就大了。"但好的学习氛围难道仅指的是好的师资和先进的设施吗？其实不然，好的学习氛围还包括人际环境、心理环境和物理环境等多方因素，其需要父母和老师共同去营造。

有些学生因不堪忍受学习压力而郁郁寡欢、性格怪僻内向，不合群，遇到一些小小的挫折就容易变得极端，严重的甚至会厌世。还有的学生为了在学习上保持优势，不让他人超越，不愿意帮助他人，拒绝与同学交流学习心得，当其他同学询问时，即使自己懂得也说不懂，甚至看到别的同学抓紧时间读书，还讽刺、挖苦，其言行充满了嫉妒之情。这些不健康的自私心理在孩子身上潜滋暗长，直接影响其正常发展。

不少父母、老师在追求升学的过程中，只注重如何提高教学质量，忽视了营造一种良好的学习氛围，培养孩子健康的竞争、学习心理。相反，不少父母为了让孩子多做习题，费尽心机地不让他们外出玩耍，毕业班的学生更是连节假日也被剥夺了玩的权利。为了让孩子集中精力学习，有些父母要求孩子不参加或少参加团体活动，有些学生干部的父母甚至要求老师不要让自己的孩子担任班干部，以免分散精力。

我们都知道良好的学习氛围能提高学习效率，但为什么我们对好的学习氛围的理解却偏于狭隘，仅仅囿于好的师资和先进的设施呢？良好的学习氛围除了指优越的学习条件外，还指学生乐于学习、学得轻松愉快的心态，用高压政策、强制性手段对孩子苦苦相逼的做法是极不明智的。试想，谁能够在极端紧张的状态下保持冷静清晰的头脑潜心于学习？更何况是活泼好动的儿童呢？

另外，从小对孩子灌输不正当的竞争意识，不但无助于学习，反而会让孩子从小就沾上自私、欺骗的不良习性，对孩子的成长危害极大。目前不少学校正致力于愉快教育的研究，这的确是极有意义的探索。愉快教育的含义不仅仅指学习知识的过程要愉快，还在于营造一种愉快的学习氛围。那怎么样才算为孩子营造了良好的学习氛围呢？我们不妨先来回答以下这些问题。

● 你是否经常鼓励孩子与同学交往，一起交流思想、共同学习、互勉共进？

● 你平时是否总要陪着孩子做作业？如你不在一边时，孩子是否能自觉、迅速地完成作业？

● 你是否经常询问、了解孩子的学习状况？与孩子一起探讨学习上的问题？

● 你是否经常因孩子学业成绩不理想而训斥、打骂孩子？

● 你的孩子是否总认为别人看不起自己而显得与他人格格不入？

● 你的孩子是否乐意解答他人的疑问？是否乐于帮助他人解决学业上的困难？

● 你的孩子是否能静下心来，专心地完成功课？

● 你是否尽力为孩子创造适于学习的环境？

这些问题有助于自我检测孩子的学习氛围究竟怎么样？如果检测结果不太理想，那么该如何来改变，使之趋于理想呢？我们可以从以下几方面加以努力。

营造和谐的人际氛围

人际关系在学习氛围中占有一席之地，其直接影响着学生对待学习的态度、兴趣，影响着学习的效率和效果。因而建立正常的人际关系是营造良好学习氛围的重要一环，包括老师与学生的关系、父母与孩子的关系、同学与同学的关系。

老师与学生之间应该互敬互爱、亦师亦友，老师既是学生在学习上的明灯，又是学生在生活中的朋友。为什么《麻辣鲜师》中那个徐老师能获得那么多学生的喜爱与欣赏？就是因为他走进学生的生活，善于和学生交流思想，尊重并信任学生，是一位对学生充满爱心的良师益友。

　　建立良好师生关系的关键在于老师如何把握好严与松、近与远的尺度。对儿童来说，老师这身份具有相当大的权威感，他们尊敬，甚至崇拜老师。因此老师适度的严厉、与学生保持一定距离，可以使自己在学生的心目中更具威信。但只懂得严厉的老师却并不是一位真正的好老师，老师的责任是传道、授业、解惑。要教学生做人的道理，又怎能是高高在上者所能达到的呢？不认真揣摩学生的心理，又怎能真正理解学生的思想发展？所以老师除了在学业上严格要求学生外，在课余和生活中，不妨多扮演慈母的角色。

　　学生对老师除了敬重外，还希望能获得无微不至的关怀和照顾。儿童自理能力较差，尤其是刚入学不久的低年级学生，常会发生诸如膝盖跌伤、纽扣掉了、发型散开等问题。当老师满怀爱心帮助孩子解决这些问题时，孩子对老师的情感也会随之加深，减弱了原先的敬畏感，而滋生出更多情感上的信赖感，更乐于听从老师的教导，在学习上也自然趋于自觉、认真。在班级中倡导一种家庭氛围，可以减轻学生的拘束和压力感，有助于他们自由发挥活泼、好动的天性，也能够激发他们学习的兴趣。

　　孩子在家庭中生活的时间最长，父母对孩子的影响无人可及。父母的言行举止大多是子女模仿的对象，因此要注意自己的言行举止，并调整好与孩子的关系。较常见的亲子关系有三种：严厉型、依赖型和放任型。

　　在严厉型的家庭中，父母与孩子关系很紧张，充满火药味。父母一看到孩子学习成绩不好、一听到在学校表现不佳，就大动肝火。孩子总担心考不好会惹父母生气，以致挨打受骂，学习时必然注意力分散，学习效果不好。有的孩子为了少受皮肉之苦，少听训斥之声，就想办法欺骗父母，时间一长，孩子便养成说谎的习惯。也有的孩子生性怯懦，在父母的长期压力下渐生自卑心，信心不足，凡事退缩、犹豫。

　　在依赖型家庭中，孩子则完全处于被动状态。孩子在学习上稍遇困难，父母便立刻指点迷津；孩子做完了作业，父母马上仔细检查，找出错处指导孩子订正；考试前，父母停下手头一切工作，帮孩子整理复习。这样其实是好心办坏事。因为这样一来，孩子潜在的学习能力就会被扼制，离开了父母的帮助，他们就不知道该如何学习了。

在放任型的家庭中，父母大都由于自己工作忙碌而无暇顾及孩子的学习情况，往往对孩子放任自流，听之任之，虽在心中也关心孩子，却因无法脱身于工作，只能干着急，有的父母甚至连孩子的日常生活都照顾不周，更遑论关心学习状况。这样放任孩子，也许可以培养孩子的生活自理能力和独立性，但对儿童而言，显然不利于培养他们良好的学习习惯。

我们提倡父母与孩子间建立一种"民主型"关系，在家庭中创造平和、民主、自由、公平的氛围，在教育子女时既要讲明道理，丝丝入扣，又要寓情于理。孩子尚小，自觉意识较差，父母应多加引导，帮助孩子逐渐形成自觉的学习习惯。当孩子在学习上遇到困难时，应鼓励他们自己动脑解决，必要时稍作提醒；当孩子经过思考解决了问题时，父母要及时表扬；当孩子考试或测验成绩不理想时，不要急于责备，应平心静气与孩子一起找寻原因，再有针对性地出些练习题让孩子更熟练，同时提出希望，这远比痛打一顿有成效。平时父母应多与孩子交谈，当孩子对学习上的某些问题与自己意见不一致时，不要急于否定孩子的意见，应留些余地，各自都再思考一下，再找资料分析一下。在这种宽松、民主的氛围中，孩子智慧的火花定会时时闪现，孩子学习的自觉性、独立性也会大大增强。

孩子自有自己的天地。他们喜欢与同龄人一起活动、学习，父母应了解孩子的心理，不要总把孩子关在家里，应鼓励孩子与同学交往，因为交往的过程也是一个学习的过程。在活动中可以增进了解，孩子一起学习时能互相启发、共同提高。不少老师在课堂上喜欢让学生分组讨论、解决问题，这不正是在运用团体的智慧促进学生掌握知识吗？因此父母应该允许孩子与同学一起学习、讨论。

小组学习的效果有时会超出独自学习，经常让孩子一起讨论问题，可以活跃思考，在共同讨论中，一些模糊的概念会得以澄清。社会心理学家弗里德曼（Freedman，1927）总结了大量研究文献指出，同伴比其他学校因素对学生的抱负和实际学习成绩影响更大。另一些研究也证实，在小学里学科成绩整体上与学生单独学习的频率存在一定的负相关，而学生在适当规模的小组（3～7人）中，或在有经验的老师指导下的更大团体中，和同伴共度的时间与学科成绩之间存在着一定的正相关。

同伴是儿童激发学习动机的重要来源。当周围的小朋友都愿意学习并很努力时，自己如取得较好的成绩，就能获得同伴的赞许和接受。在同伴的支持、鼓励、互相督促、竞争下，儿童往往可以最大限度发挥自己的学习潜力。因此，父母不妨经常问问孩子：你和谁在一起学习？你们讨论些什么问题？谁做作业速度最快、质量较好？你今天发表了什么看法？这样既能了解孩子在一起的情况，也表现出父母对孩子一起学习的关心和支援，同时也暗示孩子要学习好的榜样。

另外，父母还应鼓励孩子帮助他人解决学习上的难题，因为孩子在帮助他人的同时，也在复习巩固学到的知识。总之，我们应该充分发挥团体的教育作用，让孩子在团体里轻松、自由的氛围中，接受知识，互相取长补短、共同进步。

创造宜人的环境氛围

外部环境的好坏直接会影响学习的效率。据对一个班上成绩较差的十位学生的家庭环境调查显示：五位学生的家里几乎每天麻将声不断，不是父母在玩，就是祖父母在玩；有两位学生的父母不和，几乎天天一小吵，几天一大吵；还有几位学生家庭周围环境十分嘈杂。这麻将声、吵闹声、嘈杂声会让孩子无法静心做作业、复习功课，在这样的环境中要让一个儿童排除干扰、静心学习也太难为他了。为孩子创造一个有利于学习的环境是父母应尽的责任。身为父母，即便不能用自己埋头书堆的身影来激励孩子，也应该避免让孩子分心。

喧闹的环境会降低学习效率，但绝对安静的环境同样不利于提高学习效率，会给人一种沉闷、压抑之感，使孩子难以活跃思考。曾有人做过实验，让两个班级完成同样的作业，一班在绝对安静的情况下进行，一班则播放轻松愉快的轻音乐，让学生边听边做，结果边听轻音乐边做作业的班级平均速度比在绝对安静状况下的班级快。所以当孩子在学习时，不妨试着播放优美抒情的音乐，但切不可放流行歌曲，这样会使孩子跟着唱而分散注意力。放音乐的目的是使孩子情绪轻松、愉快，以提高学习效率。

另外，在室内种植绿色植物盆栽，使室内充满芬芳、空气新鲜，有利于消除疲劳，清醒头脑，活跃思考。

形成良好的心理氛围

常听有父母诉说孩子做作业很容易分心，他们不能离开半步，一离开，孩子就开始玩耍，写作业拖拖拉拉，几乎每晚都要做到9～10点，弄得大家都很疲劳。这说明孩子缺乏自由、放松的心理环境，对学习心存恐惧，有逃避倾向。

通常父母喜欢用恐吓的方法，如你不做完作业，就别想玩、别想睡。但这并不能解决问题，反而更会助长孩子作业拖拉的恶习。如果父母改用奖励法来激励孩子，效果也许就不大一样了。儿童的注意力不会长时间集中，做作业的时间拖得越长，注意力反而越分散，效果自然就越差，父母要抓住注意力集中的最佳时间（低年级生一般在20分钟左右，中年级30分钟左右，高年级40分钟左右），引发孩子的积极性，在规定的时间内完成作业。

你可以先了解当日的作业量，然后根据作业量来规定完成时间，将钟表放在孩子面前，提醒他把握时间，在这段时间内，父母别去过问，让孩子独立完成作业。当孩子在规定的时间内认真完成了作业，可以用孩子最感兴趣的事来奖励，例如，看半小时卡通、听几首歌曲、陪他下棋、看一会儿闲书、做做劳作及拼装模型等，孩子一想到完成作业后能做自己最爱做的事，一定会把握时间完成作业的。

如果当天作业很多，可让孩子分几段时间完成，先完成部分作业后允许他做些想做的事，然后再完成剩下的部分，这既可以使孩子消除疲劳，又可以使孩子集中注意力。有些孩子由于动作慢，即使努力做也无法在规定的时间内完成作业，怎么办呢？父母应以奖励为主，可以告诉孩子：虽然你超出规定的时间，但比以前专心，我还是要奖励你，如果你明天比今天的速度再快些，我们大家都会感到高兴。经常这样鼓励孩子，孩子的积极性就会被调动起来，逐渐消除对读书、作业的厌烦或恐惧，养成静心、专心做事情的良好习惯，学习效率大大提高。

另外，老师应注意保护学生的自尊心，不要轻易伤害之。有些学校从不把测验成绩公布于众，分数只让学生和他们的父母知道，也不提倡互问分数，每个人只需与自己做比较即可。这种做法值得提倡，如果公布总排名，那些老是排在后面的学生会承受很大的心理压力，会因为名次落后而感到羞愧。在同学面前，他们会觉得没面子而郁郁寡欢，久而久之，在他们幼小的心灵会产生自卑、内疚感，且对自己缺乏信心，甚至自暴自弃。

儿童的成绩一般来说总是不太稳定的，这与他们好奇、好动、缺乏耐心的年龄特征相吻合。因此对于学生的成绩不好也不必太在意，更不能严加训斥和指责。分数不高，孩子已经很难受了，尤其是当名次公布于全班的情况下，他们更需要父母和老师的谅解、宽容和安慰。他们害怕由于成绩不好而受到同学的轻视、老师的冷淡和父母的呵斥，此时他们渴望长辈能给予多一点的信任和鼓励，渴望老师仍能用平等的目光看待自己。

因此正确有效的做法是，对于优等生要表扬，并请他们介绍学习方法；对于较差的学生则要以鼓励为主，或对成绩差的学生的重视和关心要更甚于优等生。如果这次测验比上次的分数有提高，哪怕只提高了几分，即使还是不及格，也应给予鼓励，并告诉他们："只要努力，老师相信你们下次的成绩会比这次好！"在心理学中有所谓"比马龙"效应，指的就是期待的暗示作用。倘若老师总以期待的目光去看待学生，而不是粗暴简单地批评，或是向父母告状，那么学生的学习积极性一定会被逐步引导出来。营造良好的学习氛围，将使每一位儿童都能怀着轻松、愉快的心情驾着学习的轻舟去穿越万重屏障，最终到达成功的彼岸！

5-2　和好习惯交朋友

常听父母叮嘱孩子："上课要认真听老师讲课，要举手发言，做作业速度要快，听老师的话……"但也一定会听到孩子不耐烦地回答："知道了，知道了。"如果你的孩子将要就读小学，请千万记住：说一万遍不如实实在在训练一个月。良好的习惯不是靠听出来的，而是靠练出来的。

学校每次开家长会结束后，总有不少父母围着老师询问孩子在校的表现，并向老师反映孩子在家的情况。父母常向老师诉苦："过去我们读书，父母从不在后面盯，我们总能自觉地完成功课。现在的孩子两个人围着他转，学习还学不好，真拿他们没办法！"

问题就出在"围着他转"上。现在越来越多父母围着子女转。父母对子女的期望值越来越高，他们为培养孩子不惜成本，为孩子创造了所能创造的一切条件，巴望着孩子有出息。可是他们又心疼孩子，觉得小小年纪要学那么多东西很累，于是从孩子刚开始读书起，不少父母就自动充当起陪读的角色。凡是父母能为孩子代办的，都尽心尽力办到。殊不知，你在为孩子操劳费心的同时，孩子的独立性、自觉性却逐渐地丧失。随着孩子年龄的增长、学业内容的加深，你将越来越力不从心，越来越觉得孩子不听管教，这时，即便你在上学路上反复叮嘱孩子要好好学习也无济于事。因为孩子已习惯了依赖父母。

有些被父母管教很严，成天被千叮万嘱的孩子，学习成绩并不理想；有些孩子并不让父母、老师操心，学习成绩反而名列前茅。这些孩子为什么比有父母做护航使者的孩子强呢？因为他们已经找到了一位更好的护航使者，那就是良好的习惯。著名教育家洛克说："只有给予孩子良好的原则与牢固的习惯，才是最好和最可靠的，所以也是最应该注重的。"因为一切告诫与规则，无论怎么样反复叮咛，除非实践成了习惯，否则全是不中用的。

反复嘱咐并不能使孩子形成良好习惯。儿童的心理特点，反复嘱咐的东西会被他们忘掉，有时反而会形成一种依赖心理。父母在反复嘱咐的同时又对孩子全面包办，这无疑对孩子的心理健康成长更有危害。下列问题，可以作为父母在培养孩子良好学习习惯方面的参考。

- 你的孩子有每天整理书包的习惯吗？
- 你的孩子能根据父母和老师的要求预习吗？
- 你的孩子上课能积极举手发言吗？
- 你的孩子上课能认真听同学发言吗？
- 你的孩子上课能适当写笔记吗？
- 你的孩子能实时复习所学的知识吗？
- 你的孩子做完作业有无仔细检查的习惯？
- 你的孩子是否能做到专时专用？
- 你的孩子学习的效率如何？
- 你的孩子能否自觉地学习课外知识？

良好习惯是学业成功的保证

养成"自己的事自己做""今日事今日毕"的习惯。当孩子背着书包跨入一个崭新的天地时，他们是多么兴奋啊，对什么都感到好奇，什么都想试着做。父母该抓住孩子的兴奋点，适时地放手让他们去做，父母应做导师而不是仆人，该教会孩子自己的事自己做。

孩子刚读书还不识字，看不懂课程表怎么办呢？父母可以用符号或图画代替某一学科制成一张课程表，让孩子每天晚上做完作业后对照课程表，把第二天上课所需要的课本、用品放入书包，培养孩子做事的条理性。刚开始孩子的动作可能慢些，书包整理得不太理想，这时父母千万不可看不顺眼而代劳，而是应该抱着赞赏的态度，孩子受到表扬会更起劲。也可以用比赛的方法来训练孩子整理书包的速度。例如，画一张上面写有一周五天日期的表，然后每晚记下今天孩子整理书包所用的时间，观察是否一天比一天快。再看看一周内有无少带学习用品的现象，如果没有，可在表格的后面贴上贴纸。这样坚持下来，开学后的第一个月，孩子一定能够养成自己整理书包的好习惯。像这种孩子稍作努力就能办到的事，父母只需稍作指点，并不时加以鼓励，尽量让孩子用自己的双手去做。

1.养成上课预习的好习惯

预习可以使学生对将要上的课先有个大概的了解，将其中不解的地方标示出来，以便上课时重点学习。现在不少老师在交代作业时常会加上一条"预习××课"，由于学生对预习的要求不甚了解，大多数学生对此置之不理，少部分学生最多将课文读两遍也就罢了，而父母面对这样的任务也常束手无策，预习仅是流于形式。儿童独立阅读，发现问题、思考问题的能力差，如果没有一定的范围、方法加以约束、指导，往往很难奏效。

在中、低年级，建议将预习放在课内进行，根据老师的要求逐项进行，在讲授新课之前，一般要花三分之一的时间让孩子针对问题充分预习，老师在班上巡视，提醒分心的学生认真预习，指点迷惑不解的学生找到思路。在个别预习的基础上，可让同桌互相交流，老师在确保绝大多数学生完成基本预习之后，得马上检查预习的效果，可以让学生读读课文，谈谈自己的看法。

为了引发全班的积极性，老师应该多让平时预习能力较差的学生回答一些简单的问题，帮助他们建立自信，如果他们一时回答不出来，不要动怒，可以引导他们读书上的有关内容，让他们找到正确答案，然后对他们说："只要你仔细读书，一定能找到正确答案。"如此部分能力较差的学生渐渐地也会认真预习。有了良好的预习习惯，就有了一个良好的开端。

2.养成上课听讲的好习惯

"五到"，即眼到、耳到、手到、口到、心到。眼到，是指注意看书、黑板和老师的教学。有些学生表面看上去聚精会神地看着老师，实则心不在焉，这样怎么能真正理解老师传授的知识呢？耳到，是指仔细听老师的提问与讲解，专心听同学的回答，有些孩子对老师的讲解十分注意听，对同学的发言则不甚在意。其实认真听同学的发言是尊重他人的表现，也能启发自己思考问题、解决问题。手到，是指必要时做笔记，这样在课后复习时可以有重点地进行。口到，是指积极回答老师的提问。有些学生怕讲错，便干脆不回答。其实，积极回答问题可以使老师实时了解学生的学习情况。如果讲错，老师会帮助纠正，可避免再犯同样错误。学习就该提倡"不耻下问"的精神。一个勇于发表自己的看法而出差错的人，远比从不暴露自己的想法也不出差错的人要强得多。心到，就是要积极动脑筋思考问题，有不少学生习惯等老师公布标准答案，然后抄下来。这样的学习只能应付考试，对分析问题的能力一点也没帮助。所以老师上课时应充分调动学生的积极性，鼓励他们积极思考，切忌用统一答案来限制学生思考。我们既要培养集中思考，也要发展发散思考。能做到"五到"，才算是养成了良好的听课习惯。

3.养成实时和综合复习的习惯

心理学研究证实，人的遗忘是先快后慢。当学到新知识后，如果不及时复习，很快就会遗忘，等到考试时再复习就会觉得很费力。如果放学回家在做完作业后，花半小时将课堂上老师讲的内容像放电影一样在脑子里浏览一遍，然后告诉爸爸、妈妈今天学到了哪些知识，父母在听完孩子的讲述后，可以出些题目来测验孩子。这样便可以将当天的知识当天消化。学完一个单元后，父母应该要求孩子自己整理该单元的主要重点，并请孩子当小老师来讲解这些知识，再让孩子做些综合练习，这种实时复习和综合复习相结合的办法，行之有效，可以使学生巩固所学的知识，避免"临时抱佛脚"的现象。

4.养成良好的写作业习惯

做作业的过程是孩子形成良好的书写规范、自主检查习惯、善于利用订正手段巩固知识的过程，通常孩子在完成作业后，父母只关注其答题对错情况。但我们认为写作业的过程对孩子的发展更重要。习惯是养成的，一个良好、自动、有规范的作业习惯，将使学生在日后的学习中受益无穷。

5.养成专时专用的好习惯

培养孩子"专时专用"的良好习惯，即学习时间专心学习，娱乐时间放松娱乐。可以让孩子自己制定一张作息时间表，让孩子每天根据作息表对照自己的学习、休息情况。父母可以采用评比的方法：如果一周内能严格按作息表做到专时专用，双休日可得到一次郊游的机会；如果一学期基本上都能按要求

178

做到，寒暑假可以外出旅游。只要持之以恒，孩子就一定会养成专时专用的好习惯。

另外，教会孩子学会利用零星时间。例如，在上学、放学的路上背英文单词、课文及各种公式等；在外出游玩时，有意引导孩子叙述所见之物，所闻之言，锻炼其口语表达能力，寓教于乐。如果孩子学会了把握零星时间来学习，他们就会有更多的时间去进行课外学习，知识的库存量也会更加丰富。

养成良好习惯应注意的事项

为了使孩子养成良好的学习习惯，教师和父母都要耐心地做工作，其间还要注意下面的问题。

1.方法要循序渐进

每次提出一两项要求，等孩子熟悉并能遵守后再提出新要求。不要一次把全部要求都提出来，弄得孩子不知该先做什么后做什么，结合讲解和练习，说清要求后，给予孩子较多的练习机会，以便形成习惯。

2.态度要宽严并举

无原则的溺爱常使孩子养成不良的习惯。许多父母懂得教育的道理，却不肯在孩子身上执行。例如，父母知道孩子不应该挑吃挑穿，但又怕苦了孩子，总是尽量自己省吃俭用，留给孩子最好的，天长日久，养成了孩子挑三拣四的坏习惯。正确的做法应是宽严并举，既要让孩子感到父母的和蔼可亲，又要让孩子意识到父母的坚强意志，意识到父母所坚持的原则和做法是不容违背的。

3.策略要有耐心和灵活性

培养孩子养成良好的习惯需要时间，不能希望一两次就成功，要耐心坚持才有希望。不能因为孩子一两次的失败就包办代替或责怪孩子。一个孩子一个模样，脾气也各不相同，教育的一般经验运用到不同孩子身上时，必须考虑其具体情况；就算用在同一个孩子身上，也要因事、因时、因地制宜。可是有的父母缺乏这种灵活性。以学习为例，孩子感兴趣的知识学得快，不感兴趣的知识学得慢；精力旺盛时学得快，疲劳厌倦时学得慢；环境安静时学得快，环境嘈杂时就学得慢。有的父母不考虑上述情况，硬性要求孩子在某段限定的时间里完成预定的学习任务，这样不仅不能培养孩子良好的学习习惯，还可能造成孩子对学习产生恐惧、逃避的心理。

从小养成良好的学习习惯将使孩子终身受益。良好的学习习惯如同学习航船的护航使者，有了它，孩子将能操纵航船畅游在无边的学海中。

5-3　自主学习求实效

　　自古以来，老师的任务就是"传道、授业、解惑"，学生的任务是接受知识，因而逐渐形成一种观念：老师的话是圣旨，书上的知识是真理。这造成了一批又一批高分低能者的出现，他们能把课本上的知识倒背如流，却不能真正内化为己有；他们能按部就班完成同一类事，但不能举一反三完成类似的事情；他们像骡子推磨那样，赶一赶，动一动，而不似山涧小溪般地细水长流。那么，我们应如何使这种被动学习转化为主动学习呢？

学会发现问题，提出异议

　　有句话说："发现不了问题才是最大的问题。"现在的学生存在的最大问题就是死读书，对老师讲的东西深信不疑，缺乏批判性思考。其实小学阶段是孩子从具体思考转化为抽象思考的关键时期，填鸭式灌输知识只会磨灭孩子丰富的想象力和创造力。

　　爱因斯坦说："想象是创造的翅膀，想象比知识更重要。"因此不管是父母还是老师都应该鼓励孩子多问"为什么"。我们视若无睹的事物，在孩子眼里往往有另一番景象。因而父母应做一个有心人，从一点一滴的小事出发，对孩子加以培养。

培养独立创新的思考方式

　　父母和老师总喜欢把自己的想法或世俗的看法强加在孩子身上，使孩子的思考形成定式，难以展开想象的翅膀。其实每个孩子都有自己的思考模式，他们能从自己独特的角度去思考问题。例如，让孩子讲讲春天，他们的讲法常超乎成人所想，可以从植物描述到动物，可以从动物讲到人，千姿百态。可见，父母应培养孩子学会从多个角度思考问题，在解决问题的过程给予孩子充分独立思考的时间，同时发挥他们的想象力，不要以成人的思考模式框定孩子，应培养他们的创新精神。

找到适合自己的学习方法

现在由于教育的偏差，很多学校采取题海战术，不断加码。这样一来，非但孩子的成绩不会突飞猛进，反而使许多孩子产生了厌学心理。每个孩子在学习过程都会有自己的强项和薄弱的环节，父母和老师在指导孩子学习时，关键是要帮助孩子认清自己的强弱点在哪里，在学习过程中分清主次。对于强项只要做几道习题加以巩固即可，对于掌握不够理想的知识，则应采取重点突破、各个歼灭的方法，对部分内容多加训练。例如，计算无法过关，就进行计算训练，适当进行几次有难度的大量习题计算训练，养成严谨细心的习惯，这并不属于题海战术之列。父母和老师同时应逐步培养孩子学会归类、掌握解法、做到触类旁通。通过一定量的操练，掌握解题的要领；通过分析归类，进一步掌握各种类型题目的解题方法。这样一来，既发挥了习题的作用，又引发了孩子自主学习的积极性。

合理安排学习时间

每个人的生理状况和生物时钟都不同，有人在早晨时精力最旺盛，有人在半夜时意兴风发。儿童由于年龄较小，且第二天又要上课，所以并不鼓励熬夜。那要如何充分利用有限的时间呢？

首先，帮助孩子找到最佳的学习时间。父母应注意观察，了解孩子活动规律的生理时钟，了解孩子在什么时间学习什么内容效果最好，这样就能恰当安排好学习，大大提高学习效率。

其次，从心理学角度来看，孩子的注意力一般能保持20～40分钟。因此父母和老师在安排孩子学习时段时，应以此时限为标准，并充分利用这段时间，将要点、重点尽量放在此时段。超过此时段，大脑就会处于疲劳状态，记忆力会衰退，思考力会下降，灵敏度会大打折扣，此时的学习往往会事倍功半。

再次，学会交错学习法，例如，数学与语文交替学习。

最后，运用化整为零法。父母应引导孩子巧为安排，把零碎时间充分利用。例如，外出游玩时，有意引导孩子叙述所见之物、所闻之言，练习口语表达能力。

纠正学习上的冷热病

学生常由于个人兴趣不同、优势领域的差异，或对老师教学方法的适应度不同，或多或少有偏爱（恶）科目的心理现象。虽然有人认为若某门学科特别突出表示是这方面的天才，比全才更有优势，但各个学科是相辅相成的。例如，数学家要论证一个定理，除了运用严谨的数理逻辑推理，还要有流畅精确的语言描述，所以其语言能力绝非一般。因此在教育中应利用各种机会，开展各种丰富多彩的活动，激发学生的学习兴趣，树立恰当的学习目标，还要加强师生之间的交流，爱屋及乌，进而逐步改善学生的偏爱（恶）科目现象。

在学习中有一种普遍现象称为冷热病。孩子的思考非常活跃，大多具有强烈的好奇心，他们喜欢探索事物。但这种热忱往往是三分钟热度，一闪而过，失去新鲜感后，好奇心可能就会抛之脑后。那我们该如何培养孩子持之以恒的热度呢？

首先，父母对孩子的要求不要过高。其次，当发现孩子对某项学习活动的兴趣有减退趋势时，应实时激发孩子保持良好的兴趣状态。老师应尽量采用生动活泼的教学方法，创造新鲜的教学情境，引导孩子运用已有的知识去解决实际问题，让他们有成就感，促使孩子保持较高的学习热情，久而久之，这种热情会内化为持之以恒的态度。

知识需要不断地更新，在工作和学习中要不断灌注热血。学好、学活知识的关键在于掌握良好的学习方法，形成良好的学习态度，培养一定的学习能力，化被动为主动，这样学习效率才能提高，学习效果才会更佳。

5-4 学习行为正反谈

心理学研究证实，除少数先天缺陷的患者外，一般人并不特别有聪明与愚笨之分。世界上只有不肯学习的学生，没有肯学习而学不好的学生。事实上，并不是每个学生都能取得理想的成绩，这不仅是个人智力和能力方面的问题，还常是因为不少学生在学习行为上有偏差。学习过程和其他事物的发展过程一样，都有其客观存在的规律性。要提高学习效率，就要研究、掌握学习规律，找出适合不同学生的学习方法，形成良好的学习行为。

良性学习行为类型

归纳起来，良性学习行为主要有以下几种。

1.认真刻苦型

产生这种学习行为的相应学习心理是：具有较明确的理想、抱负和学习目的。这类学习者只要智力中等以上，都可以取得良好的学习成绩。调查显示，具有远景性学习动机的学习者，情绪稳定，学习行为井然有序，不易受环境和他人的干扰，学习成绩一般都能保持优良，属于认真刻苦型。这些学习者具有把个人利益和国家利益结合起来的学习动机，因而可以产生认真、刻苦和勇于拼搏的学习行为。

有"近景性动机"的学生容易受情绪影响，学习成绩有时可以名列前茅，但有时也可能一落千丈。对于这类学生，老师必须在学习过程中加以引导，帮助他们树立远大的理想，形成稳定的学习情绪，促使其学习动机朝远景性方向转化。

2.勇于攀登型

这类学习者从不满足于课堂学习中老师的讲授，而是精益求精常取得优异成绩。其中有一部分人事业心极强，个人奋斗的欲望很大，他们虽然没有所谓站在国家利益层次上的远景目标，但在个人利益上却有顽强的奋斗精神和坚定的目标。他们聪明好学，从小就具有智力上的优势，一般是中小学时代的佼佼者。对于这些学习者，老师只要引导得当就可以收到良好的效果。

3.井然有序型

这类学习者能科学地安排自己的学习和生活，他们每天有小计划、每月有中计划、每年有大计划，一切都是如此井然有序。他们有压力但不重，有焦虑但适度。这些学生有良好的素养和正确的价值观念，他们能把远大的理想和抱负与现实学习及生活联系起来，以科学头脑对待自己和别人。这些学习者是学习团体中最具吸引力、最有威信的人物。老师可以利用他们的言行去影响带动全班学生，使小团体具有更大的凝聚力，这对于全班学生的德、智、体全面发展，对教学过程的顺利进行都具有十分重要的作用。

对于具有以上三种学习行为倾向的学生，老师还应根据其具体情况加以指导，促使他们的学习行为更完善，进一步提高其学习效率。

在学生中，有些人尊敬老师、团结同学，能有意配合老师的教学活动，充分利用课堂学习，按时完成作业，成绩良好，但不想在学习上花更多的功夫，也不追求绝对的高分；他们充分享受快乐，少有学习上的压力，也没有多大的焦虑感；他们比较聪明，但讲究实惠；他们善于获得老师和同学的好感，但不易察觉自己的问题，不能充分发挥自己的学习潜力。这些学生可以称为享受乐趣型。对于这类学生，必须通过各种形式的交往，影响他们的生活观、价值观，使他们逐步树立起正确的学习目的和良好的学习动机，激发他们的学习热情，形成更高质量的学习行为。

不良学习行为类型

不良的学习行为，大致可以分为以下几类。

1.对抗型

此类学习者对学校或团体为保证学习的良好秩序而建立的各种规章制度置若罔闻，有意对抗。他们往往迟到早退，不交作业，对老师怀有敌意，常以怀疑、轻蔑的眼光盯着老师，对课堂讲授的知识故意装出不在乎的样子，并以各种小动作、面部表情表示不满。但其中大多数学生仍然担心自己的学习不好，怕丢脸但又不愿给别人自己学习努力的印象，于是他们只在背地里或考试前把握时间学习，争取及格。

产生这种行为的原因可以概括为：一是他们的人生观、价值观及个人素质等方面存在缺陷；二是他们受社会风气和不良人际关系的影响，不能正确地对待自己与同学、老师之间的矛盾，产生一种"以自我为中心"的不良心态；三是他们不能正确对待挫折。

对抗性行为多由叛逆心理所产生，老师应对这些学生的个人情况加以全面了解，明确其产生叛逆心理的缘由，然后与之进行交流，加以疏导，帮助他们建立正确的人际交往模式，树立正确的人生观、价值观。

2.白日梦型

这种类型的学生在课堂上最易走神，昏昏欲睡，课后则精神抖擞，判若两人。平时他们喜欢高谈阔论，似乎有满腹经纶；可在学习上，却怕苦怕累，得过且过，因此难以取得良好的成绩。从心理学上分析，这类学生的意志薄弱，自制力差，实际上是没有树立远大理想的结果，由于心理上缺少注意，使得他们表现出过度的白日梦行为。对这类学生，老师可以通过各种途径了解其兴趣倾向，在教学中吸引其注意，激发其学习兴趣，充分发挥其学习主动性和积极性，同时注重培养学生的意志力和自制力。老师同时需帮助这些学生树立远大的理想、信念和明确的学习目标，鼓励他们朝自己的预定目标不断努力。

3.抑郁型

这类学生由于长期身心不愉快或过多的抑郁情绪，进而影响了学习行为。他们多半性格内向，心胸狭窄；遇到一点小事，放不下，丢不开，老是积在心里，耿耿于怀；他们情绪低沉，往往在学习中缺少激情，因而学习成绩常不理想。对于这些学生，主要应从解决其内向性格着手，鼓励他们多与人交往，坦诚相待。多鼓励他们参加团体活动，增进与同学、团体的感情，慢慢释放内心的积郁，使身心得到健康发展。

4.厌恶型

这类学生对学习毫无兴趣，甚至讨厌学习。他们往往基础知识薄弱，无明确的学习目的，缺乏动机只想蒙混过去。他们面临的主要问题是：由旧知识向新知识过渡的通路阻断，没有必备的知识迁移能力；偶尔有学习愿望，但又觉得无路可走，只好继续混下去。对这类学生，老师要用体谅和温暖的爱心帮助他们，为他们补课，诱发他们的学习兴趣。只要帮助他们疏通了学习道路，就等于在他们面前架起了一座知识之桥。在此基础上针对性地做些思想工作，将更有成效。

5.被动偏科型

这类学生其他学科成绩不差，学习态度也较好，只是因为某门学科的基础差，学习有困难，因而干脆不学；或者对该门课程的老师不满，把情感转移到学科上，不愿学。对于第一种情况，诱发学习兴趣并不困难，老师可用迂回又自然的方法引导他们产生兴趣，纠正偏科行为。对于第二种情况，老师必须主动、积极地与学生建立平等交往，以情动人，交流思想，融洽情感，在此基础上填补知识空缺。

6.有意偏科型

这类学生认为学习某学科没有用，不如不学。这是由于学习目的不明，导致学习缺乏动机。对于这类学生应首先解决认识问题，老师应以自身或社会上真实的事例进行开导、说服、教育。同时借该生对其他学科学习的兴趣，衔接本学科兴趣，设计一些跨学科的实际作业或活动内容，使他们从中体会到缺乏该门学科知识的难处，实际体会学习这门学科的重要性，进而实现兴趣的迁移。

7.学法不当型

这类学生学习方法不当，学无所获，常常是事倍功半。他们一般有正确的学习动机和态度，有良好的愿望能刻苦学习，但由于总是失败，往往在努力的痛苦中挣扎，没有学习乐趣可言。对此，老师应当根据个人的不同情况，告诉他们科学的学习方法。一旦掌握了科学的学习方法，他们就会对学习产生兴趣。

8.得过且过型

这类学生的意志力不强，得过且过，满足于中等成绩。他们一般都具有较好的基础，也有进步的愿望，但缺乏意志、信心不足。这跟气质性格有关。对于这类学生，重点在于改善其性格，采取适当的活动方式，培养他们好胜、敢胜的精神，激励其上进，让他们看到自己的潜力，点燃其力争上游的希望之火，让他们在一个个具体行动中激发兴趣和进取心。同时配合个别辅导，以作业和每次考试成绩对他们施加必要的压力，让他们切实意识到：加把劲就可以争到上游，松一口气就会退到中游。

9.外力推动型

这类学生为了自尊和立足于社会的需要，整天为完成学习任务，保持优良成绩而拼命，难以享受到学习的乐趣。他们学习的动力来自于社会和家庭的压力，靠外力推动，靠自尊心维持。因此他们的学习水平可以保持在中等以上，但眼界不高，思路不广；求同思考多，求异思考少；注意力的稳定性好，但注意力的分配性差。对于这类学生，老师的责任在于激发其内在动机，拨开任务与压力的漫天云雾，展现学习中动人的丽日蓝天，并刺激其求异思考，使其从被动完成任务的束缚中解放出来，引导他们开阔眼界，发现科学的力量。

10.骄傲自满型

这类学生有良好的学习方法和浓厚的学习兴趣，成绩优异却骄傲自满，故步自封，看不起同学，甚至会瞧不起老师，常常自我吹嘘，满足于现状。他们在智力上比较优异，思考也较活跃，往往只折服于某位他们认为学识渊博的教师，甚至以其为楷模，进行学习、模仿。这类学生主要的问题在于对科学知识的深度、广度认识不足；还有他们自我评价往往过高，因此看不到自身的不足，找不到发展自身学识的方向，于是表现出骄傲自满的行为。

对于这类学生，需要那些他们最崇敬的教师现身说法，直接帮助、开导他们，明朗他们的自我评价，暴露他们的短处，促使他们有自知之明。此外，还应不断给他们新的目标、新的压力，让他们体会到"逆水行舟，不进则退"的道理。在取得成绩之后，鼓励他们发明创造，以更高的目标激励他们。

5-5 神奇的非智力因素

有时我们会碰到这样的学生：学习成绩始终不好，上课时注意力不易集中，作业不能按时完成，还常做些小动作来逃避学习。可是换个场合，他们则显得聪明伶俐，各种游戏一学就会，且样样精通，很轻易就能明白电视节目中复杂的内容，甚至剧中对白也能一字不差地背出来，模仿能力强，思维也活跃。这样的学生连老师都不得不感慨：如果不看成绩的话，谁都会忍不住夸他讨人喜欢。可是他们偏偏不喜欢读书，令父母和老师感到棘手。

这样的孩子究竟是聪明还是资质平平？如果算聪明又为何学习上存有障碍，成绩总是上不去？由此不由得令人做出深层的思考：是不是智力高的孩子一定会出类拔萃、品学兼优？一个人学习上的成功是否只与其智力水平之高低有必然的联系？除了智力因素外，要想取得好成绩究竟还要具备哪些条件？还有哪些因素在起作用？

针对上述问题，心理学家和教育者们先后展开深入研究。心理学研究证实，除了智力因素之外，还有一些非智力因素影响着孩子的学习。非智力因素是相对于智力因素而言的一个心理学概念。广义地说，凡是智力因素以外的一切心理因素都可称作非智力因素。狭义地看，非智力因素是由动机、兴趣、情感、意志及性格等五种基本因素组成。再具体些，又可将其分为成就动机、求知欲望、学习热情、责任感、义务感、荣誉感、自信心、自尊心、好胜心、坚持性和独立性等。

非智力因素对学习的作用

非智力因素对于学生的学习活动具有六大作用。

1.动力作用

非智力因素通常是学生形成内部学习动机的心理因素，例如，学生对学习的需要、兴趣、情感以及自尊心、自信心、好胜心、责任感、义务感、荣誉感、愿望、信念、理想等。由内在学习动机而产生的学习动力，较来自外在的如奖励、竞赛等动力的效果要大得多，维持的时间也较长。正如孔子所言："知之者不如好之者，好之者不如乐之者。"一个对学习有兴趣的孩子一定是乐于听讲、乐于动手实践、乐于练习的，其学习效果也就自然比厌烦学习的孩子好。

2.定向作用

任何活动的开展总是从一定的动机出发，并指向一定的目的，而动机的产生和目的的确立，都与非智力因素有关。一个学生愿意或不愿意学习什么、能学到怎样的程度，往往不是由智力水平来决定的，而是由兴趣、情感及意志等因素来定向的。在教学中，非智力因素可以使学生确定学习目标。一个对某门学科怀有浓厚兴趣或学习热情的学生，他会把学习与研究该门学科作为主攻方向，孜孜以求。

3.导向作用

非智力因素能够使人们从动机走向目标。一般来讲，引导力来自两个方面：一方面是外在的，即依靠老师、父母的督促引导；另一方面是来自内在的，这便是非智力因素的巨大作用。事实证明，如果一个学生在学习中总是单依靠外在的引导，而缺乏内在的动力，那么他始终只能是一个消极被动的学习者；反之，他则能成为积极主动的强者。

4.维持作用

任何活动在从动机走向目的的过程中，常会碰到遇难而退，还是知难而进的问题，这就有赖于非智力因素的维持作用了。学习过程中耐心的观察、持久的注意、艰苦的记忆、积极的想象及独立的思考等，哪一项不需要坚持不懈的恒心？而恒心正是来自于非智力因素中的意志、毅力。不难想象，如果学习过程中没有非智力因素的积极参与，就会一遇困难便自暴自弃、半途而废。

5.调节作用

这是指在各类活动中，非智力因素能够使人们支配控制自己的行为，不断调整着自己的生理能量和心理能量。例如，在学习中，一个具有良好非智力因素的学生，便不会因为好成绩而沾沾自喜、自我满足，也不会因为不好的成绩而消极悲观、丧失信心，这样的学生自然总能保持自己平衡的学习心态，始终保持良好的成绩。

6.强化作用

一个人在活动过程中，往往会由于各种主客观条件的影响而在心理上产生漫不经心、索然无味、情绪低落、疲于工作及不思进取等现象，而非智力因素的强化作用，就在于对此的克制。许多事实证实：一个具有良好非智力因素的人不容易产生疲劳，特别是不易产生心理疲劳，即使产生了疲劳也易于消除。

非智力因素与智力因素在学生的学习、生活中起着不能替代的作用。因为学生的学习是建立在他的全部心理活动，即智力因素与非智力因素的基础上的，只有当非智力因素的积极性被激发后，学习的积极性才能真正被启动，如此学习才会获得成功。

儿童具有很强的可塑性。如果让每一位学生都具有正确的动机、广泛的兴趣、热烈的情感、坚强的意志、独立的性格，那么教学质量的提高就绝不会是一句空话。

如何培养良好的非智力因素

怎样培养儿童具备这些良好的非智力因素呢？一般而言，非智力因素培养必须在重视人的生理、心理发展的自然条件的同时，从优化外部环境与强化后天教育两方面入手。

1.优化外部环境

人的心理品质、态度行为的变化，不仅决定着人的内在机制，也是内在因素与周围环境相互作用的结果。因此优化环境自然是使学生形成良好非智力因素的一个十分重要的方面。

影响学生非智力因素发展的环境有大、小之分。所谓大环境，即社会环境；所谓小环境，就是一个对学生的学习、生活及成长等产生直接影响的环境。这两个环境有区别又互相影响，因此必须齐头并进同时优化。就目前的社会环境来看，关心孩子的健康成长已成为整个社会关心的焦点。然而身为教育工作者，应该清醒地认识到大环境带有很大的随意性，由此带来了不少负面影响，我们绝不能坐等大环境的优化，而要充分利用大环境中的有利条件来优化小环境。

要优化小环境，教育者本人首先需要具备良好的人格魅力，并能对学生施以科学的有针对性的教育。

事实证明，教育者本身如果是具有热情正直、胸怀坦荡、待人诚恳、意志坚强及独立果敢等优秀质量的话，那么他的学生一定会在潜移默化下逐步形成良好的非智力因素。如果说教育者本身的言行对学生非智力因素的影响还是外部潜在的，那么对学生施以科学的有针对性的教育帮助，则会对学生良好非智力因素的形成产生直接的重要影响。成功的教育实践告诉我们，经常进行赞扬、鼓励，满腔热情地关心指导，耐心指导与有意强制的结合，以及适当组织竞赛等方法，对于学生的动机、情感、兴趣、意志及性格等非智力因素的形成，均会产生良好的影响。

优化小环境，还包括在学生、生活的环境中形成一种积极向上的良好风气和乐观情绪等氛围。心理学的有关研究证实，人的情感具有情境性和感染性。在积极乐观的氛围中学生就会形成相应的情感，在这方面目前有不少学校进行了实践探索。事实证明，整洁、美观的校园环境，文明、纪律、勤奋、向上的良好校风对于学生良好的非智力因素的形成和发展都起了积极的促进作用。

2.寓培养教育于活动中

非智力因素是一种心理因素，对于它的培养不能独立地进行，应当将其寓于孩子日常生活的各方面，诸如学习活动、思想教育活动、体育锻炼活动及课外娱乐活动等。在这些活动中，一方面教育者可充分利用活动的内容、主题等对学生直接进行宣传教育；另一方面学生本身能在以自主性为主的形式、手段中得到实践的锻炼，还有活动也为学生各方面才能的展现提供了舞台。学生通过这些机会，心理上将获得成功后被尊重、被认可的喜悦，这对于他们形成、发展良好的非智力因素都有着极为重要的意义。

　　总之，非智力因素的培养将是一项长期的经常性的工作，这项工作最大的特点在于潜移默化，教育者对此应予以极大的重视。

　　心理学上对一般正常人的智力分布有过结论，即智力水平中等（即正常平均水平）以上的人约占80％以上，人们所羡慕的智力超常者只不过占3％，这个结论清楚地告诉我们：对于绝大多数正常人来说，学业、事业上的成功与否，其智力因素所起的作用是不占什么绝对优势的；相反，非智力因素的作用却是举足轻重的。作为父母和老师，请在注重启迪学生智慧，开发孩子大脑的同时，以更大的热情用于学生非智力因素的培养，不要低估乃至忽视非智力因素产生的神效。

5-6 与兴趣结伴

有的孩子不爱学习，任凭如何辅导学习成绩仍不理想，于是父母把原因归咎于孩子的智力不高。其实孩子不爱学习的重要原因可能是缺乏学习兴趣，因此要完成好学习任务，首先要解决"喜欢学习"的问题。

培养兴趣对孩子的好处

心理学家认为，兴趣驱使人接近自己所喜欢的事物，驱策人对事物进行钻研和探索。从事创新的、有趣的或个人爱做的事，常常容易取得成功和成就。可见培养孩子的学习兴趣具有重要的作用。

1.增强学习动力

由于孩子年龄小，自制力差，易受外界干扰，因而学习往往带有盲目性，此时如果给予孩子一个正确的学习方向，他很快就会投入到学习里。孩子可塑性强，易培养起其对学习的兴趣。有了兴趣，他们才会主动、持久地进行学习，且自觉性会提高，意志力会增强，逐步把学习当成是一种快乐的事。

2.促进智能发展

学习是一段很复杂的过程，不仅要吸收老师教授的知识，更重要的是要善于思考发问，而当孩子一旦对某一事物感兴趣时就会追根究底，直至得到满意答复为止。这个不断提问的过程恰恰是他学习积极性不断提高的过程，同时培养了他的发散思考和发现问题能力，进而在分析和解决问题的过程中发展孩子的创造力。

3.培养进取精神

每个孩子都有很强的好胜心和足够的自信心，他们总希望自己是一个发现者、研究者和探索者，孩子通过有兴趣地学习，体会到知识的力量，促使他们不断向上奋进，增强学习动力。

如何培养孩子的学习兴趣

既然学习兴趣是孩子学习的重要动力，那么该如何培养呢？

1.确定孩子的学习兴趣

许多父母往往随波逐流，不考虑孩子的天赋、意愿就让他们学这学那，到头来却一无所成。我们可以通过行为观察及问卷调查等方式来了解孩子的兴趣，细心观察孩子在各种活动中所表现的兴趣，并将他们的兴趣归纳为三类：对他人兴趣、对事物兴趣和对思想兴趣，再经过长时间观察后，就可以发现孩子的真正兴趣了。这样才能更有效地发掘孩子的潜能，因材施教，使孩子更乐意去学习。

2.保护和诱导孩子的学习兴趣

孩子在刚从事某一项活动时，总是全心投入，他们的目的很简单：希望得到父母和老师的认同。因此不管孩子最终完成的结果如何，都不能"一棍打死"，应以真诚的语气鼓励他："做得好极了，但我有一个小小建议……"这样不仅能鼓励孩子的积极性，能使他们体验到成功的喜悦，还在无形中感受到学习的乐趣，日后就可能会保持这种学习兴趣。同时可以参与孩子的活动，积极示范，这对孩子学习兴趣的培养是十分有效的。

3.让孩子到更广阔的天地中

由于儿童的生理发育不够成熟，兴奋和抑制发展尚不平衡，表现出幼稚、好动、注意力容易转移，加上缺乏生活经验，对学习的社会意义理解不深，所以他们的兴趣多带有显著的偶然性、多样性和不稳定性。正因为如此，父母应多带孩子到郊外去游玩，多让孩子涉猎各种书籍，扩大他们的知识面，培养广泛兴趣。如针对孩子的特点，帮助他们妥善安排做作业和看课外书的时间，选好书籍并指导阅读，以逐步提高读书兴趣；鼓励孩子参加唱歌、跳舞及画画等丰富多彩的活动。事实证明，小时候兴趣越广求知范围则越大，各方面的知识经验就越多，潜在发展的前景也就越广阔。因此父母不要因担心过多兴趣会影响学习，而扼杀他们的求知欲，反而要鼓励他们多看、多听、多接触大自然和社会，扩大生活范围，增长见识。

　　培养孩子的学习兴趣，前提是了解其兴趣，并让孩子自由发挥，关键则是父母要适时地保护和激发他们的兴趣。

　　孩子的兴趣当然还会受其他因素的影响。如父母的兴趣、是否以身作则，父母对孩子的兴趣表现出怎样的态度，老师的教学内容和方式是否能激发其兴趣，周围生活环境，孩子成熟度和能力水平等，这些因素都直接关系到孩子今后兴趣的发展方向。如何克服消极因素，使正面效应在孩子兴趣发展上具有积极作用，是每位父母和老师当前的课题。

　　总之，孩子一旦对学习产生了兴趣，就会自觉地去学习，并从学习活动中寻求满足，使其学习力、创造力、思考力都有很大的提高，因而我们不能忽视兴趣，应注重兴趣的培养，使孩子全面发展。

5-7 成就动机促学习

人的任何一种有意识的活动都具有一定的动机。如学医是为了拯救生命，学习其他各类技能也都具有一定的动机。学生的学习活动也不例外，其是在一定的学习动机支配下进行。

动机是激励人行动的内在力量，是个体发动和维持行动的一种心理状态。学习动机是推动学生进行学习的一种内在动力。

激发学习动机的措施

培养和激发学生的学习动机，通常采用下面的途径和措施。

1.加强思想教育，明确学习目的

父母和老师在平时教育中应尽量采取主动、具体、富有感染力的活动来对孩子进行前途理想教育，可通过讲名人故事、参观科技展等激发他们的学习需求，还可以创造问题情境激发求知欲望。孩子一般对那些他们似懂非懂、半生不熟的东西最感兴趣，父母和老师应把握这一点，创造一些小而具体、新而有趣，有适当难度，有一定启发性的问题情境，激发孩子浓厚兴趣，使其产生求知欲望，进而明确学习目的。这是提高学习积极性的有效措施。

2.促进动机转移，产生学习需要

有些学生对学习持冷漠态度，毫无学习热情，却对体育、美术等课外活动具有相当高的积极性和浓厚兴趣。这时父母与老师往往认为他们不务正业，禁止他们去发展这些兴趣，结果往往使孩子更厌恶学习，误认为是学习阻碍了他们的爱好。

其实，父母和老师可以将这些看似不利因素巧妙地与学习结合，因势利导地引发学生学习积极性。如酷爱画画的孩子，可让他参与班级板报设计，慢慢地让他编写一些稿件，在不知不觉中可以使他的作画动机逐渐转移到学习上，因为要编写稿件必须要有良好的文学基础，这样就使他产生学习需要。所以对孩子在其他活动中的浓厚兴趣应给予充分的肯定和鼓励，并设法使之与学习活动联系起来，进而转化为学习的兴趣和动力。

3.及时反馈，正确评价，强化动机

每个孩子在完成一次作业或考试时，总是急于想知道自己的成绩，因而及时反馈满足了孩子渴求的心理需要，使孩子对自己掌握知识的情况有清楚的了解，以便立即弥补不足。未及时反馈会使学生需求降低，直接影响到反馈效果。

研究证实，赞扬、鼓励、批评、指责都能激发学生的学习动机，只是运用时要因人而异。如对自负者则多批评，提出更高要求；对自卑者则多鼓励，使其增强自信；对一贯受训学生则多赞许会起到很好的效果。

总之，教师和父母如能正确运用外界诱因，将能有效强化学生的学习动机。

4.体验成功喜悦，增强成就动机

苏联著名教育实践家和教育理论家苏霍姆林斯基指出："成功的欢乐是一种巨大的情绪力量，它可以促进儿童好好学习的愿望，缺少这种力量，教育上任何巧妙的措施都是无济于事的。"因此父母和老师一旦发现孩子的亮点，应由衷地赞扬他，使其获得成功的体验。如某学生通过努力比前次考试成绩提高了20分，即使仍不及格也应当面赞扬他，让他觉得只要努力自己也能做好，进而激发起孩子再获成功的热情，增强孩子的成就动机。

学习动机对学习有直接的影响，父母和老师在教育孩子的过程中不可忽视学习动机的培养与激发。孩子只要有了良好、强烈的学习动机，就会迸发出极大的学习热情，并在学习过程中去克服可能遇到的一个又一个困难，朝着预定的目标不断努力。

动机可以激发学习热情

然而儿童的学习动机发展水平是随着外界社会和教育对学生的学习要求、学生内在心理发展水平的不断提高而提高的。那么我们该如何更好地发挥学习动机对于激发学生学习热情的作用呢?

1.直接作用的动机向间接作用的动机发展

某些学生特别是小学低年级学生,常因喜欢某位任课老师或为了得一次高分而去学习,这是直接作用的动机。这种动机较浅近,不能真正激发学生的学习热情。父母和老师应正确引导,有意将直接动机转化为长远的稳定的间接动机。如掌握了某门学科的系统知识去解决一些实际问题,这样能促进激发建立长久的学习动力。

2.外在动机向内在动机发展

低年级学生往往以长辈的要求和愿望作为自己的行为动机。他们学习的动力是为了得到老师或父母的赞扬和奖励,是以这些外在目标为诱发力。随着年龄的增长,他们的自我意识、自制力增强了,对学习的需求、求知欲提高了,学习的动力主要来自内在的驱动力,不再简单地以长辈的意愿作为自己的行为动机,而越来越想要得到他人的尊重,想要提高自己在团体中的威望。此时学习的内在动机在学习过程中的比重不断加大,表现出由外在动机向内在动机发展的趋势。

3.认识兴趣不断发展

随着认知水平、心理水平的不断提高,儿童的认识兴趣也在不断发展,由指向学习形式的直接兴趣向指向学习结果的间接兴趣发展。儿童的认识兴趣由笼统、短暂向广泛有中心且稳定的方向发展,由低水平向高水准逐步发展,这使得儿童的学习动机日趋稳定。

了解和掌握儿童学习动机发展的特点有助于我们正确把握和引导学生,使他们的学习动机不断地向更高境界发展,进而促使他们以极大的热情自动投入到学习活动中。

学习动机对活动起着唤醒、定向、选择、维持和调节的作用,可以提高学生学习自觉性，但是学习动机过强会造成过度紧张，抑制大脑相应部位的活动，进而影响学习的效率，因而父母和教师在强化孩子动机时要适可而止，把握好度。

学习动机是学生掌握知识，形成高尚完美品格的重要组成因素，更是"学习过程的核心"。因此培养和激发学生的学习动机是父母和老师的一项重要任务。

5-8　课外活动显身手

有些父母认为孩子参加课外活动是不务正业，会影响正常的学习活动。老师则担心学生被课外活动所吸引，精力不在学习上，影响教学品质，故而对课外活动持反对或限制态度，把课堂教学与课外活动切割开，甚至对立，这种做法是错误的。从心理学角度来看，长时间从事同一学科的学习，会导致学生大脑皮层兴奋减弱，进而记忆的效率降低，这样不仅课堂教学不能取得理想效果，而且学生更容易产生抵触情绪。

其实课堂教学和课外活动的目的，都是使学生的身心得到全面发展。课外活动是课堂教学的延续和补充，课堂教学的内容又是课外活动得以正常进行的基础和保证，两者相辅相成。《学记》说："大学之教也，时教必有正业，退息必有居学。"也就是说，除在学习时授予课业外，在课余时间仍要求学生从事某些与学业有关的活动，"藏息相辅"是《学记》的重要主张，只有课内外相结合，学生才能"安礼""乐学"、达到"乐其友而信其道，虽离师辅而不反"的境界。

课堂教学好比主食，课外活动犹如副食，主副合理相配才能使身体得到全面营养。课堂教学是以统一的教材、统一的方法同时对全班学生施行教育，其目的是使全班学生能大体同步地发展，同时达到国家统一规定的教育标准。然而每个学生的生理、心理素质不同，知识、能力和道德质量也有差异，仅靠课堂教学使他们达到相同的水平是相当困难的，再进一步要求每个学生自由地、充分地发挥自己的潜力和特长更难奏效。

课外活动正好能弥补课堂教学的缺憾，其重点在于扬长，在于最大限度地发展学生兴趣爱好，增长才干。由此我们必须将课堂教学与课外活动结合，不用担心孩子参加课外活动会影响正常的学习。课外活动如同蓄电池，利用它来为孩子的大脑充电，将使他们的大脑越用越灵活。只要正确引导，合理组织安排，课外活动将会促进孩子智力的发展，充分发展每个学生的潜能和特长，进而大大提高学业成绩。

那么怎么样才能做到课内外结合呢？

首先，父母和老师要有共识，在看重课堂教学和学业成绩的同时，积极支持和鼓励孩子参加各种课外活动。有些学生的学习成绩较差、反应较慢，父母和老师更是不让他们参加课外活动，当别的孩子兴高采烈地去参加活动，这些孩子却被老师留着补习或被父母关在家里做练习，这种做法只会加重孩子的自卑感，觉得自己和别人不一样，有时甚至自暴自弃。我们不能剥夺孩子课外活动的权利；相反，应该诱导他们参加适合自己的活动，通过活动激发他们的好奇心，扩大他们的视野和思路，鼓励他们参加力所能及的活动，鼓励他们的细微进步，以发现、发展他们的潜力和才能。

其次，父母和老师要从实际出发，创造多种活动供孩子选择，让孩子根据自己的兴趣爱好自由选择喜爱的活动。俗话说："强摘的瓜不甜。"老师和父母不可强制干预孩子的兴趣，只可因势利导激发其兴趣，孩子只有在自己喜爱的活动中才能施展其聪明智慧，充分显示、发挥其潜力，学习更多新知识、新技能，进而使他们的智力和能力得到发展。

最后，父母和老师要指导孩子学会安排好课余时间。儿童正处在成长发展阶段，他们朝气蓬勃，精力充沛，好奇心强，但自制力较弱，如果没有正确的指导，旺盛的精力可能会使用不当，会沉迷于某项活动中而影响正常的学习。

也许有些父母和老师会说，课内外结合好处多的道理都懂。但是具体操作起来却往往顾此失彼。下面介绍几种方法供大家参考。

加强课外阅读

课本上的知识毕竟是少部分，如果局限于课本，学生的知识面会很狭窄。就语文学科而言，一学期只读二十几篇文章，就要使学生的阅读理解能力、语言文字运用能力大大提高是不可能的。因此必须增加阅读量，扩大阅读面，在阅读课外书籍时，应指导孩子正确选择书目，不能泛泛而读，要结合课内所学的知识适当扩充。另外，要指导孩子在阅读课外读物时做好摘记，并写读书心得。常言道："好记性不如烂笔头。"边读边记，读后写写既有助于加深印象又可累积资料，以备日后学习之用。当孩子读完有关文章或书籍后，可以与孩子讨论，请他们谈谈了解了什么、受到什么启发及有什么想法等，经常运用谈话法能激发学生阅读的兴趣，提高阅读效果。

强调观察，累积课外经验

上课中传授的大多是间接知识，课外活动则侧重使学生获得大量直接经验，培养解决实际问题的能力。在活动中，学生可直接观察自然界、社会上以及科学实验中许多生动具体的现象，得到在课堂上无法得到的感性知识，学到解决实际问题的技能、技巧，要获得直接经验，必须注意观察。

观察是启迪智慧的视窗，通过细致的深入观察，才能在实际生活中发现很多课本以外的知识，累积无数感性认识和生活经验，加深自己的知识底蕴。

手脑并用，勇于创造

只动手的人，最多只能成为一位工匠，手脑并用的人才有可能成为发明家。许多发明、创意不都是人们动手又动脑的结果吗？请鼓励孩子多动手、动脑，当孩子对浮力知识不甚明白时，就让他亲自动手做实验；当孩子为了了解机械钟的内部构造而把钟拆开时，千万别大声指责，应引导他用自己的双手，动脑筋将其重新组装；当孩子对飞机模型感兴趣时，不妨买点零件，让他自己组装；家里有什么小修小补的工作，不妨指导孩子来做。为了适应科学技术飞速发展的社会要求，我们必须培养学生具有创造精神，这是时代的需要。让他们经常使用自己的手和脑，进而成为一个心灵手巧，富有创造精神的人。

积极参加团体活动

将学生置于团体中，运用团体的力量创造一定的气氛教育学生。在团体活动的组织、进行过程中锻炼学生实际运用知识的能力，发展他们的潜能和特长。学校可以经常举办丰富多彩的文艺、体育表演晚会，如歌唱、舞蹈、讲故事、话剧、艺术体操及武术等，让孩子自己组织、设计晚会的行程，自己排练表演节目；还可以经常举行竞赛活动，如英语比赛、智力比赛、书法比赛、作文比赛、演讲比赛、棋类比赛及球类比赛等。竞赛活动符合儿童好胜的心理，能激发他们强烈的兴趣，为了取胜，必然促使他们为此而努力学好本领。另外还可以经常组织参观、访问、旅游活动，让学生走出学校，面向社会、接近大自然，培养他们的观察力，扩充他们的知识面，陶冶他们的情操。父母要积极配合学校，鼓励孩子参与这些团体活动。

课外活动是发展智力和能力的重要手段。智力及能力的形成和发展有赖于知识的累积、应用。课外活动能够帮助学生加深理解和完全掌握课堂教学所学的知识，并增加新知识，能够使学生在观察、实验、调查及制作等活动中运用知识，进而使智力和能力在分析问题和解决问题的过程中经受锻炼，得到发展。

5-9 针对性格差异的学习方法

学习成绩好坏，不仅是个人智力和能力方面的问题，也常因为不少学生在学习方法上有些问题。学习过程和其他事物的发展过程一样，都有其客观存在的规律性。要提高学习效率，就要研究、掌握学习规律，找出适合不同孩子的学习方法，学会"学习"才能成为"学习"的主人。过去的父母总是要求孩子仿效成绩优良孩子的学习方法，但每个人的特点不同，别人的方法对自己未必有效。因此要分析自己的特征，选择适合的方法。

从一般儿童的性格特征出发，大致可分为社交型、活动型、慎重型、依赖型、自卑型和刻板型六类。当然这样的分类并不是绝对的，一个人可能同时具有多种性格特征，因此在选择对策时也应依据实际情况兼顾全面，以一些次要因素辅助主要因素，找到真正合理高效的方法。下面就上述六种性格特征分类介绍一些学习方法。

社交型

这类儿童有一个显著特征就是好交往，有较强的社交组织能力，性格开朗、活泼、愿意参加团体活动、乐于助人。如能在此基础上培养良好的品行，则很有可能成为团体中的佼佼者，具有一定影响力的人。但这类儿童的耐性差，注意力不易集中，不喜欢长时间做同一件事。

针对社交型儿童的特点，父母在学习阶段应避开对学习不利的因素，创造良好的学习环境，帮助孩子养成良好的学习习惯。可以给孩子单独一个小房间，使他能有安静的学习环境。社交型儿童喜好与人交往，由于年龄关系还没有养成很好的自我控制和自我约束的能力，因此在人多的环境中很难将心思集中在学习上，即使花费了很长时间，学习效果也不理想。所以要尽量减少孩子学习时与他人的接触，避免外界的干扰而引起情绪和心理波动。

制定一定的学习目标可使孩子了解应努力的方向。父母可以在了解孩子各学科的状况、在班级中所处的水平、潜在能力，以及可能达到的成绩的基础上，和孩子共同协商制订一个学习计划表。这张学习表，明确规定在一定时间内的学习要求，每天应完成的学习任务，以便完成预定计划。采用这个方法的，应尊重孩子的意愿，强迫的学习只会造成矛盾情绪；在执行过程中，父母应经常提醒督促，不断强化计划功能，如准备一本记事本，重点安排若干学习活动。

社交型的儿童应注意学习的交叉分散，以提高效率。不要让孩子长时间处于同一种类的学科学习上，这样会导致注意力分散，可以将学习时间分段，交叉文理科、形象思考和逻辑思考的活动，使左右脑活动交替，提高注意力的集中程度。另外，在每天学习的最后阶段，父母应提醒督促做好检查，实时纠正作业中的错误，以养成良好习惯。

活动型

活动型儿童与社交型儿童有些相似，他们大多活泼、开朗，但相比之下，活动型儿童更好动，精力旺盛，好像永远坐不住。他们喜欢参加各类活动，因此反应都比较灵敏，头脑灵活，大多有点小聪明。活动类型的多变使他们不太容易专注于某一事件，因此毅力较差、情绪不稳定、易波动，这些均是影响儿童学习的重要因素。他们往往会因为一点小事而高兴或沮丧，处于情绪低落的阶段就可能干扰学习。

强制好动的儿童安静下来学习不是一件容易的事。有时在迫于无奈的情况下，他们会坐下来，但还是会做许多小动作，因此父母应考虑到这个特点，均衡安排学习时间。可采用分散交叉法，以半小时为单位，间以休息，让各门学科交叉着学习，也可以适当插入小段的游戏活动，来调节学习状态。这样既满足了孩子好动的天性，又不致产生厌倦情绪。当然这种分段学习要根据个人的特点安排，以学习为主，游戏只能当作一种调剂方法，且父母要控制好时间。

随着年龄的增长，游戏时间应适当减少，以养成孩子自主学习的习惯。

好动的孩子往往缺少条理性，在学习上也不善于合理安排时间，无形中浪费了许多时间。针对这种情况，父母可为孩子估计每天学习的大致时间，安排好这段时间所要完成的学习任务。这样既可以保证每天的学习都有一定的效果，从某种程度上讲，也给了孩子一定的压力，适当地扼制了孩子学习时间内想玩的念头，当然这都需要以严格遵守计划作为先决条件。

聪明的儿童接受能力强，学习的速度可能较快，但一般来讲，快速的学习往往掌握的只是一些表层的东西，仅是了解基本的框架。活动型儿童思考灵敏、反应快，父母应利用这一优势，提高他们学习的层次。在了解基础知识的前提下，父母多向孩子问几个"为什么"，启发他们去思考，更要培养他们自己去寻找问题，发现问题进而学会解决问题的能力。

心理情绪往往会左右一个人的学习积极性。情绪高涨时反应灵活，思路敏捷，学习效率自然提高；情绪低沉时则难以集中精力，心情压抑自然无心学习。所以说父母要注意调节孩子的情绪，使之能保持良好心情。一方面要注意孩子的情绪波动，一旦发现孩子有焦虑、烦躁的现象应实时帮助调节，以稳定他的情绪，缩短情绪低潮期；另一方面，可以在平时多教孩子一些处事方法，培养自我调节心理情绪的能力，减少情绪波动。

慎重型

慎重型儿童一般较早熟，较同龄儿童而言，他们更注意自我。他们有较强的观察能力，且观察细微、耐心；办事讲求条理，往往在做事前会有相对比较全面、细心的安排，因此对于正确的程度要求比较高。这类儿童接纳他人的范围、程度相对较小、较低，表现为过分关注自我，气量较小。由于对自我和对成果的过于注重，他们在学习上可能会走向极端，因过分注重成绩，而忽视了其他能力的培养。

对于这类儿童，父母应给予更多的鼓励，帮助其从自我中心的圈子里走出来。过分关注自我常会对自己存在的一些不足加以夸大，往往会导致自我怀疑和否定。能够正视自己的缺点是好事，但一味强调不足忽视自身的优势，则会丧失进步的信心和勇气，拉大与社会的差距。所以父母应正确分析孩子的优缺点，扬长避短，增强孩子的自信心，帮助他们走出狭小的自我空间。

在当前尚不完善的教育体制下，学习成绩的确很重要，但毕竟孩子们今后的人生旅途中遇到的不是一张张试卷，而是实际多变的社会工作和生活，因此校园中的"高分低能儿"会被残酷淘汰。由于慎重型儿童对成绩的过分关注，往往会花费大部分的时间在书本知识上，而忽视了对其他技能技巧的学习，这就需要父母的正确引导。多方面发掘孩子的兴趣特长，培养广泛的兴趣，帮助孩子打开更广阔的知识宝库的大门。兴趣活动可以让孩子认识到课堂知识只是很小的一部分，考试分数并不能代表学习的一切。这样孩子便可懂得通过更多层面的学习，培养自己的技能特长会比单纯的学科学习更有意义。

过分的细心、谨慎必然要求花费更多的时间和精力，虽然这样可以获得较高的准确度，但在有限的时间内获得知识的广度和深度则会受影响，且长时间重复活动并不能有很好的效果，还可能养成拖拉、不紧凑的作风。因此建议父母要适度控制孩子的学习时间，要求在一定时间内完成一定的学习任务，这样不仅可以保证课余活动时间，还可以提高学习能力。

依赖型

缺乏独立自主性是现在的独生子女普遍存在的现象。由于父母的过分溺爱和娇惯，他们养成了茶来伸手、饭来张口，事事依赖父母的不良习惯。依赖型的儿童一般比较守纪律，对于老师父母的教育基本没有很强的反抗心理。他们不喜欢动脑筋解决问题，希望事事能有模仿和参照的对象，一旦无法得到帮助，就会显得手足无措。

对于生活、学习中遇到的困难，依赖型的儿童并非没有能力解决，只是养成了依赖他人的习惯。因此建议父母督促孩子单独学习，完成作业。这样，一方面可以防止对别人的依赖，另一方面也可以培养其对自己的信心。单独学习要求孩子独立进行思考、研究分析并解决问题，利用外界约束力隔离与他人的依赖性联系，慢慢地可以培养起独立的意识。此外，父母也可以帮助孩子改进一些学习方法，通过他们自己的努力取得学习进步而增强信心。相信自己有能力独立完成学习任务，自然会减少并逐步摆脱对他人的依赖。

要真正改变依赖他人、缺乏自主的现象，还要从平时的生活小事做起。不妨让孩子适当地分担力所能及的家务，尤其是自己的日常事务。从生活小事做起，让孩子有机会独立处理可能遇到的各类问题，即使有时会做错，也可以让他在失败中汲取教训，学会正确的方法。独立自主的精神不可能一下子养成，必须从小事做起，孩子才能逐步摆脱依赖性，增强自主性。

自卑型

自卑感是由于个体表现不能达到内在要求而产生的情绪冲突。具有这种性格的儿童大多敏感、脆弱，情感丰富、细腻，往往会因为一点小事引起较大的情感上的波动。其实大多数自卑型儿童并不一定真的缺乏能力，在现有水平下他们完全可能达到对自己的要求，但自卑阻碍了他们向困难挑战、向自己挑战去取得成功，如此必然开始怀疑自己，做任何事都缺乏基本的信心和勇气。此外，自卑型的儿童还希望通过取得他人的赞扬来增强自信，但过分注重他人的评价又使他们不敢大胆尝试错误，可能的成功也会离他们远去。

对于这类儿童，父母应正确对待他们的错误，切勿再加重他们的心理压力。要向孩子分析错误，寻找原因，采取对策，学会如何解决问题；更重要的是，要激励孩子克服困难的勇气，建立信心。对于儿童来说，榜样的作用可能远大于单纯的说教，因此不妨选择一个孩子乐于接受的榜样，进而学习如何逐步消除自卑感，树立自信心。

克服自卑的办法之一是让孩子有成功的体验，发现自己的能力。每个人都有一些独特的地方，对孩子来说，他们更多的是纯真自我。因此要发掘孩子的兴趣爱好，培养专长，使每个孩子都有可能成为某个领域的佼佼者。一旦取得成功，自卑的孩子就会获得他们希望得到的肯定和评价，信心自然会增强，激励他们再次努力，取得更大成绩。相信这种良性循环不仅能使儿童建立起良好的自信心，更能使他们成长为有用之才。

自卑的产生也有可能是由于过高的不切实际的要求，过多的失败情绪体验使他们无法发现自己的价值。因此只要适度降低期望目标，将所希望达到的目标分层次、分阶段进行，以低难度、低速度不间断的小步调逐步达到高难度、高速度。这样在能力范围内就使成功成为可能，以胜利取代失败，不仅可以消除自卑心理，建立充分的自信，还可以完成预定目标，实现理想。

最后值得一提的是，对于自卑型的孩子不要灌输太多的胜负观念。每个人的能力都是有限的，而任何竞争总有胜负，但这并不是最重要的，如果能从失败中学到教训，那未必不是件好事。因此凡事只要努力去尝试，不必太在意结果。

刻板型

与活动型儿童办事无条理有明显不同的是刻板型的儿童，他们过分强调计划和条理性，做事严格按照预定的步骤和顺序，因此在没有突发事件的情况下可以取得较好的效果。他们有较强的自制能力，能做到自我约束和自我管理，一般无须父母的督促就能自动完成学习任务。但这类型儿童并不都能成为学习上的尖端，虽然他们的基础知识扎实，却由于缺乏创造性，不能灵活处理意料之外的事情，因此影响了各方面的进一步发展。

通过了解他人可以找出自己的不足，因此这类儿童应多参加小组活动，与别人共同学习。在共同学习活动中出现的各种不同意见，可以突破这类儿童原有固定的思考模式，汲取别人的学习方法。此外，共同活动还可能增加出现预料外事件的概率，从而引导、刺激儿童学习处事能力，提高灵活性。

创造各种条件和机会扩大孩子的知识面，光用单一、固定的方式是不能了解一切事物的。应培养课外阅读的兴趣，广泛阅读各类书籍，以知识的广度来获取解决各类问题的能力。此外，多让孩子参加户外活动，适当改变性格，让孩子活跃起来，通过娱乐活动锻炼反应能力和应变能力。尽量让孩子处于积极变化的环境中，促使其为求适应环境而冲破不必要的自我约束。

俗话说："授人以鱼，只供一饭之需；教人以渔，则终身受用无穷。"父母为孩子学习操心要着眼于帮助孩子掌握正确的学习方法，培养其独立获取知识和解决实际问题的能力。学习方法因人而异，根据不同的性格特征采取不同的对策是适应心理发展要求的，因此能更有效地消除可能遇到的障碍，提高学习效率。

5-10　应考前奏三部曲

　　每个学生都是在学习知识、复习应考、考试总结这三部曲中度过的。要想在考试中取得理想的成绩，固然离不开平时的累积，但考前的复习准备同样十分重要。复习是学习过程中一个重要阶段。俄国教育家乌申斯基谈到复习的作用，他用了一个十分生动的比喻：砍柴的樵夫砍了一堆柴之后总要整理一番，捆绑起来然后堆放到马车上，这样经过长途跋涉就不会散失；相反，如果不去整理，乱成一堆，经过路途的颠簸，就会丢失掉许多，拿回去的寥寥无几。同样的道理，如果一个人只懂得学习新知识，而不懂得复习整理，就会出现"把柴丢失"的后果。

　　影响学习成绩的因素不仅是平时学习状况这一项，考试阶段的身体和心理状况也会直接影响正常水平的发挥。因此只有帮助孩子系统复习所学的知识，做好应考的身体和心理准备，才能在考试中交出出色的成绩。

身体准备

　　即使在复习应考阶段不要开夜车。有些父母认为多看一点书就一定能多得几分，因此常陪着孩子熬到深夜，这种心情固然可以理解，但未必能取得好的效果。以儿童来说，每天必须保证有8～10小时的基本睡眠时间，才能保持精力充沛，头脑清醒。睡眠不足会影响身体健康，抵抗力降低易产生疾病。睡眠不足还会影响大脑的灵活反应能力，打乱大脑细胞活动的节律。在晚间，脑细胞趋于休眠状态，如果继续保持兴奋活动，就会迫使大脑改变原有的生物节律，造成白天时的兴奋期转入抑制状态，不少熬夜的学生在白天上课时常常呵欠连天，课堂学习效率极低，在考试时也很难有清醒的头脑，成绩自然不会理想。因此在复习应考阶段，必须确保孩子有足够的睡眠时间，不要打破原有的作息规律。

充沛的精力除了要有足够的睡眠时间，还要有足够的能量给予补充。尤其在复习应考阶段，除了体力消耗外，脑力的消耗也是非常大的，因此除了一般的日常饮食之外，适当地给予孩子补充健脑的食品对高效的学习会有帮助。有位营养专家经多年的研究，推荐了5种健脑食品。

- 牛奶：富含钙和人体必需的均衡氨基酸。
- 沙丁鱼：含有优质蛋白质和多种氨基酸。
- 菠菜：含有丰富的维生素A和叶绿素。
- 胡萝卜：含有多种维生素辅助代谢，改善脑机能。
- 橘子：碱性食物，富含维生素B1、维生素C和维生素A。

复习应考要有认真的态度，但也不要排斥适度的休闲娱乐活动。许多研究证实，不间断学习并不科学，大脑的工作状态是抑制和兴奋相互交替的，在抑制状态时学习，反而会变成徒劳。一般早上6~7点，上午8~11点，下午2~4点，晚上7~10点，这些时间，脑细胞处于高度兴奋状态，工作效率极高。应当指导学生尽量把握在这些时段把作业做完。当然每个人的情况也可能有所不同，掌握好个人大脑活动周期规律，对学习和活动适度调节，不仅可以放松心情，消除紧张情绪，而且可以有效提高学习效率。

心理准备

正常良好的情绪状态、正确的态度与考试成败有着直接关系，因此在考前也要做好充分的心理准备。在看待考试的问题上往往会出现两种截然不同的不正确观点：一是无所谓，极不重视考试；二是过分紧张，引起焦虑。

不重视考试并不仅仅发生在成绩不好的学生身上，平时学习较好的学生也可能轻视考试，想靠天赋来应付考试。对他们来说，投入考试绝对没有问题，且分数也不会太差，但是过分的随意总会有"阴沟里翻船"的危险。因此不能把目标仅停留在通过考试上，复习的目的不只是考试，更重要的是，将所学的知识系统化，发现自己在知识上的薄弱点并实时加以弥补。若以这样的思想看待复习，自然不会感到无所谓了。而成绩差的学生，也不能奢望混过考试。企图一下子就考出好成绩是不实际的，如果通过复习解决了平时学习中的一两个难点、弱点，那就是一种进步。因此必须有长远的眼光，一步步做起，这样才能通过考试，为自己打下扎实的基础。

有些学生过度紧张，在复习阶段往往变得焦虑不安，心神不宁，情绪波动较大，有些甚至在考场中怯场，思维迟钝，一些很简单的题目都答不出来。在考试前和考试中，每个人都会感受到焦虑，这是正常的且可以促使学习更主动、更全面。但超过了合理的限度，就会有害无益，因此要能控制好自己的情绪，有一个恰当的焦虑程度。这样才可以在稳定的情绪下，很好地完成复习、考试阶段的学习任务。

除了平时要学得主动，在应考阶段也可以通过对自己正确的评价和树立正确的态度来调节情绪，降低紧张度。家长应帮助孩子了解自己的真实水平和实际情况，哪些是优势，哪些是弱势，根据优弱势的不同合理安排时间，分配精力进行复习；还要帮助其认清自己在班级中所处的水平，确立切实可行的努力目标，使之可能体验成功，以增强其信心，避免因目标的不切实际而产生压力和负担。

此外，父母还要帮助孩子从失败中汲取经验教训。考试考砸了，这是常有的事，父母的一味指责只会给孩子带来更大的精神压力，对困难和失败更加畏惧，其结果往往是再一次的逃避和失败。因此重要的是从失败中找到原因，找出差距制定相应的措施，改进学习方法，使孩子尽早调整情绪、树立信心。

知识准备

毫无疑问，做好知识准备是复习应考阶段的重中之重，可以从以下几个方面进行系统、全面的复习。

1.全面复习，不要心存侥幸

考试是对一个学习阶段的总结评价，虽然只是抽取了其中的一部分内容作为试题，但在复习阶段中切忌猜题。不少学生喜欢在考前猜测可能考核的内容，希望以此减少复习的范围。事实证明，这样往往会造成很大的失误。任何一门学科都有其一定的知识结构体系，前后内容大多相互关联，逐步扩展，因此全面复习可以形成一定的框架，这样就可大致掌握整体。虽然说试题不可能详尽全书的内容，但老师出题时也会考虑到内容的广度和涵盖面。如果心存侥幸猜题就很可能失去许多不应该丢的分，也容易造成考场上的心理紧张。

2.归纳总结，力求融会贯通

有位作家曾经说过："美丽的文学只是一颗颗零散的珍珠，要将其串成项链还要靠技巧。"其实学习也是如此。我们每天学到的都只是若干个知识点，而考核的试题则要求具有综合运用知识的能力，因此在复习阶段更要将前一个阶段所学的知识归纳总结。复习并不只是简单的重复，复习有助于沟通已有知识和新知识的内在联系。把互相关联、互相渗透的各知识点，通过系统整理融会贯通，做到"温故知新，知类通达"，这样的复习才会有实效。

3.确定重点，加深理解领会

全面复习是基础，在此基础上把握重点，有的放矢就可以在更短的时间内取得更高的学习效率。这里所说的重点并不是凭空猜测可能考到的题目，而应是老师每堂课中讲的要点、难点，以及一些解题过程中必需的概念、定理和方法。这类知识往往是考试中必然会遇到的，因此不应仅停留在了解的程度，而应进一步去理解其形成的原因、条件以及适用的范围，这样才能正确灵活地运用知识去解题。

4.寻找弱点，务必实时弥补

每个人的兴趣及特长不同，因此在不同的学科上会有强弱不同的现象，即使在同一门学科中，由于不同章节的知识重点、难易程度及个人接受情况的差异也会造成某些知识点的薄弱，因此在复习过程中要特别注意弥补自己的弱点。但学习中常常会产生畏难情绪，不少学生不愿意去攻克自己的弱点，渐渐地就会累积问题，造成积重难返的被动局面。因此父母应帮助孩子好好分析学习中的强弱项，在保持其强项的基础上，寻找到其弱点产生的原因，实时对症下药，慢慢克服其弱点。

5.针对错误，防止重新再犯

学习过程中难免会产生错误，出现错误说明对知识把握的不正确或不全面，而知识是相互联系、相互渗透的，不消除原有知识中错误的隐患就可能产生对把握新知识的阻碍；学习中的错误往往是个人某种不正确认知的反映，而且这种不正确的认知在个人的意识中往往占了主导地位。因此实时纠正错误关系到先前和后继学习两方面。遇到错误如果只是简单纠正这道题，还是不够的，对那些概念性较强，较多联系前后内容的习题，更要认真分析错误的原因，找出解题过程中思路混乱的地方，并建立起正确的思路，这样就可以防止今后再出现类似的错误。

6.寻找规律，强化熟练运用

不少学生喜欢在考试前搞题海战术，他们认为复习就是要多做习题，其实这并不见得真的有效。习题千千万万，但许多习题同属一种类型，可以用同样的方法解答，因此花许多精力去做同一类型的题目，不如省下这些时间去做好归纳总结。抓住规律性的东西，形成清晰明确的解题思路，通过系统分析，确定哪些题目适宜用哪些方法解答，这样任何题目都能找到合适的方法。

在保证解题正确率的前提下，解题速度也会直接影响考试成绩，因此在复习阶段中还要适度地练习。不妨找一些不同类型的练习题，熟悉各种题型，通过练习提高解题的速度，做到又快又正确。

只要在考试前能做好充分的身体、心理和知识准备，每个学生都能从容地应对考试。

5-11 从容应对考试焦虑

有些学生临近考试时，经常会焦躁不安、精神紧张、思绪烦乱，而在考试中，平时会做的题目，此刻却难以做出，心神不定，东张西望，严重的会出现恶心、呕吐及食欲不振等症状。这些都是考试焦虑的表现。

考试焦虑是由考试情境所引起的一种精神紧张状态。如果孩子存在下述几方面或所有方面的困扰，说明他正在遭受考试焦虑的折磨。

● 感到考试是一种威胁，而不是一种挑战。

● 有许多消极的想法，怕考不好遭别人的白眼、父母的打骂，认为"一切都完了"等。

● 考试前有某些生理反应，如失眠、恶心、手心出汗、心跳加快及呼吸急促等。

● 对新学的知识回忆困难，并难以把注意力集中在考试题目上。

● 担心其他同学会比自己考得更好。

● 对考试的担忧并没有随着自己的成熟而减少。

考试焦虑有轻、中和重三种不同的程度。研究证实，儿童的考试焦虑与学习成绩之间呈负相关；也就是说，考试焦虑越高，学习成绩越差。当然这不等于说，考试前一点心理反应都没有学习成绩就会很好。

事实上，大多数人在面临重大考试时都会产生一定程度的焦虑，这是不可避免的，也是无害的。但是过度的考试焦虑则会分散与阻断考生的注意过程，干扰回忆过程，瓦解思考过程，进而影响应试能力和真实水平的正常发挥。过度的考试焦虑还对儿童的身心健康构成威胁，可导致大脑神经活动兴奋与抑制功能的失调，形成各种神经症，如易疲劳、失眠及身体虚弱等。它还会使交感神经系统处于兴奋状态，造成心律不齐、高血压及冠心病等疾病。长期处于过度考试焦虑之中，会引起许多心理疾病，如使人的情绪难以稳定、焦躁不安、郁郁不乐，使人格结构遭到损害，易退缩、好幻想、过分胆怯或害羞。

学生的考试焦虑是由多种因素相互作用而形成的，其焦虑程度也受多方面因素的制约，其中有自身的内部因素，同时也和外部环境有密切的关系。学生自身的内部因素包括认知评价能力、知识准备与应试技能、神经类型与身体素质、人格特征。外部条件包括学校因素、家庭因素、社会因素。

要降低学生考试焦虑，必须多方努力，有针对性地采取措施。下面介绍几种克服考试焦虑的心理调节方法。

调整自我认识

这种方法最适于调整轻度考试焦虑。父母首先应让孩子明白，各种大大小小的考试只是展示自己才能和检验所学知识的有利机会，就算真的失败了也没什么。常言道："胜败乃兵家常事。"更何况，失败是成功之母。其次要使孩子正确认识考试的难度。就学业考试来说，很少会有特别的难题、偏题，基本上都是基础知识和基本技能。让孩子放松一点，不用害怕。还有要让孩子对自己的应试能力有正确估算，重点复习学习中的薄弱环节，制订适当的考试目标和复习计划。

注意学习、生活的节奏感

生活正常、有节奏性，使大脑兴奋和抑制保持平衡，可保证考前心情愉快，这样可以充分激发孩子内在潜力。有些父母认为在复习时，如果中途休息会影响复习时间和效果。其实这是一种误解，适当的休息会使学习效果更好。因此父母应注意调节时间，让孩子劳逸结合。

如果不注意休息，甚至在考试前几周因延长学习时间占用睡眠时间，那么在考场上就有可能出现身体疲劳现象。一旦在考场上发生此类情况，可以先停顿一下，利用短暂的时间伸展一下胳膊、脖子和后背，放松一下身体，以消除一时的疲劳。

学会调节情绪

当孩子产生紧张情绪的时候，要让孩子学会不断提醒自己：已经都准备好了，没什么可怕的。除通过自己对自己说理来克服紧张情绪外，也可以教孩子想些愉快的事，想象自己在考试中取得优良成绩，想象自己充满信心、精神十足地参加考试，来排除紧张情绪。另外，可用积极、肯定词语来暗示自己，如"我做得到""我一定会胜利"等，也可用内心独白来化解紧张情绪，还可用表情控制法表现出欢乐、乐观的表情，或用抬头挺胸来消除紧张情绪。

许多考生都经历过突然慌乱的情况。容易发生这一情况的学生应自觉地、尽早地、有规律地复习，并准备一定的应对措施，如尽量多次反复对自己暗示放松，或用呼吸调节法，眼睛微闭身体坐正全身放松，有意识地使呼吸减慢，还可以使用腹部呼吸法，让情绪很快平静下来。

有些考生也可能会由于不停书写或过度紧张而产生书写痉挛的情况，这时要暂停书写，让手自然下垂到体侧，尽量放松，轻柔的摆动或收缩都是非常有益的。总之，要教会孩子用各种方法来为自己打气，排除紧张情绪。

讲究应试方法、技巧

拿到试卷后先不要急于答题，而是要快速浏览一遍，让心中有个底。如果发现有题目很难做，别着急，可先在这道题旁作个记号。答题时先易后难，解答了一定数量的题以后，心情自然会踏实，然后再开始做难题，这样可以逐步提高自己的自信心，保持情绪的平稳，调节大脑的积极性。

做难题时也不要紧张，应该冷静分析、认真回想，一步一步扎实地去做，力求答题正确。实在做不出的话，可以暂时放一边先做其他题。有时做一道题时另一道题的解法会突然在脑中闪现，那么该赶快把它写出来，因为这是一种灵感，如昙花一现很快会消失的。

另外，许多学生在考试过程中会遇到记忆堵塞的问题，就是曾经复习过的东西也会一时回忆不起来了。克服记忆堵塞的办法就是回忆笔记，尽量想象有关的考试内容是在书本或笔记本的哪一页、哪个位置，前后各有些什么内容，由此联想与考试有关的内容。另一个办法是利用试卷上的其他试题。在大量的试题中，前后的试题可能有一些关联，为学生提供了线索，如果恰巧遇到相关的试题，也就可以回忆起有关的内容。

克服考试焦虑并不是在短时间内就可以做到的，其需要有很大的耐心及坚强的意志。

5-12　警惕厌学症

有些学生对课堂学习提不起兴趣，上课缺乏学习热情，有厌学情绪。这种情绪会大大削弱孩子的学习动力，使孩子觉得学习毫无意义。被厌学情绪所左右的孩子，在学习时大脑活动处于消极状态且思考速度慢，甚至偷懒不肯思考，这对智力、能力的发展是非常不利的。长期的厌学情绪对孩子个性品格发展的消极影响很大，对孩子的一生都会产生不利的影响。

学生厌学的主观原因：一是孩子在学习上没有责任心，他们把学习仅仅看作老师、父母或有关长辈所强制给予的，认为自己是在为别人而学习，看不到自己身上应负的责任。因此得过且过，能少学就少学，能不学就不学，一旦碰到困难就厌恶学习。二是学习对学生缺乏吸引力。如果学习对孩子没有吸引力，他们就会把注意力全部集中在自己感兴趣的东西上，如看电视及打球等，学习当然成了他们排斥的对象。三是在学习中经常处于一种失败的状态。失败后的消极情绪得不到实时的调整，加上受到别人的指责，这样雪上加霜，致使孩子经常产生学习是痛苦的情绪体验，久而久之，感到自己能力差，在学习上无能为力，无所适从而自卑。因此一接触学习内容，痛苦的体验便油然而生，就十分厌倦学习。

学生厌学的客观原因：一是父母和老师对孩子的期望过高，要求超出孩子的能力范围，使孩子一次又一次无法达到。二是教育者的教育方法不当，包括教育者之间在教育要求上相互矛盾，使孩子左右为难情绪矛盾。三是教学内容缺乏让孩子充分发挥自己能力的刺激，这使得学生感到学习单调、刻板而枯燥。四是教育者的不良态度，或粗暴打骂，或冷若冰霜，或一味溺爱。粗暴打骂使孩子把对教育者的不满情绪转移到学习上，进而放弃学习；冷若冰霜使孩子产生学习上的无助感，碰到困难得不到指点和帮助，因而视困难为畏途；一味溺爱，孩子饱食终日，无所用心，根本不想再去学习，直到对学习完全持否定态度。

解决学生厌学有以下几种方法。

帮助孩子找到怕的根源

去掉"怕"的念头。父母和老师要通过诚恳的谈话和细心的观察帮助孩子找到害怕、厌烦学习的原因，对症下药。找到怕的根源后，应该根据实际情况采取有效方法，让孩子克服心理障碍。可以经常对他们作些适当的提问，例如，"能不能完成家庭作业呢？""你有时候是不是没注意听讲呢？""你在课堂上受过表扬吗？""你有机会参加一项活动时，你愿意参加吗？""你经常提问吗？"……这样的提问有益于父母和孩子讨论厌烦情绪的问题，帮助孩子克服厌学情绪。

激发孩子对学习的内在需要

要根据孩子的特点，加强责任感教育，启发好奇心，培养对学习的兴趣。同时要创造条件，经常使他们得到成功的体验和自豪的感受。在学习上采取确立近期目标的做法，各个步骤逐渐到位。对于孩子一点一滴的细微进步都要实时加以鼓励，满足他们的自尊需要。

为孩子创造良好的学习环境

厌学的孩子对客观的环境是相当敏感的。因为他不想学，如果再给他一个嘈杂的、零乱的环境，首先在情绪上就厌烦，因此便更不想学。如果家庭和学校有一个适于学习的良好氛围，耳濡目染，潜移默化，如此便会有好的学习效果。

5-13　告别拒学症

孩子患有"拒学症"的主要特征，是对学校怀有莫须有的惧怕，拒绝或逃避上学，甚至一离家上学就会产生不当的过度焦虑。具体表现为：很少正常上学，情绪消极，好发脾气，害怕上学或上学时就说自己身体不适。研究发现，最常发生在9~12岁的学童身上，11岁是发病高峰，女孩可能多于男孩。不同智力水平的儿童都可能出现拒学症，即拒学症并不仅存在于学业失败者身上，在很聪明的儿童中也常有所见。

一般认为，拒学症有急性和慢性两类。急性拒学症出现得突然而迅速，且惹人注目，焦虑的出现常局限在上学方面，而在生活的其他方面均正常。慢性拒学症在初发期前会有一段时间拒绝上学，以后则在个人与社会交互作用的其他方面也表现出功能失调。心理学的研究还发现，患急性拒学症的儿童大多人格正常，但存在促使其突发的因素；患慢性拒学症者的儿童个性相对软弱，且较多的慢性拒学症者的父母常表现出心理功能紊乱的迹象。

拒学症与儿童所处的家庭有密切关系。拒学症儿童往往出现在三类家庭中。第一类家庭特点是母亲过度放任，父亲被动，孩子在家中是小霸王，而在校则羞怯；第二类家庭特点是母亲过分控制，父亲被动，孩子在家顺从而在校胆怯；第三类家庭特点是母亲过度放任，父亲严格，孩子在家固执而在校友善。由于儿童过分依赖与母亲的关系，所以孩子离家上学时会产生过分的分离性焦虑，最终演变成拒学症。

学校情境也是造成拒学症的原因。学校学习节奏过快，学习难度过大，会使孩子产生焦虑；老师教学方法不妥，使学生产生不安全感，感到惧怕。孩子一面临学校情境就会唤起焦虑的真实体验，进而导致拒学症的产生。

那么该如何预防拒学症呢？

老师友善的态度

老师和蔼、友善的态度是预防学生拒学的良方。如果老师真心喜欢孩子，热爱所从事的职业，他就会为孩子准备许多有趣的活动，采用一些合理的方式来鼓励孩子上学，激发孩子热爱学校的欲望。

给予成功的体验

给那些学习较差的孩子留一些特别的作业，如数量较少，难度较低，使他们能通过自己的努力完成作业，体验到成功的快乐。老师还可以安排一些有趣的动手性强的作业，如做一份专题剪报、设计一幅班级班徽。这些活动可以充分发挥儿童的想象力和创造力，且没有统一的答案，无所谓对错，学生做起来既感觉有趣，又没有心理压力，可以促使孩子把学习视为一件有趣的事。

提供儿童社会活动的机会

给学龄前儿童提供社会活动的机会，让他们从小能与其他的孩子一起玩，从中学到人际互动的社会技能，这对于他们入学后能较快适应学校生活非常有帮助。明智的父母应该尽早让孩子有与他人互动的机会，如上幼儿园，或邀请一些孩子来家里玩，或带孩子上公园与其他孩子一起玩。若有客人来访，不妨让孩子学着招待客人。年龄稍大些的孩子可让其帮忙买些盐、酱油之类的东西，使他有机会与各类人接触，感受不同人的态度和行为方式。

学会自己做决定

父母应让孩子成为生活的主动参与者，而不是被动接受者——被动接受父母安排的前程，被动应付父母给予的指令和信息。孩子要有自己做决定的机会，父母和老师的责任在于创造一个充满安全、快乐的氛围，让孩子在这样的氛围里，自己决定所要扮演的角色，自己选择最能发挥特长的学习方式，自我展现值得骄傲的行为。在如此有安全感的环境中获得自信，孩子必然会喜欢学习，喜欢学校的一切。

CHAPTER 06

心灵沟通与人际互动

6-1　学会交往

　　"呦呦鹿鸣，食野之苹。我有嘉宾，鼓瑟吹笙。"这是《诗经·小雅·鹿鸣》中描绘的古人会客时的欢乐情景。人不能离群索居，每个人都是社会的一员，待人接物，为人处事。人类在交往中不断改变着彼此的社会关系，也在这过程中改变着自己。一个善于人际交往的人，常能赢得他人的友谊和信任，且工作出色，在紧张的节奏中游刃有余；而一个言行木讷、举止保守、自我中心的人，在工作上则缺乏机动灵活性，捉襟见肘。

　　人际交往如此重要，却并非人人重视，特别是对儿童交往能力的培养，不少人停留在不屑一顾的误区中。表现一，轻视甚至蔑视人际交往，认为讲究人际交往只会导致虚伪。表现二，忽视儿童学习人际交往的必要性，认为人际交往能力并不是一门需要专门训练的技术，只要在日常生活中通过模仿，自然就可以掌握，父母和老师何须为此花费心血？更何况孩子小，过早让他接受人际关系方面的知识，反而会造成不良影响。表现三，没有理解人际交往与社会发展的客观要求，有些父母认为现在是市场经济，靠的是竞争取胜，只要有真才实学，不怕没有出息，何必要花精力费心培养孩子在旁门左道上呢？所以只重视孩子知识的累积而忽视了其社会化的健康发展。

　　每个人都有交往的需要，都希望与他人交流沟通，进而摆脱孤独与寂寞感，并从他人身上学到自己所欠缺的东西。同时，交往也是人适应环境以及社会生活、担当社会角色、形成健全人格的基本途径。成功的交往可以使人获得新知识、结交新朋友、认识并拓展新的自我。讲究人际交往是人生的一门必修课，绝对不等同于拉关系、套交情之类的市侩手段，也不是虚伪与做作。

　　人际交往的学习应当从小开始。一个人从出生到成年，必然会经历社会化的过程，从一个自然人逐步变为社会人。在这个过程中，有若干个接受教育的最佳时期，错过这些时期，教育就会事倍功半。联合国教科文组织明确指出，面向21世纪的基础教育，应当使儿童学会关心。为此，老师和父母要在培养孩子交往能力方面花费心血。如果不加引导，只让他们在日常生活中自然模仿大人的行为，一旦模仿了错误的行为，再要纠正就难了。

有位美国人作过调查，发现技术上的训练或头脑精明，只占成功因素的15%，而良好的人际交往能力则占成功因素的85%。因此现代人越来越注重自我包装、自我推销。

正常的人际交往绝对不是不择手段，而是一门艺术。儿童学习人际交往的途径有三：一是课堂学习。很多老师都把教学视为是传授知识的过程，也是学习人际交往的过程，因此采用让学生进行小组调查、角色扮演、集体讨论等教学模式。二是家庭教育。父母是孩子的第一任老师，父母的人际交往要给孩子正确的示范，并随时肯定或纠正孩子正确或错误的交往行为。三是社会实践。社会是学习人际交往的大课堂，儿童在社会实践中将会自己认识人际交往的重要性，自己辨别交往行为的美与丑。

言语是人际交往的重要手段。俗话说："言为心声。"文明礼貌的言语能够表达一个人对交往对象的尊重，言语的学习是儿童学习的重要内容，我们不能把它只看作是死的书本的学习，应放到活的生活中，在实际的人际交往情境中，教会孩子如何用言语来表情达意。例如，如何使用礼貌用语、如何介绍自己、如何与人交谈，以及在公众场合如何表达自己的观点等，都需要从头教起，反复训练。

至于身体动作、面部表情、空间位置、触摸行为、声音暗示及穿着打扮等非言语因素，也是人际交往的重要手段。在有些场合下，此时无声胜有声，恰当的暗示比言语更有效。老师在课堂上往往用暗示使孩子安静下来；身体的触摸常被用来表示对人的关心爱护。

人际交往的基本要求包括四方面。

第一是自我表露。个体自愿将自己的真实情况告诉他人，一个不愿向人吐露心声的人必然十分孤独。言语与非言语因素都是自我表露的手段。自我表露要有分寸，表露不够，会使人觉得不够坦诚而不敢与你交往；表露太多，又会让人感到夸夸其谈，浮而不实。性格内向的孩子应让他练习多表露自我，性格外向的孩子则要教会他掌握分寸，表露得恰如其分。

第二是自我辩解。在真诚坦率表达自己想法感情的同时，能让别人充分理解。有时人们的意见会不一致，或别人误解你的观点，这时要明确为自我辩解，澄清误会，进而重申自己的意见，以达到寻求共同点，保留不同意见的求同存异。有些父母和老师较为急躁，往往不让孩子把话说完就横加训斥，久而久之，剥夺了孩子学习自我辩解的机会。

第三是积极倾听。人们在交往中抱着获得信息、理解对方、分享乐趣的目的，专注地倾听对方的话语。如果对方讲得津津有味，你却毫无反应，或是呵欠连连，肯定无法交谈。积极的倾听，意味着不时给予对方恰当的回应，如提出问题，要求对方补充说明；如讲述与对方共同的意见和经历，还可以复述对方讲话的内容表示你的理解。

第四是同感理解。在交往中用别人的眼光来观察世界，即设身处地，将心比心。同理心实际上是理解对方的需要，培养自己移情能力的过程，不仅要对对方发出的信息相当敏感，还要对其做出正确的领会，体验对方的感情。

了解人际交往的手段和基本要求，对培养儿童的人际交往能力很有帮助。但儿童在人际交往中不可避免地会出现一些心理障碍，例如，羞怯心理。怕与陌生人交谈，与人接触时，不敢主动打招呼，不敢开口多说话，既怕羞，所以开口说话脸就飞红，声音低如蚊吟；又胆怯，怕自己说错话，于是干脆默不作声。

有些人性格内向，也是人际交往的一大障碍。性格内向的孩子大多不易合群，也不轻易说出自己的看法，在团体活动中，他们常充当旁观者的角色。还有的人天生敏感，尤其女孩子，胆子小，怕说错话，担心自己被别人否定，把自己的一举一动都看作是一种有意的演出，为了获得别人对自己的评价，在人群中，他们总是感到不自然。

以上种种心理障碍，都会影响孩子在生活中的人际交往能力。因此在培养儿童的人际关系时要注意以下两点。

首先，要帮助孩子克服这些心理障碍，培养其自信心。多鼓励孩子走出狭窄的个人天地与同伴交往，表扬孩子身上的优点，让他拥有良好的自我感觉，并愿意与其他人一起分享快乐。乐群好玩是孩子的天性，他们喜欢与同伴一起嬉戏玩乐，父母万万不可轻率地剥夺孩子的这项权利。父母可以通过观察孩子在同伴中的地位，帮助孩子更大胆地参与群体活动，以获得同伴的肯定。一旦孩子获得了同伴的认同，他就会增添信心，也会更乐于与人交往。

其次，应适时地教授交往的基本规则和技巧。父母平常要教孩子掌握基本的礼貌用语及日常生活应答，如基本的待客之道和做客之要。一个彬彬有礼、言行谦逊的人势必能被他人接受，为交往打下良好基础。养成尊重、克制、礼让等优良品质，这是交往中不可忽视且极为重要的因素。培养孩子要真诚笃信，让孩子学会真诚待人，不斤斤计较，宽容且善于体谅，不需要带着假面具。在人际交往中，一颗充满友谊与和平的心，远比任何空乏无力的赞美之词更能打动人。在交往过程中，要让孩子学会倾听，善于理解他人，并清楚地表达自我；鼓励孩子多关心他人，给予他人温暖，在关键时刻能向他人伸出援手。人际交往是满足人的需要的一种重要手段，如果在交往中，多满足对方的要求，自然也会受到回报与欢迎。孩子一旦在交往中感受到了被需要、被肯定，自然会以更多的热情投入其中，并且逐渐体会到交往的价值。

歌德说："一个人的礼貌就是一面照出他肖像的镜子。"人际交往不只是礼貌的问题，能在人际交往中应对自如也是有修养的表现。让孩子从小形成人际交往的意识，学习正确的人际交往策略，将有助于他成为一个有成熟思想、独到见解、温文尔雅、极富人格魅力的人。

6-2　珍惜父母情

　　许多孩子小的时候与父母无话不谈，长大后，开始想保有自己的小天地，慢慢地与父母变得有些距离，不太愿意与父母聊天，对大人问这问那感到不耐烦，越来越不满足过去父母对他生活上的关心、学习上的督促。他们更想与同龄人交往，还希望像大人一样有更大的独立性来决定自己的事，却又控制不住自己的贪玩、好奇心和随性。结果弄得父母心里着急，孩子也很苦恼、孤独。

　　这种"成长的烦恼"是从儿童期进入到少年期的正常心理反应，他们感到自己长大，渴望跟成人一样，不愿受太多的约束，但是他们毕竟还是个孩子，生活经验不足，学到的知识不够，对事物的辨别能力不强等，远远还没有具备掌握自己的条件。父母与老师要理解这种儿童发展阶段中的心理特征，让他们摆脱存在的苦恼和孤独。

　　不妨先试着引导孩子学会与父母交朋友。孩子从小到大接触最多、最熟悉的人是父母，父母可以说是孩子人生道路上的第一个朋友，与父母成了好朋友，孩子就不会感到孤独，即使有了苦恼，也有好朋友帮他一起分忧。

　　首先，让孩子搞清楚和处理好他与父母的关系。让孩子懂得珍惜父母含辛茹苦的养育之恩，并报之以尊敬和孝顺。父母也是孩子的第一位老师，父母的生活经验、社会经历、文化知识、办事能力，都值得孩子仿效学习。当孩子碰到困难需要帮助时，大多会首先向父母请教，得到父母的及时指导与帮助，会让他的心觉得踏实许多。

　　其次，让孩子学着与父母成为知心的交谈者。父母要倾听孩子讲述班上、学校发生的事和他对事物的感受与想法，让孩子可以不拘形式，敞开心扉，将自己的欢乐和苦恼传达给父母。当孩子发现，他有如此可亲可信的大朋友时，于是欢乐就成了大家的欢乐，孩子的苦恼也有人一起来分担。我们提倡孩子与父母交朋友，其益无尽，其乐无穷，其情无限。

再次，既然是朋友，交流就应该是双向的，要相互关心。孩子不应该只从父母那里得到帮助、得到温暖、得到爱。要让孩子学会关心、爱护、帮助自己的父母。例如，爸爸生日时，送上一份自己精心准备的小礼物，当然是孩子力所能及的或亲手做成的，送上一句温馨的祝贺话语，或做一件使父母高兴的事等；又或者当父母不顺心、有烦恼或身体不好时，孩子知道去关心和安慰，就更显得成熟懂事，父母一定会感到温暖和欣慰。使爱充满家园，这样才是真正的朋友。

最后，父母虽然是大人，但大人也有缺点，也会犯错。父母有时会错怪孩子，孩子会觉得受了莫大的委屈，此时要让孩子学会控制自己，不要过于生气、难受，更不能与父母争吵，可以在适当时机用恰当的方式向父母表达自己的想法。要相信，父母会接受正确的意见。这也是朋友间应有的信任和谅解。

人需要朋友，就连鲁滨孙在荒岛上不也交了一个"星期五"的朋友吗？这足以证明朋友对人的重要性。只有交往才能实现想法、学习、生活、情感的交流。如何学会交朋友，不妨先从自己最亲近、最熟悉的人做起，而父母对孩子来说是再熟悉不过的了。

人的一生不可能一帆风顺，当孩子需要父母指导时，父母要实时、正确地引导他们。大一点的儿童，其依赖心理、向师心理已在逐步减弱，自我意识逐渐增强，独立愿望日趋强烈，这是儿童心理发展的必然过程。但这时的孩子仍很幼稚，孩子气浓，就像幼儿学走路一样，积极性很高，不要大人扶，但自己又走不稳，不小心就会跌倒。因此父母和老师要高度重视儿童的独立性、自觉性，要尊重他们，在旁边协助他们就好了，学着慢慢放手，不要将他们当作是小孩子，不要无微不至照料、婆婆妈妈说教，这样会造成他们的反感。更不要训斥和压制他们要求独立的愿望，要根据他们心理发展的特点因势利导，以平等、信任的态度去对待他们，像朋友一样去帮助、了解他们，逐步让他们学会自己处理和解决能力所及的事情，培养他们的自理能力和自觉性。

父母对儿童的性格形成具有很重要的作用。社会对儿童的影响首先是通过家庭发生作用的，这种作用主要是通过家庭中人与人之间的关系和儿童在家庭中所处的地位，以及家庭成员（首先是父母）的实际行动对儿童的影响实现的。所以良好的家庭氛围、环境，父母的表率作用对儿童显得尤为重要。

让孩子与父母交朋友，父母更要处处将良好形象留在孩子的心目中，让孩子亲近、信任你，特别是对孩子敏感的问题，更要细心观察，耐心教育，让孩子敢于在父母面前说心里话，说真话，这样父母才能随时、正确地掌握孩子的想法和心理。不要当孩子讲出真话或承认自己做错事时，就一味地训斥他，使他不敢再说出真话；父母也不要一味地为了维护自己的尊严，即使自己错了也不承认、不纠正，失去了孩子对你的信任。

让孩子真正成为父母的朋友，需要双方的努力，特别是父母的努力。当孩子向你伸出了手、伸出了心灵的触角时，你要爱护他、接受他，使孩了感受到父母如良师益友般的爱。

6-3　融洽师生情

每个人从孩提到长大成人都会受到老师的教导，甚至在脑海里留下几位难忘的老师形象。很多人直到成家立业后，仍不忘去看望在孩提时教过自己的老师。饮水思源是人之常情，师生之间的真挚感情是值得回味的。

老师的一句鼓励、一个会心微笑或眼神，都会在学生的心中激起波澜，形成向上的动力，而老师对学生的点滴进步会感到莫大的欣慰，进而焕发出更大的教学热情。融洽的师生之情使得教学相长，也让教育活动得以顺利进行。要建立良好的师生关系，使得教育教学活动取得实效，必须做到以下几点。

认清新时代的师生关系

古时的师生关系如韩愈所说："师者，所以传道、授业、解惑者也。"发展到今天，新的师生关系已不仅是单向的传道、授业、解惑，而是一种平等的互动关系，这种互动就是双向的交流和沟通。学生是学习的主体，更是有情有爱能动的主体，与老师是平等的。因此在充分尊重学生需要、爱好的基础上，才会有诚挚、毫无虚饰的心灵交流，学生也才能自在地敞开心扉，师生才能共同步入五彩缤纷的心灵世界，去分享每一分细微的感受，分享每一段成长经历中的喜悦。

老师的职责已不仅仅是停留在知识的传授，更应于小节处以高尚的人格魅力感染学生。这样的师生关系使教育不局限于校内，更扩展到校外，而其内容更由单纯的以教材为本扩展到兴趣的培养、情感的陶冶及价值观的形成。师生之间真正成为良师益友关系，将会真正实现以"教"促"学"，以"学"促"教"。

建立正确的教育风格

老师的教育风格大致有三种类型。

1.专断型

表现为老师以自我为中心，独断、专横、不可接近，一切听其摆布，不允许学生有任何意见，学生只能绝对服从老师的命令。这种专制的教育方式，阻碍了学生的智力发展，并可能导致学生个性上的偏差，如胆小、懦弱、缺乏自信及过度依赖等，还可能使某些学生形成见风转舵，当面一套、背后一套的言行不一致的不良习气。所谓"情不通，理不达"，这种缺乏情感和心理交流的教育，绝不会收到良好的教育效果。

2.放任型

表现为老师对学生放任自流，对学生的学习和行为不加干预。这种教育方式表面上看来是尊重学生的独立性人格，是一种平等民主的管理方式，实际上是老师不负责任的表现，将会导致无组织、无纪律的自由主义。在这种教育方式下，班级纪律松散，歪风邪气抬头，整个班级就像一盘散沙，老师无威信可言，学生不尊重老师，甚至还会与老师唱反调。在学习上，学生处于无动力状态，缺乏上进心。

3.民主型

表现为老师关心、尊重学生，师生双方共同制订计划，老师帮助学生确立目标，并为其提供协助，学生按目标行动，最后反馈行动结果。这样的教育作风，可以使学生在活泼轻松的心理环境中学习，调动积极性。每个学生各尽其能，不仅有利于智力的发展，还有利于培养学生组织、协调能力，有利于各种优良品德的形成。

建立老师的威信

老师的威信是良好师生关系积极肯定的表现，是教育中的"强心剂"。教育实践证明，老师的威信与老师工作的效率成正比。老师威信的形成取决于许多因素，其中老师的自身素质起着决定性的作用。这些素质包括知识水平、工作能力、兴趣爱好及人格等，这里主要谈老师的知识水准、人格及其心理素质对教育所起的作用。

俗话说："给人一杯水，自己要有一桶水。"更何况在信息化的社会，知识的传播并不仅仅依靠学校教育，儿童强烈的好奇心会不断向老师提出各种问题，老师除了要有扎实的专业知识外，还要有广博的知识面。一个没有良好知识水平的老师，无论有多大的爱心和责任心，都无法赢得学生的崇敬。

老师的良好人格

优秀的人格有其不可忽视的巨大作用。老师也应具有良好的人格，包括充满爱心、自信、沉着冷静、心胸宽广及有正义感等。具有这些特征的老师容易和学生在情感上达成一致，赢得学生的信任，和学生打成一片。

老师要有很强的心理素质

孩子是有自己想法、情感、意志、性格独立的人，老师的心理、情感的细微变化，投射在孩子幼小的心灵中都会泛起阵阵涟漪。轻视带来自卑、偏爱带来放纵，而幽默坦率带来的是开朗自信、正直无私带来的是善良公正。学生如同一面镜子，照出老师心理上的种种状态，因此老师要学会情绪的自控、心理的调适，不断提高自我修养，潜移默化地影响孩子，提高其自尊心和自信心，培养学生热爱自然、热爱生活、积极上进的心理品格。

融洽师生情，少不了家长的参与。儿童对老师很崇敬，但老师也是凡人，言行有时会失当，判断有时会失误，情绪有时会失控，当孩子瞪大迷惑的双眼时，父母有责任做好沟通、协调工作，引导孩子正确地理解老师，从积极方面多回想老师的严格、用心良苦，对于老师的批评要诚恳接受，那么一时产生的误解甚至偏见，相信就会消除。

师生情是人类共有的一种崇高的感情，教育是培养孩子与老师建立起深厚感情的方式，也是培养完美人格必不可少的方式，师生情培育过程所反映出的教育效应是巨大的。学生对老师的爱是对老师做好教育工作的鞭策；老师对学生的爱是学生向上的动力。让孩子在学习接受爱与被爱的环境中健康成长吧。

6-4 储存同窗情

童年的友谊，是人类至诚美好的感情之一，像酒会随着岁月的久远而越发醇厚。很多成年人在童年时结交的伙伴，即便关山阻隔，友情依然绵延不断。

卢梭曾说，经过悉心培养的孩子易于感受的第一个情感是友谊。的确，友谊如同一所培养人性的学校。同学间的交往对孩子的影响广泛且深入，不仅影响学习成绩，还影响社会能力的获得和发展、心理健康和个性的健全。友谊带来的幸福是一种巨大的精神财富，我们应当把这份财富献给每一位孩子。

支持鼓励孩子与同学交往

有些父母由于自己没有时间管教孩子，又怕孩子整天在外面成为脱缰野马，便对孩子的交往进行严格的控制，规定课余时间不准去同学家玩，也不准带同学回家，认为这样就能管住孩子，却没有想到这样做反而阻碍了孩子社会化的发展。

心理学研究显示，儿童有强烈寻找伙伴进行交往活动的倾向性，这是一种合群性的反映。儿童在与同伴的交往过程中，接触到了各式各样的伙伴，了解了各种思考方式和感情倾向，这就使得他们的社会性不断发展，情绪的成熟度逐渐提高，并在不断的交往活动中获得自信感、自尊感和安全感。

父母应支持并引导孩子积极与同学交往，参与同学的正常活动。调查证明，几乎没有孩子不愿参与同伴的自发活动，特别对具有孤独感、寂寞感的独生孩子更是如此。一般来说，儿童从小学三年级开始，想与同学交往建立友谊的需要逐渐增强，并随着年龄的增长，这种需要会越来越强烈。到了高年级，这种对同学友谊的需要有时更超过对父母之情的需要，因为他们觉得在同龄人中更能展现地位的平等，更能有表现自己、实现自我的机会。

同学之间没有指导、命令、强制，有的是支持、了解、友情，他们需要这些，并能从中得到心灵上的安慰、学习上的进步、生活中的欢乐。试想，一个没有同学友谊的儿童会是多么的孤独和不幸。因此父母千万不要禁止孩子与同学间的友好交往。禁止的结果，只会是抑制孩子正当的心理需要，很可能影响孩子心理和生理上的健康发展，以致遗憾终生。

至于对那些性格内向、胆小、害羞，怕与同学交往的孩子，父母则要鼓励、引导他们大胆交往。儿童性格内向不善交际，通常有几种因素：生性羞怯，平常谨小慎微怕与人交往，久而久之，形成了一种进入人际交往情境就无所适从的恐惧心理；自卑心理，或因知识面不宽，或因兴趣不广泛，或因学习成绩不好，均会造成自卑心理，以致与同学交往时，瞻前顾后，心中忐忑不安，苦恼重重；自惭形秽，或因家庭条件不好，或因生理上有某种缺陷，感到低人一等，不愿与人交往；自尊心过强，由于在交往中受到挫折，老是耿耿于怀，就不愿再交往了。

孩子从小产生羞怯心理，会严重影响其心理健康发展，如不实时纠正变成了习惯，长期无法解决就会造成终生苦恼。我们要针对小学生的这些弱点，循循善诱，增强孩子的自信心，特别是要提高孩子内在的心理素质。例如，父母可以有针对性地为孩子讲些道理，告诉他们如何正确看待自己的短处和不足之处，要树立自信心，看到自己的长处，不要自卑或自暴自弃。除此之外，我们还应该创造条件，让孩子多锻炼实践。如多带孩子外出走走，鼓励孩子学会与生人、与众人打交道，或者在不影响孩子学习的前提下，放手让孩子独立外出与人交际。父母千万不能因为孩子不善交际而有意无意地越俎代庖，使孩子失去锻炼、实践的机会。

教育孩子正确对待同伴交往

随着生活水平的日益提高，人们对物质追求的水平也日趋提高，儿童互赠礼物时求好、求贵，相互间比阔气的现象已呈现持续发展的趋势，应当引起父母高度关注。父母应该教育孩子人与人之间最重要的关系是相互敬爱，缺少这一点，再多的物质馈赠也是形式的、虚假的。要让孩子真正懂得同学间互赠礼物不在于礼物本身的价值，而在于彼此的友情。

父母要教育孩子懂得"花钱慷慨大方"并不能在同学中树立良好形象，并不能保持长久、稳固的同学友谊。事实证明，在班级中受同学喜爱、具有良好人际关系的同学，是那些身体健康、学习成绩好、行为举止平静、出色、善于与人合作、帮助他人的人，所以要鼓励孩子从这些方面去努力。

正确指导孩子与异性的交往

有些高年级学生的父母禁止孩子与异性同学来往，主要是怕孩子早恋，惹是生非，怕给孩子的学习和品行带来不良影响。实际上，这样的禁止只会给孩子的健康成长带来不利影响。

心理学研究显示，儿童之间的亲密关系，大多是建立在共同游戏、相互帮助、性格相近的基础上，空间上的接近，如邻居、邻座都会促成友谊的发展，并不存在真正的性别隔阂，因此同性学生与异性学生的友谊并无差别。到了小学高年级，有些孩子逐渐步入青春期，出现第二性征，这时就需要父母正确地加以引导，而不是制止孩子与异性同学的交往。

同学间的友谊，存在于男女同学间。友谊是由于共同兴趣爱好、性格及作风相近而产生的情感上的依恋，不应存有性别上的排异。况且对人来讲，如果从小就没有异性的友谊，对其健康成长会带来不利的影响。异性间的交往，可以使孩子学到同性朋友身上所欠缺的优点。例如，生性鲁莽的男孩可以学点女孩子的文静、细心，比较娇气的女孩可以在和男孩玩的过程中感染到勇敢的精神。对小学生来说，异性间发展友谊，有助于个性品格的全面培养，并为孩子打开一条通向另一个性别世界的管道，消除孩子对性别的神秘感，对往后青春期的心理发展十分有益。所以对于男女孩由于地域相近或兴趣相同等建立的同学友谊，父母不应采取禁止态度，而应支持、鼓励。

当然，对于有些早熟的孩子，父母要加强指导，帮助他们提高对异性同学友谊的认识，关心他们的交往方式、交往内容，切不可因噎废食，粗暴简单地禁止孩子与异性同学交往，这样做不但与事无利，反而会增加孩子的好奇心，盲目模仿成年人的行为举止。但父母也要注意，当自己的孩子与异性同学一起游戏、做作业或讨论问题时，千万不能在一旁无所顾忌地发表"他们是天生的一对""他们倒是很相配的"等言语，这种玩笑话容易造成孩子以后不再敢与异性交往，或是陷入"早恋"的境地，对身心、学习都不利。

指导孩子了解同学友谊的真义

有些儿童，尤其是男童，会把那些"甘为朋友两肋插刀、肝脑涂地"的"英雄好汉"作为崇拜的偶像，并误认为同学间的友谊也应该这样，所以在好朋友犯错时，他们不仅不禁止，反而包庇、纵容、帮忙掩盖等，他们崇尚所谓的"有福共享，有难同当"的"江湖义气"。当自己的孩子出现这种情况时，父母应该怎么样引导呢？

1.帮助孩子认清什么是友谊

友谊是朋友之间的友情，是人际交往中最普遍、最广泛的关系。古往今来，有多少仁人、智者赞美过人类的友谊。伏尔泰曾说："友谊是心灵的结合。"足见友谊之珍贵、纯真。

2.帮助孩子树立正确的友谊观

告诉孩子真正的友谊应该志趣相投、共同进步，彼此应该以诚相待、相互尊重。

美国有位心理学家把朋友分成六大类。第一类是最淡漠的朋友，只是泛泛之交；第二类是彼此有共同的兴趣，在学习、工作上有一定的联系和接触的朋友；第三类是功利重于感情的朋友，这种友谊存在着危险性和虚假的因素；第四类是情谊真挚，可以信任的朋友；第五类是相互关心、互相帮助和激励的好朋友；第六类是真正的知己，视对方的困难为自己的困难，患难与共，肝胆相照。

要教育孩子分清楚什么样的朋友才算是真正的朋友，多结交有益的朋友而不是相互包庇、是非不分的糊涂朋友，或互有所求的功利朋友。而那种为朋友两肋插刀的哥们义气式的友谊是盲目的，是善恶不辨、美丑不分，互相包庇、互相欺骗的虚情假意，要坚决抵制。

针对儿童的友谊稳定性较差，对友谊理解不深刻等特点，父母要多关注孩子在交往中的表现，具体分析孩子在交往中遇到的挫折，指导孩子用正当的手段、正确的方法来处理关系，也可向孩子推荐有关友谊的书籍，让孩子逐步认识友谊与个人成长、友谊与社会进步的关系，让友谊之花伴随孩子成长，永不凋零。

父母要成为孩子交友的榜样

　　父母除了要有良好的教养态度外，在与人交往的各方面也都要起到榜样作用。父母自己首先要做到正确、慎重择友，不为"势利之交"，不为"酒肉之交"，不为"损人之交"，不为"利己之交"，不为"无聊之交"。在交友的态度上坚持做到与人为善、助人为乐、严以律己、宽以待人，不斤斤计较，不小心眼，不在背后议论朋友长短，要帮困解难。对朋友要信任有加，对朋友要说真心话，不可虚伪作假；对朋友的言行也不要有猜疑，与朋友之间有意见要公开指出，切勿背后议论；当朋友有过失，要真心规劝，而不能睁一只眼闭一只眼地顺其自然。如果父母坚持这种高尚、健康的交友目的、态度，就一定能为孩子与同学的交往起到良好的示范和榜样作用。

6-5 融入大社会

人的能力体现在各个方面，有抽象思考能力、有形象思考能力、有动手能力等，其中社交能力是必不可少的能力。从小培养社交能力，对孩子是十分重要的。

在青少年时代，比较多的是培养与同学、老师、父母之间的交往能力。这些能力的培养是环境使然，往往使孩子较容易得到锻炼，加上老师、父母的良好指导，会使这些人际关系交往步入正轨。然而我们在日常生活中，要与社会上各种人交往，因为没有人能离群索居，没有人能像鲁滨孙那样生活。

社会交往技能是人的社会性当中最重要的内容，指的是人在与他人进行交往时所表现出来的运用口头语言、身体语言及情绪认识等方面的技能。例如，参与某项社会活动时，能遵守活动规则，迅速记住他人名字；站在他人角度揣摩他人心理；与他人说话时控制音量大小；在与他人交谈时善于使用多种身体语言，准确流畅地表达自己的思想和意图；善于向他人表示不赞同、不满和不快，礼貌地拒绝他人；在必要时容忍他人的缺点和不正当行为；对自己的过失行为表示歉意；善于忍受人际交往中的挫折；正确对待他人的成功或失败等。

社会交往技能大多决定着人的社会关系好坏、事业的成功与失败，以及人在社会上的吸引力和别人对他的满意度。许多研究证实，良好的社会交往技能所导致的良好同伴关系是儿童和青少年身心健康和取得学业成功的必要前提。

孩子的社会交往能力不是天生的，而是由后天培养的。幼年阶段是社会交往能力发展的关键时期。

发展青少年的社交能力，为他们创造一个积极的社交环境。家门封闭、亲朋好友很少上门来访、邻里之间"老死不相往来"等，必然不利于孩子社交能力的发展。相反，家中有访客，有一定社会交往，孩子在耳濡目染下，会逐渐学会待人接物，逐步提高社会交往能力。

父母应鼓励孩子在邻里之间、在社会中主动与人打交道。例如，学会主动向他人问好；乐意为邻居老人送牛奶、送报纸；学着打扫居家公共环境的卫生。父母要支持孩子参加由学校或其他单位所举办的假日小队活动，让孩子们走进社区、走向社会，如慰问孤寡老人，做一些能力所及的事情，让孩子在与他人的交往中学会关心别人，学会与他人交往。另外，要积极鼓励青少年经常参加社会活动，让他们经历各种场面，与各种人打交道，增长见识和自信，克服社交羞涩，进而变得落落大方，应答自然，容易与人接近。

孩子当干部是提高交往能力的重要途径，有些学校已经注意到利用这个途径扩大青少年的交往范围，提高他们的交往能力。在家庭教育中，也要时时留心，从微小之处培养孩子的社交能力。例如乘车时让孩子买票；出门时让孩子问路；购物时让孩子付钱；有客来访时让孩子倒茶接待；向邻居借物时，让孩子出面；孩子的同学来了，让孩子充当主人等。日积月累，孩子的社会交往能力必会随着实践的增多而逐步提高。

无论是学校或是家庭，都应该态度鲜明地要求青少年遵守社会礼节所要求的各种规则，只有这样才能引导青少年懂得社会公德，善于和别人交往。而那些不常向孩子提要求、纵容孩子的父母，培养出来的孩子往往是攻击性强，不受同伴欢迎的孩子。有研究证实，对孩子过于保护的母亲，培养出来的孩子（尤其男孩子）在和成人打交道时的表现非常善于交际，但他们在同伴中常显得不安和拘束。因此对孩子过分保护并不是可取的教育方法，并不利于培养青少年正常的交往能力。

青少年社交能力反映着他们的修养与教养，因此在人际交往中，不能忽视孩子社交能力的培养。要从大处着眼，小处着手。例如，从小教育孩子学会称呼人，学会礼貌，不粗俗、不霸道、不任性，待人和气、诚恳、热情大方。

如果青少年有一定的社会交往能力，定能结识更多的朋友，定能得到别人更多的帮助，生活会更加丰富，心理也一定会更加健康。

6-6　非常交往与自我保护

　　青少年生活在纷繁复杂的社会环境中，不仅要和自己熟识的父母、老师和同学交往，也少不了在陌生的环境中和不熟识的人打交道。

　　以往的研究对青少年在友善环境中的人际交往教育较为重视，论述也不少，而对青少年在非常环境中、突发事件中的人际交往却谈之甚少，以致我们的青少年在家庭、学校以及邻里之间都能交往得体、行之有度，而一旦在非常环境中就显得无所适从、束手无策，甚至酿成悲剧，令人扼腕。这个非常严峻的课题，放在了老师、父母面前，即孩子在非常环境中与陌生人交往时如何加强自我保护意识。

　　青少年在非常环境中的人身安全防范是一个大课题。据统计，人身侵害的主要对象是弱小团体，从判断力、行为控制能力、抗拒能力三方面来看，不满18岁的青少年属于弱势团体。无论是经验还是体力，在犯罪分子面前都处于绝对劣势，容易受到侵害。一些歹徒披着伪善面具，打着正义的幌子，有时也会利用所谓朋友、亲戚的关系，对单纯、幼稚、善良的青少年进行违法犯罪行为。这告诫我们，培养学生助人为乐、见义勇为、真诚友善、热情大方的人际交往方式和良好品行，固然是我们不容置疑的目标，但对社会环境中"假、丑、恶"的识别与防范，也应是青少年人际交往中不可或缺的一课。

　　在对青少年的教育中，爱心、正义无疑是永恒的主题，但如何识别和对付邪恶，也不能掉以轻心。青少年阅历较浅，缺乏社会经验，有些伪装巧妙的恶行容易使他们上当受骗，有些突然出现的非常交往常使青少年真伪难辨，受到伤害。

　　如何补救青少年人际交往中这重要的一课呢？必须在青少年中加强防范教育，改变以往只教正常交往、忽视非常交往的教育弊端。在教育时要善恶并举，既要教会青少年与人为善，从善如流，也要教会孩子辨真伪、识好坏。要让青少年知道世界上并不全是好人，让他们在比较鉴别中，对什么是善、什么是恶，有真实深刻的领会。例如，独自在家时，不要让陌生人进门；遇到自称是警察的人，请他们出示证件；一旦遇到侵害，一定要注意保留证据，以及遭遇危险时如何呼救等。

有调查资料显示，虽然十四岁左右的青少年已经具备基本的自身安全意识，然而"认识"与"行为"之间尚有一段距离。青少年虽然具备对问题进行逻辑分析的能力，但在实际生活中，又往往不能运用这种能力，而是按陈旧的、不成熟的习惯行事。一项被媒体称作防范恶的教育调查显示，有近百分之九十的学生渴望学到对付暴力的方法，但在回答面对暴力应该怎样应对时，学生的答案却大相径庭，有的表示绝对不会屈服，有的则表示会乖乖把钱都掏出来，有的表示佯装得比他更嚣张，有的表示我肯定会哭等。这就需要父母和老师多加指导，让青少年孩子能发展出独立、成熟地解决问题的能力，也可通过"类比演练"等方式来加强青少年在非友善交往中的自我保护意识。

对青少年在陌生环境中非友善人际交往的训练，父母要多为他们创造一些接触社会的机会，绝不能因为社会上存在坏人而宁愿把孩子关在家里，不与社会接触。现在孩子上、下学都有父母护送，连初中生也大多由父母接送，这实在不可取。大人们不可能时刻守护着孩子，更重要的是，孩子会在大人的呵护中失去人际交往的能力。我们应该告诉孩子，坏人随时都有可能出现，当遇到陌生人时要有自我保护意识，要采取正确的自我保护方法。

对好人的友善和对坏人的防范，是青少年人际交往中两项都不应缺少的能力，培养孩子具有这两方面的意识是青少年完整人格的展现，如果我们的青少年只能在正常的交往环境如鱼得水，而在非常环境、突发事件中一筹莫展，那只能说是教育的悲哀。

当然也要教育青少年不要"以恶抗恶""以牙还牙"，要教育孩子运用智慧来达到保护自己的目的，避免"危急时刻"盲目地拼死硬斗，造成不必要的后果。青少年要养成及时将发生的事件告诉老师、父母或诉诸有关法律部门的习惯，学会运用法律向"坏人坏事"抗争，向"恶人恶事"问罪。

6-7　爱的负担

　　"可怜天下父母心。"这样一句简单的话，却带着三分骄傲、三分崇高、三分委屈和一分遗憾，道尽为人父母者的心声。虽说如此，做父母的还是心甘情愿地一日复一日、一代复一代地施予这种"可怜"的爱。"爱"在家庭教育研究中，确实是一个永恒的主题。因为有爱，才会有血浓于水的亲情；因为有爱，父母与孩子之间才会息息相关，彼此牵挂。

　　那么父母应怎样表现出对孩子的爱？简言之，应该是爱而有度，言而有格。然而在现实生活中，每个家庭都能做到这一点吗？却不尽然。父母亲情有时也会在不经意间走入误区。

过分溺爱

　　这种爱，最大的特点是对孩子娇、宠，把孩子视为掌上明珠。宠爱之情溢于言表，经常"心肝""宝贝"不断，只有称赞肯定的口气，一句重话都舍不得说。孩子要什么给什么，说什么是什么，对孩子百依百顺，事事满足，从无半丝拂逆之意，哪怕自己做出再大的牺牲也在所不辞。对孩子的缺点，要么视而不见，要么百般迁就。不论大事小事，父母都替孩子包揽下来，甘愿当孩子的保姆和侍者，真可谓"捧着怕摔，含着怕化"。长此以往，孩子只有对爱的要求，没有付出爱的责任感，爱的双向道变成了单行道。

　　根据心理学家的观察，父母对孩子溺爱的直接结果就是孩子对爱的情感的餍足，对爱的情感的麻木不仁，将父母的关爱视之为当然，既不能体会别人给他的爱，也不懂得去爱别人，这样的孩子长大后，往往感情冷漠，以自我为中心。父母在他身上施予的种种爱，恐怕也得不到任何回报。

期望过高

很多父母对孩子爱之深、责之切。在学习上，对孩子的要求过高，不切合实际。据调查资料显示，百分之六十以上的城镇父母及百分之三十以上的农村父母，对其年幼孩子的未来学历，已有明确期望，其中期望孩子将来能达到大学及大学以上学历的，城镇父母达百分之九十以上，农村父母达百分之八十以上。可见，父母对孩子的期望值普遍提高，导致家庭教师出现热潮。有的父母重金聘用家庭教师，让孩子加班加点地学；有的父母为了孩子进入明星学校，宁愿交付高额的赞助费、借读费；有的父母把孩子的户口迁入明星学校的学区；有的父母让孩子参加书法、绘画、音乐及外语等各种辅导班，早日对孩子进行智力开发，使之获得一技之长。所有这一切，都展现出父母望子成龙的心态。

父母期盼孩子早日成才的心情急切，原本无可厚非，可以理解。可是孩子能否成龙成凤，与孩子的潜能、兴趣爱好、成长环境及教育等各种因素有关。有些父母，为了让孩子有一技之长，不顾孩子是否有音乐潜能，是否对音乐感兴趣，忙着为孩子购置钢琴，请名师执教。结果学了几年仍无建树，从厌学到弃学，钢琴成了装饰品。父母的期望化为泡影，孩子也身心疲惫。由于父母不切合实际的高期望，激起孩子的逆反，这难道不值得深思吗？而且期望值过高也为孩子带来了巨大压力。

为了达到父母的期望，不少孩子只有不断地努力，放弃了自己本该充满欢乐与童趣的课余时间。也有些孩子勉为其难地背起画架、提着琴盒，走向自己并不喜欢的业余课堂。还有些孩子怕达不到父母提出的要求，心理长期处于紧张状态，高度焦虑，反而引起学习适应不良。其实，孩子在成长，潜能在发展，爱好在变化，父母不宜为之过早定向，也不宜过多干预。有些父母企图用自己的权威来逼孩子就范，结果，只能导致父母与孩子间的感情疏远，孩子的内心受到了很大的创伤，反而不利于其健康成长。

保护过度

不少父母永远把孩子当作是长不大的婴儿，不愿放手让孩子自己去接触社会，而是尽力安置一个舒适安全的环境给孩子，担心孩子小、不会做，而包办了一切。这类父母根本不给孩子锻炼的机会，以"爱"之名，将孩子隔离于纷繁复杂的世界之外，用家庭这个爱的牢笼，囚住了孩子想远飞的心灵与翅膀。

有位老师提到一件事：他担任一年级的班主任时，开学前几天，有位家长特地到教室来察看，对他提出一个要求："在安排座位时，他的孩子不能在最前，因为那样会吃粉笔灰，也不能太后，因为那样会被别的同学挡住视线，更不能坐在教室两边，因为那样会斜视……"这位家长对孩子的爱，显然是过了头。这样做对孩子有何益处呢？

过度的保护，必然成就孩子的惰性，使儿童本来具有的依赖心理更加强化。过度的保护，也必然会剥夺孩子各种锻炼的机会，缺乏独立生活能力，不能抵抗挫折。因为时时处处都有全方位的拐杖，好像生活中只有甜蜜，没有苦涩，造成孩子能力低下、性格懦弱，在家是条龙，外出像条虫。

很多父母聚在一起时还会发出感慨：现在的孩子真难养，一会儿要这，一会儿要那，不答应他就闹个不停，真拿他没办法。要管他，爷爷、奶奶、外公、外婆都是她的坚强后盾，使人好生为难。果真如此吗？既然知道孩子已经陷入这样的难教育境地，为何不想办法改变孩子的这种状况呢？

初生的婴儿纯真可爱如同一张白纸，父母无疑是这张白纸上的第一个画家，家庭教育则是第一抹色彩。孩子的个性、品行几乎都源自于家庭，幼年、童年的经历是少年时代发展的根基，就如同绘画作品的底稿，任其以后的色彩是多么浓烈鲜艳，总还是能够依稀辨出其原来的轮廓。试想，在过度保护氛围中成长起来的孩子，焉有不娇气之理？不过父母能实时意识到这一点还不算太晚。对一株养分过剩的幼苗，其病因复杂，常会交叉感染，多病并发，需要综合治疗。

首先，要减轻施肥分量。孩子形成许多不良习惯、品行，大多是由于父母过度宠爱、溺爱造成的。父母对孩子的要求百依百顺，使孩子从不懂得如何接受被拒绝。一旦进入学校，依然霸气十足，结果往往不被同伴所接受。所以父母要懂得对孩子的爱要有所保留。在孩子面前，不必把全部的爱都表现得淋漓尽致，以致孩子自我感觉特别良好，在父母的管教时则有恃无恐。对于一个承受过多关爱的孩子，父母不妨藏起一点爱心，有时也可适当地冷落孩子，故意忙自己的事，逐渐改变其在家庭中的绝对中心地位，培养他开创自己的小天地。

其次，家庭成员要有统一的教育想法。有时父母纵然对孩子不满意，要加以管教，总被老人劝阻："孩子还小，怎么和他一般见识！"于是爷爷、奶奶、外公、外婆成了孩子抵抗父母教育的挡箭牌！所以要培养孩子独立自强、关爱他人的良好品行，就必须先解除孩子身边的这道防护网。向老人耐心解释，晓之以得失利害来取得老人的理解和支持。一旦家庭成员想法统一，方针一致，那么家庭教育氛围自然就会得以改善，效果也较明显。孩子一旦失去靠山，还是会接受父母的教育。

再次，要注意尊重孩子。不少父母喜欢替孩子包揽一切，除了保护过度，不让他动手做家务外，还常替孩子决定一切，参加什么兴趣小组、上什么才艺课等，都无一不细细看管，要孩子完全遵循自己的意愿去做。殊不知，孩子是一个独立的个体，有自己的喜怒哀乐，父母以为是关心孩子、保护孩子，但这种做法却剥夺了孩子选择生活、体验生活的权利。一切都按父母设计的轨道运行，那么孩子的个性、孩子的思维呢？难道父母爱孩子就是要将他培养成一个木偶娃娃吗？所以，父母要以平等的地位对待孩子，尊重孩子的意愿，让他们充分发挥爱好与潜能，只要不涉及原则性问题就不妨让他们自我发挥，还有什么比孩子纯真的言行更动人的呢？

普天之下，哪个父母不疼爱自己的孩子？又有哪个父母不希望自己的孩子能长大成才呢？然而如何把这份浓浓的爱意传达给孩子，又怎样将最深切的父母之爱以最恰当的方式表现出来，又如何使孩子在充满亲情之爱的氛围中懂得进取、懂得情感的双向交流，体会出父母的深意，这的确是个值得父母认真探索的课题。

仅有爱，是远远不够的。如果说孩子是一颗破土的幼苗，那么父母不仅要用爱作养料，日日浇灌，悉心看护，还要不时除草、修剪、整枝、施药，这样幼苗才会健康成长，长成参天大树。但愿父母都能明白这其中的道理，为父母与孩子沟通情感正确定位，用亲情和智慧去培养出有出息的下一代。

6-8 单桅船——单亲家庭

在社会快速发展变化的背后，有些更深层、不易被人察觉的东西也在悄悄地发生变化：离婚已成为普遍的社会问题。一段感情的结束，一个家庭的破裂、一场婚姻的解体，对婚姻双方的影响都是巨大的，对孩子的影响更是难以预料的。

很多婚姻问题专家告诫人们，父母离婚会造成儿童悲观、性情孤僻、一遇不顺心的事就钻牛角尖。离婚家庭中的孩子其犯罪率也比一般家庭的孩子更高。美国心理学家沃勒尔斯坦和凯利曾以六十个育有幼年孩子的离婚家庭为对象，展开研究。他们以刚离婚不久、离婚一年半以后、离婚五年以后等三个时间段分别开展调查。结果发现：离婚五年以后，有四分之一的孩子和成人度过了危机，恢复了对生活的适应能力；有半数的受访者五年以后仍处于对新生活的心理调整、适应过程中；另有四分之一的离婚家庭在五年以后仍处在情绪极度痛苦的深渊中。这里要提出的问题是：父母离婚事件中究竟是哪些因素对儿童造成了诸多不利的影响？

有一个孩子，他的父母闹离婚，在长达半年的时间里，父母双方为了财产、为了争夺孩子的抚养权而不断争吵，对孩子的心灵造成了很大的伤害。最后法院判决离婚，孩子判归母亲抚养。两年后，母亲因为带着孩子难以重组新家庭，而提出想更改孩子的抚养权，并把孩子送到了父亲家。此时，孩子的父亲已重建家庭，也有了孩子，他以自己的经济、住房条件无力抚养两个孩子为由，拒绝接受自己的骨肉，又把孩子送回母亲家。于是这个不幸的孩子成了"父母双全的孤儿"，流落街头。

这个事例虽然只是极端的情况，但大多数离婚家庭在离婚后的确面临各种问题。其中一个很突出的问题是，随着物价不断上涨，离婚时判定的抚养费很快就不能满足孩子的成长需要，使法院判定的抚养方难以继续承担养育的责任，而另一方却拒绝增加抚养费的数额，于是孩子成为离婚事件中的最终受害者。经济上不能妥善解决是离婚后孩子抚养问题中出现的一个常见矛盾。

父母离异对儿童造成不良影响的另一个原因，是父母将孩子视为一件物品、一份财富。这种情况显著地展现在父母离异时争夺抚养权的问题上。夫妻离异，意味着从此不再共同生活，一个完整的家庭走向分离，其中必然有很多细节需要商讨。在对孩子的抚养问题上，有时夫妻双方都意气用事，将孩子视为私有物品，在商议离异时拼命想占为己有，更有夫妻双方把孩子的抚养权作为商议离异的筹码，或是报复对方的一种工具。这些都给孩子的心理留下不小的阴影。他们幼小而敏感的心灵会止不住地颤抖个："为什么爸爸、妈妈要离婚呢？是我做错了什么吗？他们不爱我了吗？"争夺抚养权的夫妻双方在法庭内外白热化地争执不休，却谁也没有看到一旁噙满泪水、一脸迷茫的孩子是如何忍受失去家庭的痛楚。

原因之三在于夫妻离异之后继续忽视孩子的心理状态，不能实时安慰、开导孩子。离异之后，夫妻双方分开生活，感情上的纠葛终于以双方的分手而告终，彼此从此可以从这个不幸的错误结合中解脱，恢复平静的生活了。可是孩子呢？孩子本是无辜的，却被凭空牵扯到这个悲剧中来，成为最终的受害者！离异之后的父母，各自寻找时间、空间来抚平伤口，而无暇顾及孩子；或是继续沉浸在伤痛之中而没有心情、没有勇气重新开始生活；有的则忙于重组家庭而将孩子视为负担。就算父母双方都爱孩子，大多也只限于一方经常到享有监护权的一方去看望孩子，给予其物质上的关心和满足罢了。有的父母还会把这场夫妻的战争持续下去，不断向孩子灌输对方如何如何不好。当他们在做着这一切的时候，却不知孩子的心正受着怎样的伤害！孩子也有其思维和情感，父母不能替代也不该践踏他的情感需求。失去家庭的完整已是不幸，那么就不要再给孩子更深的伤害了。离异的父母，有责任让孩子适应新的生活。

父母离婚后，孩子所处的生活环境主要有四种：孩子归父亲，父亲不再婚，孩子与父亲构成单亲抚养家庭；孩子归母亲，母亲不再结婚，孩子与母亲构成单亲抚养家庭；孩子归父亲，父亲再婚，形成孩子家有继母、外有生母的生长环境；孩子归母亲，母亲再婚，形成孩子家有继父、外有生父的生长环境。可以想象，在四种不同的环境中，孩子的适应性和命运将会有所不同。

有一位中学生，在他上小学的时候父母离婚了。之后，他随年迈的奶奶一起生活，住在奶奶家的阁楼上。他的父母虽然分开生活了，但仍然爱他，父母在为自己的事业努力奋斗之余，会定期去看望他，关心他的生活。孩子虽与奶奶相依为命，但仍能感受到父母的爱，因此他比同龄人更成熟、更早懂得生活。他努力学习，考上明星学校，并多次在各种比赛中获奖。由此可见，并非每个离异家庭的孩子从此都与成功绝缘。孩子的成长，还是要看父母如何妥善处理离异后的种种实际问题。

社会学家指出，在台湾，父母会为了孩子而苟合，暂不提离婚二字；而在美国等西方社会，父母认为夫妻感情不和离婚是为了孩子。西方社会认为，在夫妻争吵不休的家庭中，孩子承受着比大人更多的痛苦与恐惧。与其不能协调矛盾，给孩子一个温暖而充满爱意的家，还不如分手，给各自重新选择的机会，也可令孩子远离争执，有一个和平、宁静的生活环境。

我国的离婚率呈逐年上升的趋势。如何帮助离婚的成人和儿童尽快适应新的生活，是心理学家和教育学家共同面临的新课题。离了婚的父母，即使彼此的爱情消亡，但对孩子的爱不应就此消亡，更不应该把孩子作为彼此折磨、报复对方的工具。解决这个问题的关键，是离婚的父母首先要调适自己的心理状态，自己先从离婚的阴影中走出来。离婚只能是生活长路中的一次挫折、一段坎坷，它不是生活的目标，更不是生活的终点。一个人不能因为离婚而改变对生活的信念。父母正确认识离婚，离婚后能尽快恢复生活秩序，才能为孩子提供一个良好的成长环境。

在此，提醒正准备或已经走上离异之途的父母们，为了孩子，请务必注意以下几点。

首先，在抚养权的归属上要慎重地从实际情况出发。这个实际情况，既包括物质的，也包括精神的。从物质上考虑，要视父母双方的经济基础和住房条件而定。让孩子跟从经济较稳定、富裕，住房较宽敞的一方，这样有利于给孩子提供一个比较接近原生活水平的环境，避免父母离异后带来的生活水平落差；从精神上考虑，则是要征求孩子自身的意见，让孩子跟随他平素更亲近的一方生活，以减少其不安、恐惧心理。既然已经走到分手这一步，就证明双方的感情的确无可挽回，那么就友好地分手吧，既没有了爱，又何苦再把恨带上？更何必将孩子也牵涉到这本应由父母自己承担的麻烦之中呢？所以，夫妻双方不妨心平气和地坐下来好好谈谈，共同为孩子的今后设计出最理想可行的方案。

其次，要给孩子更多精神上的关心。离异家庭的孩子通常在学校、在同伴中会产生自卑感，并渐渐变得孤僻、内向、不合群。如果父母不能及时开导，容易使孩子走上仇恨的极端或形成不良品行。所以父母要和孩子一起互相扶助，共同走出家庭破裂的阴影。做父母的自己先要树立起开始新生活的勇气和信心，与其回避，还不如耐心地向孩子解释这究竟是怎么回事，力求取得孩子的谅解。同时也可以把自己的心情告诉孩子，并经常和孩子谈谈心，以朋友的口气，平等地与之进行交流和沟通，让他明确感受到你对他的爱依然不变。

如果离异之后要重新组织家庭，也不要忽略孩子的存在。把事情都告诉孩子，并向他解释这样做的目的是让他能重新体会到完整家庭的气氛，也是因为父亲或母亲需要有感情上的寄托和依靠。坦诚地向孩子说明一切，消除孩子的猜疑和不信任感。当然，再婚后对孩子的关心要一如既往，且要花力气疏通在新家庭中存在的心理不适。至于继父、继母，则要将孩子视为自己亲生的孩子一样，用爱心来温暖孩子，取得孩子的认可和信赖。

家庭，是孩子赖以避风的港湾。然而生活并非是一帆风顺，当家庭在风暴中受挫时，不要气馁，也不要抱怨，用一颗爱孩子的心来重新燃起生活的希望，让经历了暴风雨后的单桅船，在此重新起航远行！

6-9 断翅的蝴蝶——残障儿童

一位小学四年级的女孩写道："我羡慕那朵朵流云，无拘束地飘行于碧空蓝天，我渴望清风徐来，好教我还能识得春天花朵的芬芳。昨夜，那双有粉色缎带的红舞鞋又一次进入我的梦乡，我穿着它，努力站立在追光灯下不住地旋转，如那只断翅的蝶儿，挣扎在花丛中狂舞。"文笔流畅，不乏天真，富有灵气。但文字也隐约透出一丝伤感。为什么一个十几岁的女孩有这样的感触？她自比为"断翅的蝴蝶"，因为她是一个残障儿童，小时候一场小儿麻痹症夺去了她行走的权利，让她只能终身与轮椅为伴。

这的确是一幅残忍的画面：一个明艳照人、有着活泼可爱笑容的女孩，却只能在轮椅上看远外草坪上同龄孩子笑着、跑着、牵扯着风筝的细线。而这样的孩子在我们身边并不少见，每每看到他们眼中那不自觉露出的黯然，总令人莫名的心痛。是啊，对残障儿童来说，命运是那样不公，成长对他们竟是充满了蜕变的痛苦和挣扎，他们必须要付出加倍的努力才能克服种种困难向目标走去。而这种种的困难中，最严重阻碍他们正常生长的，恐怕还是心理上的障碍和情绪的不稳定。

这里说的残障儿童，指的是那些肢残、盲聋哑或轻度弱智的儿童，严重低能儿、缺乏自我意识者不在此列。自卑感强烈几乎是所有残障儿童普遍存在的心理问题。残障儿童常怀有深深的自卑心理，因为他们无法和正常人一样行走跳跃，或者交谈，或者耳清目明，他们感到自己无能，甚至成为父母的包袱和累赘。他们的心比一般儿童更敏感，偶尔听到他人的议论或感受到路人异样的眼光，不论是同情还是怜惜，他们都一概地以为是受到了歧视。他们自卑于自己的与常人不同，甚至自轻自贱，认为自己是多余的人，不该来到这个世上。

正是在自卑感的作祟下，不少残障儿童的心理封锁。他们内向，自我封闭，因为自卑于自己的残疾，不愿与他人交往，害怕与他人接触。他们把自己"囚禁"在一个很小的圈子里，如同那蜗牛始终不敢从小小的壳中探出触须来看看外面的世界。他们既害怕来自他人的嘲讽与轻视，又感到力不从心。由于长期的自卑和一次又一次的挫折，使他们形成了一种巩固性的暂时神经联系。也就是所谓的习惯成自然，以后一旦进入了交往情境，自卑感就会占据其心灵，阻碍他们以正常大方的行为态度待人接物，并表现出木讷、拙于言行的特征，自然而然地拒绝与人交往，急于逃避这种令其脸红心跳的场景。

残障儿童长期的自我封闭会产生另一种不健康心理：多疑、对他人不信任。在他们有限的交往接触中，遇到的大多是同情的态度。虽然这种态度是友善的，却也同时暗示了他们的没用和弱小。因此他们会不自觉地联想，对自己友好的人都只是同情自己而已，那与自己不相关的人自然会轻视自己。更何况残障儿童必然受过他人的耻笑和奚落，有的还曾被捉弄。因此他们的心在被伤害之后，便产生对他人的不信任感，对每一个陌生人所表示出的善意都产生戒备、怀疑，甚至敌视、憎恨。曾经受到健康人的欺负或羞辱，对照健康儿童曾产生的极度心理不平衡，造成了他们对其他人的敌意。持这种心态的残障儿童往往将自己的不幸归因于父母或社会，因此对人冷漠偏激，言语尖刻而行为乖张暴戾。

残障儿童还有一个通病，那就是自信心不足。残疾这一事实意味着他们丧失某些人体机能，如不能行走、失明及聋哑等，在无法如健康儿童般生活的现实重压下，他们失去了自信。这与普通的没自信是不同的。残障儿童的不自信源于自身客观缺陷的存在，是有依据的。因此他们的不自信深刻且由来已久，甚至成为性格的一部分，很难改变。他们对自己的未来不存希望，觉得自己一生都不可能得到幸福。随之而来的是对生活失去信心，没有理想、没有目标，也没有对未来的憧憬。于是他们觉得前程黯然而自暴自弃，觉得生活无可留恋而几欲放弃。

这种种情况，我们经常会遇到，虽然残障儿童在同龄儿童中所占的比例不高，却是一个不容忽视的群体，也是老师绝对不可轻易放弃的教育对象。关心残障儿童，把他们培养成为乐观开朗、身残志坚的有用之才是老师不可推卸的责任。

要使残障儿童树立信心，父母自己首先要充满信心。尽管孩子缺乏健康体魄，但他还有正常的大脑和有待开发的智力潜能，只要加以适当教育引导，一样可以成为有用的人。自己的孩子有残疾的确是不幸，但如同其他孩子一样，他也是一个可爱、纯真的生命，是一个有权利获得美好生活的个体。因此父母没有权利放弃希望，更没有权利失去信心、怨天尤人、唉声叹气。父母要用爱心和耐心仔细呵护他、引导他，点燃孩子心中的希望和信心，鼓励他走向光明的生活。要知道，生理的缺陷所引起的心理缺陷往往更可怕，如果父母自己都丧失信心，视孩子为废人，任其自我封闭，在心理缺陷中越陷越深，那才是真正的不幸！

父母的自信心对残障儿童来说尤其重要，因为残障儿童更易受暗示，哪怕父母稍稍流露的感伤都会令他自卑感复发。因此父母的信心应该是切实来自于内心的自然流露，而不是强颜欢笑、强作精神，也不是听天由命，既来之则安之的认命感。这种真正信心是无法伪装的。要建立这种信心关键在于父母对"成才"的理解。残障儿童由于其生理局限，当然很难从事时髦的高薪工作。但是他可以在适合自己的领域内作出贡献，至少他的生理缺陷并不妨碍他成为一个真正意义上的人：一个豁达宽容、机智聪慧、正直坦荡、乐观开朗、富有爱心、热爱生命且勇于追求、积极向上的人。在这一方面，他有着和健康儿童完全相同的可能性，能够成为这样一个人，难道不是成长吗？这样一个心理健康的人，岂不比世俗之人眼中的名利更有价值？而这样的要求，最切合残障儿童的实际，父母应该充满信心地引导孩子向这一方面努力。

父母的信心会在不知不觉中传递给孩子。父母的爱同时又是对孩子最好的鼓励和安慰。所以父母要善于运用自己的爱心。有的父母对残障孩子加倍怜爱，把一切都准备得尽善尽美，唯恐孩子生活不方便。同时心中有负罪感，似乎孩子的不幸是父母的过失，因此当孩子烦恼、发脾气时，只是一味地容忍与回避，进而助长了孩子的不良心理发展。爱孩子，是生活上的关心，更是精神上的引导和学习中的支持。父母要耐心开导孩子树立生活的理想，帮助孩子选择一条自己努力通向成功的道路。

医学、生理学、心理学的研究都证明，人有一种奇妙的生理现象：补偿作用。例如，眼睛失明了，听觉、嗅觉、触觉就会变得特别发达，以弥补失明的不足。盲人也可成为一个出色的音乐家，中国古曲《二泉映月》的作者阿炳就是一个很好的例子。又例如，一个双腿不能行走的孩子，却可以成为一个年轻的计算机专家。文学、音乐及绘画等特殊行为往往是残障儿童可以胜任的工作。因此父母帮助孩子一起发展未残身体部分的潜力，孩子完全可以走出一条属于自己的成功之路。

当然这个路途是遥远而充满荆棘坎坷的，父母要和孩子一起做好心理准备。在孩子徘徊、犹豫时开导他，在他失败时安慰他，在他畏惧、退缩时激励他，在他小有进步时赞扬他。世间本没有一蹴而就的神话，残障儿童要获得成功本就要付出胜于常人千万倍的努力。这一过程艰辛，且汗水、泪水交织齐下，但却是一个实现自我价值、体现自我尊严的过程，是彻底摆脱"残疾"阴影的良药。

左丘明双目失明而作《国语》，孙膑双膝被剜而修兵法；司马迁受到了宫刑而发愤作《史记》，保尔·柯察金多次负伤而练就钢铁般的意志等，残障人成功的例子不胜枚举。只要坚持，没有达不到的巅峰。

美国著名盲哑人教育家兼作家海伦·凯勒曾用一段文字来表达她追求知识，充实生活的态度："春天里我触摸着树枝，满怀热切希望地寻觅着大自然冬眠醒来的第一个征兆：嫩芽。在我看来，一年四季的绚丽景色犹如一出无尽的动人的戏剧，一幕紧接一幕，从我的指尖缓缓流过。"正是凭着对生活如此炽热的情感，这个当时谁都以为她不可能学会写字的残障儿童日后竟成为一位众人敬佩的女性。

是啊，只要仍然有着对生命的热爱，就不会失望，也不会轻易放弃。断翅的蝶儿总有一天能如梦中所想的那样，向人们展示其独特的美丽光华。

6-10 放飞理想

　　"宝剑锋从磨砺出"，就像我们在生活中必须经历许多困难、挫折才能成长一样，理想必须经过"血与火的洗礼"，在实践中不断地经历考验。只有这样，才能一步一步、踏踏实实地树立起远大理想，并为实现它而奋斗。一旦你遇到困难便打起退堂鼓，而你的理想不能成为你战胜困难的动力，那么它就失去了意义。只有你在做任何事情时，都能自觉地感受到一股潜在的巨大力量在推动着你不断前进、不断奋斗，才可以说你具有某种理想。

　　当你一旦拥有了某种理想，又该如何来判断它的价值和意义呢？在历史长河中，其客观标准有两条：第一，你的理想是为多数人谋福利，还是仅为自己谋私利？是利人乐己，还是害人害己？只要是为多数人谋福利，你就可以襟怀坦白，无所畏惧。这种理想就是有益的和进步的，反之则是有害的。第二，你的理想是否正确反映了客观事物的发展规律，是否合乎社会发展方向和进步潮流？肯定的则是科学的，否定的则是不科学的。身为21世纪的接班人，身为国家的未来和希望，我们只有从小就放飞起高尚、正确的远大理想，才能够展翅九万里，创造美好而有价值的人生。

　　然而有人说："现在的年轻人是泡在糖水里长大的一代，是没有理想、没有责任的一代。"或许这种说法太苛刻了，但它也确实提醒我们现实不容乐观。瞧瞧我们周围的这些孩子，生活缺乏目标和追求，样样事情父母做主、老师定夺。学习好的便满身骄气、目中无人；学习差的便自卑颓丧、自暴自弃。任性、以自我为中心更是独生子女的通病，处处只想到自己；若是为别人做了点好事，则唯恐天下人不知道，无非是为了老师的表扬、父母的赞许。有的孩子说："学习是为了父母、老师，他们要我学。"有的说："学习是为了将来找个好工作、赚大钱、好出国。"也有的说:"学习好才能够出人头地。"面对这些无忌的童言,不能不令人感到担忧。面对这种种现状,我们有必要处理好以下三种关系:理想与个人、理想与实惠、理想与动机。

理想与个人

那些为了一己之利而施展骗术,权力到手就拼命享受的人是可怜的,他们的下场往往是可悲的。反之,当一个人心怀人类,对天、对地、对人无私于心,他便是一个堂堂正正的人,他的价值便能被充分展现出来。任何一个成功人物,都是以天下为己任,任重而道远,于平凡中见伟大。个人的琴弦只有为人民来拨动才能奏出最美妙的音乐,为了千千万万的人民而贡献自己的力量,这才是最崇高的理想。

也许有人会问,为他人多考虑,为自己少算计,那对自己的事就不能关心吗?其实只要你能真心学会为他人,自己的事便也在其中了。你喜欢帮助他人,那么他人也必然乐于助你。助人为快乐之本,当你为别人做了好事,你也会因为自己的价值体现而感到愉悦。那些只顾自己学习好,而不愿帮助同学的人是得不到同学的尊敬、老师的赞赏的,你也不会乐意与之交往。只有当我们的理想建筑在为了大多数人的幸福和快乐的基础上时,我们本身才能真正体会到快乐和幸福。

理想与实惠

有人说:"理想是空的,实惠是真的。"所谓实惠,无非是指实际的利益、实际的好处。连孩子也逐渐受到这种思想的浸染,万事讲求经济效益,做家务要付劳动报酬,考试须有物质刺激,学习也是为赚大钱。

诚然,有吃、有穿、有钱花的确是好事。谁不想自己的生活更舒适、更优越呢?但若一个人仅被这种物欲思想所控制,沉迷于对金钱的追求,则不足以成大事。曹操说:"慕虚名而处实祸。"翻开报纸,经济大案、要案时有发生,究其根源,无一不是因为实惠之故而冲昏了头,受其摆布,最终丧失理智。

应该说，人类的追求是为了幸福，只是财富多并不等于幸福。要使社会上人人幸福，必须树立崇高理想，在心中树立坚定的信念，"不以善小而不为，不以恶小而为之"，这样才能在经济浪潮中处之泰然、稳稳操持双桨，出没于惊涛骇浪。

理想与动机

心理学的研究显示，在学习中对学习有崇高理想的人，必然会有纯正的学习动机。理想与动机的关系十分密切，有什么样的理想必然有什么样的动机。那些胸怀大志想将来成为科学家，想以较大的本领和才华为人民服务、为人类造福的学生，必然有强烈长远的学习动机，发愤学习。而单纯以"金钱"出发考虑问题，受"读书无用论"思潮影响的学生，便鼠目寸光，信奉"六十分万岁"，常常在学习上得过且过。

学须立志。古人说："志不立，天下无可成之事。""有志者事竟成"。学习之路并不是听凭纵马的平川，也不是任意飞舟的顺水，常常是充满荆棘的困境。一个人如果不"立志为学"，那就犹如"无衔之马，漂荡奔逸"，不知奔向何方。

对刚开始跋涉于学习之路的儿童来说，从小便能够胸怀大志，激发长远、稳固的学习动机，一定能有勇气攀登上科学的高峰。拥有理想的确不易，然而要实现理想更需要付出辛勤与努力，光靠想象是不行的，它需要行动。

首先，要和自己的性情斗争。如果成功很容易的话，那么每个人都可以成功。正因为它受到多种因素制约，所以显得难乎其难。惰性，就是人们成功路上的一块挡路石。只有靠自己的双手、自己的意志去与之争斗，从身边一点一滴的小事做起，哪怕是睡懒觉也不应轻易放过。"理想的花朵靠汗水浇灌，美好的未来靠奋斗实现。"

其次，要坚持不懈。也许一天不睡懒觉很容易做到，然而要一年、两年天天早起就不那么容易了。既然行动了，就绝对不能半途而废。千万人的失败，往往因为没有恒心，离成功仅差半步。所以说，成功在于最后五分钟的坚持，是很有道理的。

　　最后，要禁得起挫折的考验。挫折是实现理想的必经之路，就像冬天不可拒绝一样，挫折也是人生的必经之路，无法逃避。当挫折降临时，相信自己的理想，并为之奋斗。冷静地控制自己的情感，理智地分析事态因果。只要你相信明天还有事需要你去做，你就会克服今天的软弱和消沉；只要你相信明天还是一个有用的人，会对社会有贡献，今天的忧愁和烦闷又算得了什么！

　　"汗水是滋润灵魂的甘露，双手是理想飞翔的翅膀。"愿我们放飞远大理想，奋力于使中华腾飞的伟绩殊勋。

CHAPTER 07

生活自立的培养

7-1　不做温室的花朵

　　有人把独生子女身上的一些人格特征称为"鸡蛋壳症候群"，意为在家里是"小太阳""小皇帝"，在社会上却经常表现得很软弱，一遇挫折便惊慌失措，长时间陷入不良情绪的困扰而不能自拔，像蛋壳一样，禁不起敲打，一碰就碎。

　　有父母忧心忡忡地说："我的孩子个性很强，稍微批评他几句，就气得不肯吃饭。""我的孩子太要面子，在学校因为答错老师的问题，导致班上同学的哄笑，竟羞得不敢去上学。"更严重的有孩子心理承受能力差得惊人，一有不顺心的事，委屈赌气不谈，甚至自戕自残，走上绝路。

　　这现象告诉我们，现在的孩子，虽然都想成为强者，成为新世纪的挑战者，但实际上他们的性格软化，意志脆弱，遇到挫折容易退缩。宛如一株长在真空里的幼苗，养分充足，唯欠大自然的阳光雨露，风吹雨打。而造成独生子女人格软化有多种原因。脆弱的"蛋壳心态""隔代教养"是其一，家庭的过分温存，使其从小弱不禁风，备受保护，让孩子从小便有依赖心理。

　　孩子生活的环境太顺遂了，"衣来伸手，饭来张口"，但这结果只会导致孩子的脆弱与固执、无能与自负。

　　孩子在幼儿园与小学，基本处于女性包围中，耳濡目染所受的女性化人格特征也是造成孩子人格软化的原因。由于孩子在幼儿园与小学阶段，大多是女老师"一统天下"的现状，使孩子身上的竞争性、冒险性等男子气概不知不觉被压抑了。

　　一般说来，幼儿性格上的可塑性较强。虽然很多父母都有这种心理："我们只养这一个，就尽量满足他，让他开心，过得好一些。"但是要知道将来的社会充满激烈的竞争，孩子踏上社会后，免不了会遇到各种挫折，假如父母只一味顺着、护着，孩子怎会坚强，怎会成熟，怎会百炼成钢？假如一味地"可怜天下父母心"，为孩子提供一条不假思索、不流汗水的坦途，那么孩子必将成为一个依赖父母、懦弱胆小、自理能力低、自立意识差的人；必将成为一个缺少进取精神、禁不住挫折，无法适应未来社会发展需要的人！

适应力差与竞争力弱化，倘在幼年期形成，将来则举步维艰。因此在物质和文化生活水平不断提高，大多数家庭只生一个孩子的情况下，不妨为孩子留一些逆境、存一点困难，让他们从小能吃点苦、受点磨难。"梅花香自苦寒来，宝剑锋从磨砺出。"说的就是这个道理。亲爱的父母，请看看孩子的自立意识如何、耐挫折能力如何，适应水平怎样？

- 孩子在家里做什么都是由你们准备吗？
- 遇到伤心事或受委屈时，孩子爱哭吗？
- 孩子是怎样对待老师批评的？
- 休息日在家，孩子会自己安排一天的生活吗？
- 孩子会帮着做家务吗？
- 孩子上学、放学是一个人来去的吗？
- 假如孩子考试成绩不好，他会有什么反应？
- 孩子喜欢观看一些激烈紧张的运动场面吗？

父母可以从以下几方面来锻炼孩子的意志。

让孩子正确对待挫折

心理学认为，人根据每种需要产生有目标的行动时，由于内在的、外部的障碍，需求的满足会受到妨碍。这种受到妨碍的状态，就是我们平常所说的挫折。在这种情况下，由于需求的强度、障碍的强度以及受挫者个人的性格等诸多因素的牵制，受挫者会产生种种行为反应，其中有些具有潜在的危险性、消极性。

父母应当因势利导，鼓励孩子在受挫时采取积极的反应。当孩子受到某种挫折时，父母切莫大惊小怪，要针对具体情况对孩子进行引导。孩子考试考得不好，很多父母会因此责怪孩子，但单纯的责怪并不有效，父母在责怪孩子之前不妨了解孩子考不好的原因，是孩子平时不用功复习，还是一时粗心，或上课不专心一知半解，还是确实做不出题目等，父母不妨仔细分析，同时观察孩子的反应。假如孩子已觉得愧疚难过，应告诉孩子，不要为考得不好难过，"失败一次没有关系，人生要经历多少次的失败啊！"并让孩子总结经验，共同制订一个避免失败的计划。久而久之，孩子的耐挫性就会得到发展与提高。

有意为孩子创设逆境

孩子对人生甜酸苦辣的认知往往来自父母的说教，因此父母可以多为孩子灌输逆境教育，如，自己的生活道路，对于成功、失败的体验等。父母也可以有意创设一些逆境，让孩子去体会，如让孩子利用寒暑假离开父母，到较艰苦的地方去体验生活，让他们看看一些同龄孩子的生活实况，引发他们深思。父母还可以让孩子承担家里的部分家务，并考核业绩。让孩子自己面对生活，处理一些生活的难题，自己的事自己做，不会的事学着做，没有条件的事想法子做，真正形成一个独立的自我。

锻炼孩子坚强的意志力

所谓意志，是指自觉确定目的，并支配行动克服困难，以力求实现既定目的的一种心理过程。意志力是人在实践中不可缺少的优良心理质量，是成功的必要条件之一。父母可以教育孩子做事先要有目的，并要为实现目标而努力。父母不要过度保护，事无巨细包办代替，剥夺孩子实践机会，而应诱导孩子多动手动脑，多实践，在实践中磨炼意志，形成自信和不畏困难等意志特质。

坚强的意志是磨炼出来的。马卡连柯说："不应当捏塑一个人，而应当锻炼一个人。这就是说，先要好好烧红，然后再用锤子去锤。"父母应有意识地让孩子在克服困难中磨炼意志，陶冶情操。对于儿童，培养意志力必须从小做起，如培养良好的卫生习惯、生活习惯、学习习惯，增强他们自我锻炼意志的信心。有了信心，孩子就会在今后的生活中自我锻炼、自我完善。

现代社会竞争与变革的大趋势，要求现代人必须具备良好的心理素质。让我们的孩子尽快从"鸡蛋壳"里挣脱出来吧。

7-2　学习做家务

　　看到这个标题，许多父母可能会不屑一顾，认为自己回家做家务都觉得累人、烦琐，更何况孩子？"孩子现在读书这么忙，做父母的还要孩子做家务，真是太不负责任了，那不成了大人偷懒吗？""做家务干得再好又有什么用？以后考大学，工作难道要考家务事吗？"总之，在许多父母的眼里，家务事是小事一桩，没什么了不起。父母期盼的是子成龙、女成凤，重要的是知识、能力、琴、棋、书、画，其他的都可以退居第二位。"家务事，唉！那不是浪费孩子的时间吗？这怎么行？"于是父母承包了一切家务，孩子只需"一心攻读圣贤书""两耳不闻家务事"。

　　父母的双手包办了一切家务，孩子的双手变得游手好闲。他们的生活起居、衣食住行均由父母安排，处处依赖父母，甚至放学回家时，连书包也由大人代劳整理。在父母的保护、照顾下，他们失去了锻炼自己双手的机会，没有自我生存、保护、独立自理的意识。最终一个个都变成了生活自理能力极差的小皇帝，成了只知道读书，不懂得如何照顾自己、如何生活的寄生虫。

　　这难道是未来社会所需要的人才吗？现代社会日益变幻、竞争激烈，要想在社会上立足发展，不仅需要广博的知识和才华，更需要有在竞争面前不畏困难、独立自主、自力更生、自强不息的精神。而这正是那些在父母庇护下的孩子所缺乏的。这些孩子在离开父母以后，在现实的生活中几乎无能为力、束手无策。

　　父母不让孩子参与家务事，也就等于否定了孩子作为家庭成员应尽的职责。渐渐地孩子会感到"家务事与我无关"，他可以对家务事不闻不问。在这种生活中，孩子不知不觉地变成了王孙公子，父母则变成了仆人保姆。孩子不再考虑作为家庭成员所应承担的责任，只要是为自己学习和练习技艺，就抱着一种"理所当然""理应如此"的态度。

在父母轻视家务劳动的态度影响下，孩子也形成了对家务事的否定看法。他们认为这类事不重要，父母做这些家务事是应该的，没什么了不起。因缺乏家务的劳动，他们不可能体验劳动中父母的劳累和汗水，当然他们也不会珍惜父母的这份劳动，不会珍爱父母的这份关怀。他们脑子里只有"自我"，只知道"他人为我"而不懂"我为他人"。

可见，父母的过分关怀和特殊照顾，不仅使孩子丧失了人应具备的生活自理能力，而且特殊感、优越感养成了他们极为自私自利的品行。这种品行不仅不利于他们以后踏入社会，成为一名合格的公民，而且还会冲击他们未来的家庭生活。因为"唯我独尊"的态度使他们不懂得关心他人，只注重自己的利益，这样只能给婚姻家庭生活带来更多的矛盾。而父母不让孩子参与家务事，说是为了孩子好，事实上，可能是害了孩子。

今天的教育是为了孩子明天踏入社会做准备的。儿童的年龄特征是他们在学习知识的过程中逐渐意识到自己日益增长的才能，他们向往着独立、自由，渴望着周围人们对他们的肯定，并要求成人承认他们的权利。作为教育工作者，应创造条件来满足他们的这些成长需要。家务劳动是孩子参与社会生活、满足自我、肯定需要的一种很好的活动形式。

儿童参加家务劳动不仅能保证他们为父母所承认、接受，而且在家务劳动中的主人翁态度会大大改变他们的心理，使他们感到自己不仅成为家庭中同等权利的消费者，也是同等权利的劳动者。如果他们与父母承担同样的职责，他们就会感到自己与父母一样有能力，进而也更有自信和独立。

在家务劳动中，儿童与父母增进了互动，体会到更多父母的情感，理解了父母的艰辛，知道父母之爱的伟大，进而改变了他们原来以"自我为中心"的心理定式，转化为"我为他人"的想法。

家务劳动的习惯成自然，孩子就会不知不觉产生体恤父母的孝敬心，进而与父母架起一座心灵的桥梁。由此看来，减少、剥夺孩子参与家务劳动的机会，实在是不明智的。

幸福之源在于勤劳，勤劳的养成在于幼时，在于生活的每一个细节。亲爱的父母，来看看你的孩子做得怎样吧？

- 孩子是从何时开始自己洗手帕的？
- 孩子会做几种家务？
- 做家务在孩子的生活中占去多少时间？
- 当你身体不舒服时，孩子会不会主动帮忙做家务？
- 你常常帮孩子理书包、削铅笔吗？
- 有时孩子在家务劳动中不慎弄坏了一些东西，你有什么反应？
- 孩子能否天天坚持做几件简单的家务？
- 孩子是否很想再跟你学做几样新的家务？

家务劳动，包括收拾房间、洗衣、做饭、洗刷餐具、料理个人生活的事情等。孩子学习做家务，就是要从这些小事一桩一桩做起，不轻视它们，也不要认为做这些家务会影响学习。家务事其实是一种生活上的学习，与课堂上的学习相辅相成，所以作为成长中的孩子不仅不能忽略家务劳动，且要持之以恒参与家务劳动，更不能把家务劳动当作与父母等价交换的筹码，或以此作为表现自己的资本，开口闭口"今天我做了什么什么事"。把家务劳动特殊化是对家务劳动观念上的曲解。

"一屋不扫何以扫天下？"对于生活在顺境中的孩子来说，尤其需要通过家务劳动来磨砺他们学习生活技能，培养勤劳、独立的个性质量，锻炼其心理素质。家务劳动是复杂的，也是平凡的，但对于孩子的成长却有着不可轻视的重要影响。因此当孩子卷起袖口时，要怀着平常心，家务劳动不就和读书写字一样理所当然，无可争议了吗？

对父母来说，首先要有培养孩子做家务的想法。现在的孩子都生活在较平和、富裕的环境中，不做家务对家庭来说影响不大；看到孩子努力学习，看到孩子聪明、活泼、健康的样子，不少父母都会露出满意的笑容……如此种种心态，结果导致孩子被摒弃在家务劳动范畴之外。现在的儿童不会做家务的，大多源于父母的过度宠爱，殊不知，这种爱并不利于孩子的健康成长。

因此为人父母者，首先要从自己身上找原因。要纠正以往种种不明智的想法，从观念上做根本转变，要充分了解家务劳动在孩子成长过程中所起的作用。唯有意识到这种重要性，才会暂且把疼爱孩子的心隐藏起来，督促孩子参与家务劳动，把这种对孩子的严格看作是爱孩子的另一种表现方式。那么正是出于这份爱，父母才会在指导孩子做家务时格外耐心与细致。而孩子初做家务时，常会丢三落四、虎头蛇尾，不知道怎么才能把事情做好，甚至还可能弄坏一些东西。此时，父母千万不要嫌他浪费时间，而把事情重新揽回自己身上，更不可厉声训斥他。相反的，必须鼓励他从失败中吸取经验教训，树立信心，并耐心讲解操作要点，反复示范，直到教会为止。

其次，父母要给不同年龄层次、不同兴趣爱好的孩子分配不同的家务。儿童能力的发展与年龄关系密切，父母应根据孩子的生理和心理特点，合理分配劳动的时间、强度等。低年级学生，以一次半小时为宜，高年级学生可适当增加时间，不断强化，但不应超过其年龄所能承受的强度。

低年级的孩子，其兴趣、爱好仍保留很多幼儿的特征，如爱玩水、好动、对事物满怀新奇感等，父母可以带着孩子一起做家务，使家务劳动带有游戏的意味，以激发孩子的劳动热情。例如，夏天全家一起做打扫工作，父母擦窗、擦门时可以安排孩子在旁边搓洗抹布，或者和孩子一起比赛擦地板等。这样孩子不仅不觉得劳动辛苦，反而会有一种玩水的愉悦感和兴奋，与父母的感情也更加紧密。平时可要求孩子洗自己的手帕、袜子，自己整理书桌和学习用品，也可以把每天倒垃圾的任务分派给他。这样既符合他好动的特性，又能培养其劳动习惯。

对于中、高年级的孩子来说，除了做简单的家务劳动外，如扫地、洗碗及擦桌子等，还可以做一些带有知识性、技巧性的家务，如带他们去菜市场买菜，让他们学会识别各种不同的蔬菜、鱼类。这样不仅可以培养孩子的劳动观念，也为孩子上了一堂生动的生物课。

对高年级的孩子来说，适当动手从事技艺性家务劳动，有益于培养其创造性思维。例如，教男孩子装电灯、修理自行车或门锁之类的事；教女孩子制作简单的布制品，如窗帘、被套等手工活。这些家务劳动，有助于孩子以后的独立生活。孩子从中不仅学到了一定的知识技能，而且不枯燥，培养了孩子的劳动兴趣，当然父母可以为孩子制订一张详细的计划表，标明每天适当的常规家务劳动量，以及每周或每月准备学会的新技能。这样既对孩子有督促作用，又能使他看到自己的进步、增强自信心。不要小看家务劳动，如何让孩子在轻松愉快的情绪下学会做家务，并乐于做家务，这可是一门艺术呢！父母要细心揣摩孩子的心理特征，不能对孩子采取强迫劳动的方式，这样只能引起其逆反心理。

最后，父母要在家务劳动中培养孩子良好的个性品质。让孩子参与家务劳动，为的是使他们养成劳动的习惯，萌生对劳动的兴趣，懂得尊重他人的劳动，培养社会劳动的动机，学会为集体劳动，并在劳动中自我锻炼，养成吃苦耐劳、自尊、自强的良好品格。愿每个孩子都能成为父母的小帮手，让家务劳动变成全家的乐趣。

7-3 为节俭讴歌

现在的孩子从小就有优越感，容易养成不懂节约、大手大脚的习惯。据有关方面调查，在三口之家的各种消费里，儿童消费水平日趋增长，"孩子的钱最好赚"已成为商场的共识。

从衣食住行等日常消费看，玩具类、学习用品类浪费现象严重。有的孩子玩具多得出奇，光是枪就有十多种，如长枪、短枪、喷水枪、冲锋枪、卡宾枪，还有各式各样的轿车、吊车、飞机、坦克，上发条、装电池、遥控的都有，孩子今天玩这个，明天丢那个，后天又吵着买新的，小小年纪却欲壑难填。才上学，书包、铅笔盒换了好几样，明明还可以用，但孩子喜新厌旧或追逐时尚，竟弃之如敝屣。现在的孩子用到哪儿扔到哪儿，一点都不爱惜。不少老师反映，学生中午在学校吃饭，见到不爱吃的或吃不了的，就一扔了事。

儿童的消费大幅度增长，对父母、孩子来说未必是件好事。儿童的消费中，有些是合理的，有些是不合理的。孩子年幼，容易受外界诱导，好奇心强，易产生新鲜感，欲望也多，父母如果一味地加以满足，那么在孩子的消费观点里永远找不到"节制"二字，而我国传统的勤俭美德将荡然无存。

父母的特殊消费心态

有些父母常以下列几种特殊心态来对待儿童的消费现象。

1.补偿心理

有些父母幼时家境贫寒、物资匮乏，童年时很多欲望由于条件限制未被满足，现在自己做了父母，将心比心，认为今非昔比，条件改善了，且只有一个独苗，钱不往孩子身上花，要往哪花呢？有些父母因为工作忙或经常出差在外，无暇照顾孩子，自觉未尽到父母责任而深感内疚，便在物质上尽量满足孩子，以补偿心理上的不安。

2.虚荣心理

有些父母自尊心强、爱面子，看见孩子班上其他同学穿戴漂亮，唯恐自己的孩子落后，跟不上而遭人耻笑，抱着"别家孩子有，我家孩子也一定要有"的心态，不顾孩子的实际需要，一律向高消费看齐。

3.从众心理

有些父母在教育子女上缺乏主见，人云亦云，今天孩子回家说班上同学玩溜溜球，便为自己的孩子也选购一个；明天马路上流行呼啦圈，于是也跟着去买。社会上的"钢琴热""计算机热"，就是这么"热"起来的。有的家里住房才八九平方米，照样也放了钢琴这么个时髦的庞然大物，碰上孩子缺少艺术天赋，也只好望琴兴叹了。

正是这种种的心理作祟，导致了儿童消费上的奢侈与浪费现象。今天的孩子，不必再经历父辈、祖辈的艰苦岁月，孩子现在的生活已很好，但毕竟小康家庭占多数，多数父母的工资都是用辛勤的劳动换来的。父母千方百计满足孩子的消费欲望，会令孩子有种错觉——钱来得容易，只要张嘴向父母要就好。孩子一旦养成大手大脚的用钱习惯，就必然导致他们向高消费轨道滑去，一旦父母承受不了时怎么办？

古人说："俭能养志。"唐代诗人李商隐有句话值得深思："历览前贤国与家，成由勤俭败由奢。"古今中外，很多名人最终获得的事业成功，都可以追溯到他们刚开始时克勤克俭的生活。居里夫人在巴黎求学时，找的是最便宜的屋顶阁楼居住，每日步行到巴黎大学，一日三餐无规定的食谱，有时仅以牛奶、樱桃充饥，发现了镭元素后，奖金、荣誉纷至沓来，但居里夫人依然信奉节俭的生活方式。正是节俭磨炼了她克服困难的信心和勇气。节俭是物质上的克制，却是精神上的财富。请父母通过以下的问题比照自己的孩子，看看他（她）是不是也有浪费现象。

● 你平时给孩子多少零用钱，他一般用来做什么？

- 孩子想要买什么东西时，是不是会先问价钱？

- 孩子了解父母的上班情况吗？他觉得父母赚钱容易吗？

- 一支铅笔，一块橡皮擦，孩子能用多久？

- 孩子生日怎么过？

- 孩子存钱吗？存多少？准备怎么用？

- 孩子能判断要的东西是便宜还是贵吗？

- 你是否一贯满足孩子的购物要求？

节俭应从生活细节做起

要养成节俭的好习惯，应从日常生活细节做起。

首先，节俭的核心在节制。头脑里要记着"节制"二字；当看到别人买这样买那样时，不妨想一下：自己是否需要？不买又如何？借来玩玩怎样？

其次，节俭的关键在计划。父母每个月总给孩子零用钱，过年还要给压岁钱，把这些钱积存起来，也算是一笔资产。这笔钱怎么支出，又怎么积蓄？不妨教孩子拿个笔记本来记账，记上日期、收入及支出情况等。

最后，节俭的过程在坚持。规定自己在账面许可范围内花钱，有钱时不超支，没钱时就不买东西。每天如此，每月如此，也就自然而然，年年如此，习惯养成了。对待钱该节俭，推而广之，对一日三餐，穿的衣服，用过的东西都有节俭之心，不浪费，不随意丢弃。

当然，要让孩子养成节俭的习惯需要一个实践过程，对老师、父母来说，如果不在这方面加以教育训练，孩子的合理消费观念还是难以养成的。

首先，父母自己要有合理的消费观念并身体力行，以此带动孩子。即使有条件，父母对孩子的疼爱也应多呈现在精神上，比物质激励更有意义的是塑造孩子的思想灵魂。父母假如平时生活习惯于挥霍，节俭教育便根本无从着手。洛克菲勒是世界上第一个家产逾十亿美元的大富翁，他用在教导子女身上的心血胜过管理家产。在他的家里，孩子的开支受到严格控制，每个孩子按周从父亲那里领钱，他从不轻易答应孩子的要求，并时常教导孩子要自食其力，不依赖他人。做父母的难道不该从中悟出些什么吗？

其次，父母要帮助孩子建立正确的消费观念。父母要教育孩子了解劳动与金钱的关系，让孩子了解你们的工作，知道钱的由来，通过参与家庭消费计划，知道钱的去处。孩子会逐渐悟出劳动创造财富的可贵、计划花钱的必要。

最后，父母要对孩子进行节俭的行为训练。"由俭入奢易，由奢入俭难。"如果孩子从小用钱自由惯了，视节俭为小气，那么他就容易形成贪图享受、追求虚荣的习性。因此要从小开始对孩子进行节俭行为的训练。定期给孩子零用钱，帮助孩子建立账本，记录开支情况。如果账目清楚，开支正当或有结余，则给予鼓励；如账目不清，收支失衡，则要引导教育并以减少零用钱作为惩戒。当亲戚长辈给孩子额外钱时，父母不必代为收管，可以让孩子自己保管，放进储蓄罐，或开个"账户"，存在"家中的银行"里，这样有利于培养孩子用钱的计划性，养成合理消费、勤俭节约的好习惯。

节俭，自古就是修身、齐家、治国、平天下的良策。让学生养成节俭的习惯，有助于其意志的磨炼和人格的成熟。教育孩子以节俭为美德，将会促使其摒弃低俗的纯粹的物质追求而向更高尚的理想奋进。让我们为节俭讴歌，让我们的孩子在节俭中成才。

7-4　习性的累积

在平日的学习生活中，有很多同学常把自己学习成绩不理想或某种失败归因于自己笨或外部学习条件不佳，认为这一切不是自己所能改变的。可是当他们有机会去住宿学校过团体生活时就会发现，有些成功的同学并不比他们聪明，学习环境也都相同，可是这些同学在学习、活动、生活各方面皆潇洒自如、游刃有余的状态，让人感叹不已。是什么引导这些同学走向成功之路？只要仔细观察便会发现，奥妙之处就在于这些同学具有良好的习性。

何谓习性？习性即习与性成，也就是人们通过长期反复的练习而固定下来的行为方式。例如，儿童在做作业时，有的人专心致志，速度很快；有的人则三心二意，左顾右盼，结果一小时的作业可做上三四个小时。长此以往，这两人便形成了个人做事的风格，前者干脆利落，后者磨磨蹭蹭。这种利落与磨蹭的品格就是一种习性。

所以习性类似习惯。它是通过练习而巩固下来的某种活动方式，具有"自动化"性质的系列行为特征。这类特征一旦定型，便会自动出现在相应的行为活动过程中，使系列动作的顺序、速度、质量受到影响。因此习性虽然不是一种无意识的行为特征，但由于有意识实践的反复，使其转变成了自动化的方式，进而使它能够在意识的参与和控制减少到最低限度的情况下，自然而然地表现出来。也正因为如此，它对人们的社会实践有着重要的意义。

日本有位企业家在他的书《成才》中，曾介绍他两次招聘职员时的做法。第一次招聘职员时，他通知应聘者招聘工作下午开始，他们可在食堂免费享用客饭。结果当这些应聘者吃完早饭后，他宣布招聘工作结束，录取者是吃饭最快的前几名；第二次招聘职员时，人们原以为又是吃饭比赛，可他却请应聘者参加公司的义务劳动——打扫厕所，并且要求大家只能用手和一块布。当时厕所很脏，结果他录取了擦得最干净的几位应聘者。

人们对他的这两次做法感到十分惊讶，觉得不可思议，也无法理解他为什么这样做，因为一般常规做法招聘单位最关心的是应聘者的专业技术才能。可这位企业家却以日常生活中两件普通小事来决定人事安排。原来这位企业家认为吃饭、扫厕所虽然是小事，却能以小见大，从侧面反映出一个人做事的风格。如果一个人吃饭很快，那么这人平时做事肯定也是十分麻利，由此推断他一定也会是个工作效率高的员工；扫厕所虽然这是由清洁工负责的工作，但一个人如果能把那么脏的厕所用手认真地擦干净，说明这人无论做什么工作都能吃苦耐劳、勤勤恳恳、一丝不苟地完成，而这种作风也正是现代企业对一个好职员的基本要求。

由此可见，这位企业家别出心裁的招聘方式正是他的独到高明之处。他深刻理解习性对一个人的巨大影响。类似以上做事迅速、认真的作风恰是一个人的习性表现。这种习性是人们平时经过多次行为反复，不断实践，内化为品格，很少有意识控制，自然而然所表现出来的，一旦形成就很难改变。一个人知识少可以学习，技能差可以训练，能力差可以培养，但如果一个人的习性一旦养成，就如俗话所说的："江山易改，本性难移。"所以这位日本企业家在招聘职员时首先考虑的是员工是否具有良好的习性。

习性是人们运用知识、技能解决问题时所伴随的一种行为风格。正是由于这种附载性特点，所以常被人们所忽视，但它却实实在在地左右着人们做事的效率和质量。例如，有的同学总是习惯做事慢悠悠，起床穿衣、吃饭、做功课，样样都拖拖拉拉、磨磨蹭蹭，结果他的效率永远赶不上别人。别的同学半小时完成的工作，他却要花上一小时，真所谓事倍功半。所以好的习性有助于人们提高工作、学习效率，为生活带来便利；而坏的习性一旦形成，则阻碍了人们进一步发展，将从根本上降低生活质量。

在现实生活中儿童的不良习性到处可见。大的表现在饮食起居。学习休息，缺乏固定安排，显得杂乱无章；小的表现在做作业时边看电视、听音乐或吃零食。有的儿童放学回家先玩，直到迫不得已时才胡乱涂抹作业，造成学习质量不佳，睡眠不足，甚至有的小学生把作业放在第二天上学之前草草了事。在家里有些孩子东西乱堆乱放、做事无条理、想干什么就干什么，生活、学习的随意性很大，不良行为积久成性。究其原因，父母应负有重要责任。因为从儿童方面来看，他们年龄小、经验贫乏，依赖性强，自制力很差。所以他们在平时的学习、生活中不知自己哪些做得好，哪些做得不对，这些行为方式对以后会有何影响。他们的行为往往由自己的情绪、兴趣支配，即使对自己的不足之处有所察觉，但因意志薄弱，难以克服，容易任其发展。而且这种品性在学校统一的集体教学活动中很难察觉。

习性的养成对儿童具有特殊的意义。小学阶段是儿童长身体、长知识、长技能和品德形成的重要阶段，也是习性养成的关键时期。由于年龄小，儿童的一切还犹如一张白纸，尚未定型。这一点决定了他们的可塑性极大。如果教育者能有意识地加以引导，并加以反复训练，约束控制不良习性的滋长，那么儿童就会在这一时期逐渐养成一种良好的习性，使他在以后的生活学习工作方面受益匪浅。相反，如果一种不良习性在这一时期未加抑制，而是发展稳定下来的话，那么这种恶习将伴随着时间的推移难以改变，并对儿童的发展产生消极影响。那么如何帮助孩子养成良好的习性呢？

首先，晓之以理，授之以法。前面已提到儿童在平时的生活作息中具有很大的随意性，他们有规律、有计划的生活意识十分淡薄，并且对养成良好习性的意义缺乏深刻理解。因此身为老师、父母应根据儿童这项特点晓之以理，加以引导，帮助儿童认识习性的重要性及良好习性的内涵有哪些，进而使儿童重视习性，以增强儿童改变不良习性的自觉性。同时教育者还应授之以法，向孩子介绍一些作息计划，告诉他们如何去做，使他们有章可循，进而把"养成良好习性，改变不良习性"变为他们强烈的自我意识，作为自觉行动。

其次，注重实践，反复练习。如果说指导孩子认识习性的意义有助于他们自觉性的培养，那么习性的真正养成则须让孩子反复练习。俗话说："习以为常""习久成性"，只有通过不断实践，儿童才能巩固某种行为，才能体验良好习性带来的愉悦之感，才能再遇到种种挫折、克服困难时经受住考验，树立勇气、信心，以真正发展良好习性。所以习性的根本，关键是习。只谈不习，只是空谈。而且越是对于年幼的儿童，行为的实践越重要。因为他们的理解力很难使他们懂得什么是习性、为什么要这么做。而行为的具体实践则是实实在在的，也是最形象、最生动的。所以相对说理而言，父母要求他们怎样做，对他们来说更便于接受。随着时间的推移，这种长期日积月累下来的行为方式深深在他们身上扎下了根，打上了烙印。这是任何口头说服的力量都不能替代的。因此相对高年级学生注重启发自觉习性来说，对低幼儿童则可少说多做，通过反复实践，使行为通过量的累积实现质的飞跃，最终积习成性。

再次，磨砺意志，及时反馈。良好的习性往往在其最初形成时需要人们坚强意志的控制。因为良好习性不是与生俱来的，而是后天养成的。人们在日常生活中往往乐于以自身的情绪、喜好行事，即使有明确意识，非常想改变平日无规律的生活习惯，但因缺乏自制力，一旦遇到困难就会退缩，又变得随心所欲，无法与旧心理习惯彻底决裂，最终良好的意愿不能实现，落得虎头蛇尾，半途而废的结局。所以要养成良好的习性，就须在晓之以理、授之以法的基础上，在反复实践过程中加强孩子自制力、坚持性的培养。父母可以向孩子介绍一些在习性方面表现突出的事例，树立榜样，以激励孩子不断克服自己的惰性。同时，父母也要注意孩子每一阶段习性过程中的具体表现，实时做出评价，对孩子的良好习性予以肯定、表扬，使孩子产生愉快体验，坚定信心向更高目标发展。

"少成若天性，习惯若自然也。"让我们从小抓起，从小事做起。谁能认识到这一点，并付之于平时的行动中，谁就会拥有未来的主动权，成为未来的强者。

7-5 化依赖为自理

记得过去，孩子上学或是回家，总是和邻家的几个小朋友结伴而行，他们从没奢望过父母接送，哪怕是偶尔一次被父母接送，也会让同伴耻笑，被认为是没出息的表现。现在呢？清晨，妈妈一边往孩子嘴里塞着点心馒头，一边滔滔不绝地叮咛着孩子；下午，最后一堂课的铃声还未响起，校门口铁栅栏门外，已经站满等候孩子的父母。有些父母甚至还常跑到教室里，为孩子整理书包，替孩子抄老师在黑板上交代的家庭作业；碰到自己小孩子值日时，也许会自己上阵替孩子打扫等。今天的儿童是明天的国家栋梁，雏鹰振翼，先砥其志，可现在的父母对孩子太娇惯、太迁就，其实是给孩子的成长拖了后腿。

某校通过对学生的抽样调查发现：有些学生学习成绩较好，循规蹈矩，缺少主动，举手答问时小心胆怯，习惯听从别人指挥，喜欢依附他人；有些孩子脾气古怪，任性过头，听不得批评，受不得挫折……他们逐渐长大面对纷繁复杂的人生时，会以怎样的姿态去迎接呢？

独立自主的个性，独立自理的能力是孩子身上一笔宝贵的财富，他们将来的人生历程完全要依靠这笔财富去面对社会、面对生活，父母明智地想一想，你们在替孩子理书包、削铅笔时，在剥夺孩子什么？

也许有些父母会认为："孩子现在还小，长大了独立生活能力自然会有的。"殊不知，儿童时期是人一生中最重要的发展阶段，此时大人怎么教育他，给予他什么样的外界刺激，在他一生中将留下深刻的痕迹，产生深远的影响。

从心理学角度讲，情绪上依赖父母，以父母的意志为转移的儿童展现出从属性、盲目崇拜性。而非依附性的儿童，在情感上具有较大独立性，不愿充当依附父母的角色。心理学研究显示，具有独立性的儿童很早就显示出有所成就的动机，这种成功的强烈愿望，也并不只是想获得父母的表扬，而是随着他们年龄的增长，善于掌握自己的命运，在意志和行动上他们也表现出比依附性儿童更多的独立性，这种个性特点为他们将来的成才奠定了基础。依附性儿童虽然也可以凭着自己的努力而有所获得，但早期生活中所形成的依赖性往往会存留下来，在人际交往中甘居依附地位，表现为羞怯、呆板及缺乏信心等。

也许有些父母会认为："孩子年幼，各方面都比较娇弱，让他们做家务、料理自己的生活，是不是太劳累他们了？"殊不知，孩子参加劳动等操作活动，能够促进神经系统的发展。因为骨骼肌肉的活动是在神经系统的支配下进行的，骨骼肌肉的活动又促进神经系统的发展。孩子在劳动实践中能获得新知识，增长才干。在家庭里，从小培养孩子的独立生活能力，这和增进孩子的健康，发展孩子的智力一样重要。

21世纪的人才竞争，实际上是心理竞争，是一场比自主、比意志、比毅力、比信心、比顽强的竞赛。因此让儿童从小独立，学会料理自己的生活，培养他们独立生活的能力，是有着深远意义的。

下面的题目，可以测出孩子的自主、独立意识与能力情况。

- 你经常帮孩子叠被子、整理书包吗？
- 孩子上学和放学都由大人接送吗？
- 孩子习惯于一个人做作业，还是必须由大人在旁监督？
- 孩子平时能做到自己的事自己做吗？
- 假如让孩子去参加野营活动，你会有什么想法？
- 孩子有没有表现出为父母着想的行为？
- 孩子有自己做主的情况吗？
- 孩子会自己买东西吗？

从生活琐事、起居应对、外出交往中开始学着摆脱依赖是十分重要的。生活中有些事情是孩子不能做的，也有些事情是孩子自己能够做的。儿童就应该时时提醒自己，自己会做的事情自己做，碰到一些不会做的，看看、学学、试试，即使做不好也比不做强。因为孩子从小养成自理的生活习惯，可以使全身得到锻炼，增强体力；从小学会自我料理生活，可以培养独立自主的能力，不怕困难，勇于探索，勤劳勇敢；从小独立自理，还可以时时帮父母的忙，减轻他们的负担，让他们在繁忙的工作之余放松一下。为达此目的父母可以从以下几点做起。

1.根据孩子身心发展的规律，培养他们自我劳动与学习的兴趣、习惯

刚入学的儿童，一般都会自己穿衣、洗袜，父母应满足他们的愿望，不管从大人的眼光去看是多么不顺眼，都让他们自己做。高年级学生，可以自己洗衣服、收拾书桌、整理床铺。父母在教育时应注意不要对孩子的生活琐事——包揽、越俎代庖，而应多鼓励孩子的劳动积极性，珍惜他们的劳动成果，抓住时机，因势利导，培养良好的劳动习惯。

2.教会孩子独立生活的技能技巧

例如，孩子整理书包，父母要教会他如何整理，上学前检查一下该带的是否都带齐了。孩子要学的事很多，父母应以教为主，以示范为主，而不是凡事代劳，让孩子永远在你的护翼下坐享其成、悠然自得。即使如孩子上学、放学回家之类的事，也可以采取积极主动的方法，例如，教会孩子怎样过马路，或者找个邻近高年级的大孩子结伴而行。起初，父母定时接送几次，时间久了，让他单独出行，孩子便能学会安全过马路。

3.给孩子创造练习的机会和条件

孩子要学会独立生活的技能技巧，总有一个练习的过程。做父母的千万不能操之过急，要求孩子太完美，实际上这也不可能。只要孩子愿意做，不论他做的成效如何，都不要求全责备。大人应善于抓住机会让孩子参与生活实践。如妈妈在洗衣服时，也为他（她）准备个小凳子，让孩子和你一块搓洗；吃完饭，不妨让孩子收拾碗筷，做些洗刷工作。碰上缝缝补补，妈妈也可让孩子试着穿线、打结、钉扣。有些父母性急，见到孩子做得不像样，宁肯自己做，其实这无疑在剥夺孩子的练习机会，将来只会弄得孩子什么事都不会，什么事都做不了。

4.鼓励支持孩子参加力所能及的劳动

孩子毕竟是孩子，做出来的事难免幼稚，这时候父母切忌不分青红皂白

就横加批评指责，挫伤孩子的自尊心、自信心。记住，赞扬的效果总是优于批评，因为赞扬是一种正强化。使孩子觉得这样做是对的、好的，以后应继续做下去，可能现在这样做还不尽完美，但只要做下去就一定能做得好。

5.积极创设孩子自主选择、探索的机会

孩子依赖性强，对自己的生活不能作出合理自主的安排，其缘由大多与父母有关。父母爱子心切，常替孩子安排一切，从早到晚，不给孩子留一点空余时间。既然父母已为他设定了所有的生活程序，孩子又怎会有自主的选择呢？孩子的独立自理能力是需要父母有意培养的。当孩子进入高年级后，如果已经养成了良好的生活习惯，不妨放手，让他做一些选择、安排，这将更有利于他学会运用自身的力量去接受新事物，面对新环境。从近期看，是与中学学习生活接轨；从长远看，可以从容应对飞速发展的未来。

7-6 安全防范与自我保护

　　一个小女孩在街上踽踽独行，忽然来了一个人，低声说："乖小朋友，你在想什么？"小女孩鼻子一酸，委屈地说："妈妈不给我买娃娃……"来人马上露出笑容，往女孩手里塞糖果，说："好吧，叔叔给你买，叔叔那儿还有童书、变形金刚……"孩子受到迷惑，跟叔叔走了，却不知叔叔是地地道道的披着人皮的恶狼！

　　有时候马路边会闪出一个陌生人，截住男孩子问路，并说自己初来乍到，人生地不熟，能不能带个路。当转弯抹角来到偏僻的角落，便马上露出狰狞的面目！

　　以上叙述绝不是危言耸听的传闻，而是近年来断断续续发生过的案情。

　　目前小学生95%以上是独生子女，父母为让他们"万事如意"，免受一切挫折，为子女们营造安逸的生活环境，这似乎已经成为许多父母，尤其是家境比较优裕的孩子父母的共同追求。然而，这些孩子身上也由此不同程度存在着任性、脆弱、依赖性强的弱点。

　　有位儿童心理学家分析："父母的目光老是盯着唯一的孩子，几乎形影不离，构筑层层藩篱，唯恐意外发生。孩子就像永远不离卵翼的雏鸡，根本没有从自己周围发现危险的机会，更无法获得抵御危险的能力和战胜挫折的经验。"那后果会怎样呢？有个女孩因为母亲和公司的同事发生经济纠纷而祸殃其身；一个男孩因为家里经济条件优越而成为不法分子绑架的牺牲品。另一些孩子受外界不良因素影响，从自己家，继而从别人家里偷钱、偷物，与社会上不良分子混在一起，渐渐走上犯罪的道路。

　　这些教训是多么惨痛！孩子年幼，缺乏经验，缺少有关知识，需要学校、家庭的保护！有些父母误以为保护孩子就是一切为孩子考虑周全，安排周全，防范周全。遇到旁人欺侮，父母一个箭步上前，将自己的孩子牢牢地看护不受外界的伤害。

这些全是正当的保护，是天下每一位父母都有的舐犊之心、爱儿之情。可是孩子生活在一个纷繁的世界里，影响其身心健康的，不仅有肉体上的，更有心灵上的。不良的图书连环画报，黄色淫秽、充斥暴力的非法影像带，这些也都极具杀伤力。所以父母不仅应在身体上给予孩子保护，也要在心灵上给予孩子保护。保护的最终目的是让孩子渐渐学会自我保护，就像幼儿学步，明智的父母总是鼓励孩子，让他们大胆地朝前走，因为父母心里清楚：抱一时可以，抱一世不可能，孩子终究要自己走路的。同样的道理，父母保护孩子是因为孩子年幼，随着年龄的增长，孩子毕竟要学会自我保护。父母在监护孩子的同时，应该大胆尝试让孩子自己保护自己。想知道你的孩子是否懂得自我保护吗？不妨用下列问题让你的孩子来作答。

- 假如你听见或看见有人敲门，你会怎么办？
- 一位陌生人对你说："我是你爸爸的同事，他有急事，让我来带你去找他。"你去不去？
- 放学路上，有人跟着你，你会往哪里走？
- 万一家里老人病倒，而爸妈又不在，你会怎么办？
- 万一家里油锅着火，你怎么办？
- 假如有人拦劫你的财物，你怎么脱身？
- 你跟父母外出旅游，如果不巧走散，你怎么办？
- 你踢球时受了伤，伤口在流血，你怎么处理？

虽然我们身处和平、安全的大环境，但潜伏着的危险因素还是很多。有些坏人要提防，如突然遭人袭击、被人拐骗；有些突发事件要应急，如有人病危需要急救、煤气泄漏等。我们不仅要有安全防范知识，更要善于随机应变，灵活采取各类应急措施。下面几种应对方法可以让孩子试着做。

- 单独一个人待在家里，听见敲门声，发现是陌生人，不要让他进屋，可以假说家里大人在睡觉，请等会儿再来。

● 发觉着火，立即打电话给消防人员求救，如果深夜突然起火，应立即喊醒家里的人，弯身猫腰而行，迅速跑到屋外通风处，如出不去且无电话，就从窗口呼救，然后卧倒趴在地上直到救护人员到来。

● 家人突然病倒，应立即叫来邻居，或打电话叫救护车，也可直接电话求救。

● 遇到在陌生地方与父母走散，可以告诉那里的管理人员，或者干脆直接找民警。

● 如果在家不慎受伤，伤口流血，找一块干净布将伤口包扎止血，然后找人帮助去医院。

● 假如自己不会游泳，碰到同伴落水，最好不盲目跳入水中，边找救生圈或其他可以飘浮的东西，边呼人求助。

● 遇到有人拦路抢劫钱物时，由于儿童年小力薄，不宜与犯罪分子正面发生冲突，先答应把钱物交给对方，同时记住对方的特征，迅速报案。

● 犯罪分子用"紧急情况"来诱骗时要镇静，给亲属或父母公司打电话了解一下，确定其真伪。

● 有人拿来不健康或黄色书刊，影像制品时，要拒绝接受，并告诉父母、老师或派出所，尤其女学生，更要警惕其不可告人的目的。

● 记住火警、匪警、急救中心的电话号码，知道派出所的地址电话，遇到险情，随时报告。

父母有责任保护孩子，并教会孩子自我保护，具体可从以下几方面做起。

第一，教会孩子社会常识。平时多找孩子聊聊，不仅是作为父母，还要作为知心朋友与孩子谈谈，了解孩子周围的世界，孩子平时的人际接触，防微杜渐。教育孩子警惕社会上不良分子的诱惑，不贪嘴，尤其是陌生人的赠予，特别是父母不在身边的时候。碰到坏人要勇敢机智，有旁人时求助他人，无旁人时要冷静与坏人周旋，借机逃脱。

第二，教会孩子生活常识。生活中有很多小知识，乍看很简单，却容易遭到忽视。父母就要细致地告诉孩子一些急救知识、水电知识、安全防范知识，讲讲原理和万一发生意外应该采取什么措施。

第三，教会孩子随机应变的方法。生活中有许多触目惊心的险象，我们少有目睹多有耳闻，不可能亲临方才掌握。父母可以根据报上记载，或电视媒体所见，自己编选一些"危险的故事"给孩子听，通过故事，把自己生活中的经验变为孩子头脑中的储存，训练孩子遇见对付危险的应变能力，并告诉他一旦碰到诸如此类的危险情况该如何行动。这样教育孩子往往能起到较好的效果。

CHAPTER **08**

问题行为的辅导

8-1 根治懒散

有的孩子做事拖沓、待人冷淡、漫不经心、没精打采，失去了应有的朝气与活力。面对这样的孩子，父母与老师往往感到一筹莫展，担心孩子是不是得了什么病？是的，这样的孩子的确生病，但不是生理上的疾患，而是心理上的毛病，我们暂且称这种病为"懒散症候群"。得了懒散症候群的孩子，在学习、生活等各个方面都与正常的孩子有明显的差别，他们的症状通常表现为：

在学习上，上课不专心，常有小动作或爱说话；作业马马虎虎、拖拖拉拉，经常忘记做作业、忘记带课本；没有养成良好的学习习惯，很少预习和复习；智力并不差，但因学习态度不认真，成绩始终徘徊于中下水平。

在班级里，待人不够热情，没有固定的好朋友；对待班级工作责任心不强，完成质量较差；对于团体活动兴趣不浓，主动参与不多，通常只做旁观者。

造成懒散症候群的原因

在生活中，事事依靠父母，处处依赖父母，自理能力极差；独立意识和自立意识缺乏。显而易见，懒散症候群对于孩子的健康成长会产生极为不利的影响。为此我们必须对懒散症候群的成因做一番剖析，以期能够对症下药。

1.父母包办一切，孩子依赖性强

有的父母生怕孩子苦着累着，什么都不让孩子自己动手。从穿衣叠被到洗衣扫地，一切家务都由父母承担，孩子不需要动手。而习惯了"茶来伸手，饭来开口"生活的孩子，离不开父母的照料，他们的自理能力就可想而知了。

久而久之，这种生活上的依赖会演化为心理上的依赖，使孩子丧失同龄人应具备的初步独立意识和自主倾向。失去了独立性、自主性的孩子，会对遇到的每一个人产生依赖性。在家，依赖父母；在学校，依赖老师、同学。强烈的依赖性使他们凡事只能跟在别人后面，没有主动参与的意识与能力。因此在别人眼中，他们对于各种活动总显得兴趣不大、积极性不高。

2.多人宠爱，孩子易缺乏责任感

现在的孩子在家里往往处于霸主地位，所有大人全都围着孩子转，不求任何回报，而孩子也慢慢习惯多方受宠，认为家人对自己的付出是天经地义的事，从没意识到自己对家人也应承担一些责任，从没想到要回报长辈们的爱。一个对家人，甚至对自己，都缺乏责任感的人，怎么可能对别人负责呢？那孩子在学校出现种种不负责任的行为也就不足为奇了。

3.要求不高，孩子易丧失进取心

有少部分父母对孩子的要求甚低，他们认为父母的责任就是让孩子吃得好穿得暖，养大孩子。至于要把孩子培养成什么样的人，他们很少考虑，认为那是学校的事情、是孩子自己的事情。基于这样的认识，他们对于孩子的学习、品德等方面要求都很低，甚至没有任何要求。这样孩子的成长就会失去明确的目标，进取心逐步消退，慢慢滋生出"混"的心理，像是反正爸妈不要求我得第一，考个及格分数就行了。以"混"的心态面对一切，自然就会变得松垮散漫了。

4.缺乏锤炼，孩子容易滋生惰性

惰性是引发懒散症的重要原因。要想取得优良的学习成绩、要想在各个方面都力争上游，就必须克服各种困难，动用意志的力量来战胜自身的惰性，坚持努力，直到成功。而孩子的意志比较薄弱，做事缺乏持久性，遇到困难就半途而废。

为此父母应该创造各种条件、寻找各种机会，磨炼孩子的意志，使他们变得坚强。然而在现实生活中，父母往往怕让孩子吃苦受累，过度保护他们，使孩子错失了许多锻炼的机会，孩子的意志品格始终得不到提升，而惰性却趁机日益滋长。内在的惰性必然外化成行为的懒散，我们可以断言：一个惰性很强的孩子，在学习、生活中必定会表现得十分懒散。

5.不良示范，孩子易形成懒散症

模仿是孩子的天性，孩子模仿的首选对象就是自己的父母。有的父母自身生活懒散，因而提供了最佳的不良示范，使孩子也在潜移默化中变得懒散成性。

应对懒散症候群的策略

剖析懒散症候群的成因之后，我们认为可以采取以下对策。

1.转变观念

包办一切的多向宠爱、过度保护，都是出于对孩子的爱。但这样的爱是不明智的、不健康的，非但不能促进孩子的健康成长，反而会将他们带入歧途。因此父母必须转变观念，从生活小事做起，培养孩子的自理能力，以帮助孩子摆脱依赖性、树立自立意识；改变单向输入的宠爱模式，引导孩子学会关心，学会对别人负责；抛弃过度保护，让孩子经历必要的磨炼，使孩子逐步坚强。观念的转变是首要的，唯有如此，各种教育措施才会随之改变，进而把孩子从懒散的状态中唤醒。

2.目标引导

懒懒散散的人，必定是个胸无大志、没有远大目标的人。因为没有目标，便会安于现状、不思进取。所以父母要为孩子制定目标，激发他们的进取心，促使孩子不断上进。孩子大多具有争强好胜的天性，他们不甘人后、不愿落伍。只要父母为他们设定一个合适的目标，他们会主动向目标奋进。

在用目标引导孩子进步时，应注意遵循"大目标，小步子"的原则，即制定的具体目标必须是孩子经过努力能够实现的，当一个目标实现后，再向孩子提出更高的目标。不断向孩子提出明确的目标，不断检验目标的完成情况，不断给予孩子鼓励，孩子就会逐步改变懒散的习性，表现出积极进取的精神面貌。

3.锤炼意志

意志薄弱与懒散症，如影随形，要彻底根治懒散症，就必须培养良好的意志品格，尤其是坚韧不拔的持久性。自制力差、做事缺乏恒心是孩子的通病，要克服这些弱点、磨砺坚强的意志，必须从一点一滴的小事做起，如按时起床、每天写日记，只要坚持不懈，不以"天气不好""身体不舒服""时间太赶"等借口中途退却，长期下来，意志的力量就会逐渐增强。如此孩子就会勇于面对困难与挑战，不会轻易地放弃努力。

　　另外，父母要注意以身作则，以自己勤奋、坚韧的行动来感召孩子，带领孩子走出懒散的阴影，去迎接灿烂的朝阳。

8-2 告别依恋

　　小冬上小学四年级，平时各方面的表现都不错，但他不愿意和同学一起玩，放学后会马上回家。为此老师联系了小冬妈妈，没想到，竟听到另一种情形。小冬妈妈抱怨：小冬整天缠着她，她下班后不管去哪里，小冬都会跟到哪里；做作业要妈妈陪着，玩游戏要妈妈陪着；这么大了，还不肯一个人睡觉，非要和父母一起睡；父母不在，他会坐立不安、睡不着，邻居都笑他是个长不大的"小毛头"，他们也十分烦恼，但又不知道该如何是好。

　　小冬的行为表现是较典型的过度依恋症。依恋是人与生俱来的一种情感表现，是儿童寻求并期盼与另一个人保持亲密接触的一种倾向，源于孩子对养育、照顾、关心、爱护他的人的一种安全感与依赖感的依托，和由此产生的柔情需要与体验，是一种本能想获得安全与爱、逃避危险与恶的反应。

　　一定的依恋对儿童以后良好人际关系的建立及心理发展有促进作用，有利于引导一个人的依赖感与自我信任。在依恋中强化习得的爱与被爱行为，可以更容易转移到新的对象上。而且建立良好的依恋关系更容易在情感分离后产生强烈的归属需要，这种需要可推动他对所属的团体有较强的责任感，对同伴成员有认同感。因此我们可以认为，早期正常依恋关系是后期团体生活的有效准备。

　　但是过度的依恋则是一种病态心理的反应。这主要是指个体依恋程度太强，表现为不愿意离开他所喜爱的人或物，一旦与之分离，便会出现哭泣、吵闹、闷闷不乐、沉默寡言与其他人疏远等异常行为，以至于感到身体不适、出现头痛等生理病症。案例中的小冬便属于这种类型，他对母亲的依恋远远超出他的年龄所应有的程度。在小冬眼中，妈妈是最可靠、最值得信赖的人，其他人可能会对他造成威胁，妈妈什么都会满足他，别人却不理会他，他只有与妈妈在一起才会感到安全、快乐。

可见，过度依恋的人往往表现为高度依赖。这种人缺乏必要的自理能力、独立性差，当离开依赖对象时会经历超乎寻常的焦虑。有些孩子拒绝上学、不合群、离不开父母，原因就在于依赖性太强。这种症状不仅会影响儿童的正常生活，还会影响儿童个性的健康发展，久而久之，还会阻碍儿童自主能力向社会化的发展。所以对于过度依恋的孩子，父母要特别注意。

过度依恋形成的原因

关于过度依恋形成的原因，经心理学研究证实，主要与父母的教养方式，特别是母亲对孩子的反应有关。一般来说，母亲的过度保护是儿童过度依恋的主要原因。心理学家勒温认为，成人对孩子的过度保护主要表现在以下几个方面。

1.母亲与子女接触过多

母亲总是与孩子睡在一起，过分爱护孩子，想把孩子置于自己眼睛看得见的地方，孩子一离开就会觉得不安。

2.把子女当作小孩看待

孩子自己能够做的事，父母也要包办，如替孩子穿衣服、绑鞋带等。

3.妨碍孩子的独立行动

做父母的始终守着孩子，注意孩子的一举一动，会对孩子的自发活动加以阻拦和感到不安。

4.放纵孩子，百依百顺

父母的过度保护，经常给予孩子特权，造成孩子依赖性强、缺乏自理能力、独立性差、不会积极地参加社会团体活动，以及以自我为中心，平时只想与他们的保护神（指父母）相守，使孩子变成了一个断不了奶的婴儿。此外，如果母亲具有较强的支配欲和占有欲，孩子也会倾向于被动和服从的过度依恋。所以要使儿童身心健康发展，父母必须学会合理的教养方式。

协助孩子告别过度依恋

那要怎样才能帮助儿童告别这种过度依恋呢?

1.父母应调整好自己的心理状态

人的成长过程,是一个伴随身体成熟的社会化过程。家庭是温暖的,但是任何正常的人都不应该也不可能一生只局限于家里,生活在单一的亲子依恋关系中。孩子早晚会有自己的同伴,必须融入团体生活,这是不容置疑的事实。

心理学家指出,亲情的依恋发展是个双向过程,既有儿童对父母的依恋,也有父母对孩子的依恋。所以孩子的独立对于依恋双方无疑都是一次情感的离别,不仅孩子会有一种"断奶"的痛苦,父母也会有一种"被剥夺"的感觉,但这些都是社会化过程所必需的。

有些父母不能正确看待这一切,一味地按照自己的意愿,把孩子置于自己的庇护下,希望孩子保持对父母的依恋,以此证明孩子对自己的爱,结果却导致孩子失去独立的人格,难以正常地进行社会交往。要改变这种状况,父母应首先调整好心态,让自己先成为一个具有独立人格的人。

2.父母应逐步扩大孩子的交友圈

实际上,人们的交往是个缩小的社会,在这个社会里,人与人之间不断互动,交际是人们相互作用和相互影响的必要条件。交际不是与生俱来的,但人借助于交际才得以成功;缺少交际,人们的学习、工作、生活都难以展开,乃至身心都会受到影响。过度依恋的孩子缺乏与父母以外的人交往的经验。因此要改变这种状况,父母应鼓励孩子结交同龄朋友,多参与团体活动,让孩子多体验与别人一起玩的乐趣,累积与家人分离的经验。孩子一旦尝到与他人交往的乐趣,便会逐渐减轻对父母的过度依恋。

3.培养孩子的独立自理能力和自信

一般来说,过度依恋的儿童生活自理能力较差,因此缺乏独立生活的自信心。要改变这种状况,父母要破除平时包办孩子所有事情的习惯,让孩子安排自己的日常生活,指导孩子提高生活自理能力,并要求孩子做一些力所能及的家务事，改变孩子依赖的习惯。除此之外，父母可以鼓励孩子向独立性强的同学学习，尝试新鲜事物，为孩子提供独立自理的机会，使孩子不断增强自立意识。

8-3　挑战怯懦

　　胆怯和懦弱的人，主要表现为：胆小怕事，没有进取心，遇事会退缩；不爱活动，对新奇事物不感兴趣，缺乏热情；意志薄弱，害怕困难，在困难面前经常惊慌失措；对新环境适应不良，不愿到陌生的环境中去；孤独，社交能力薄弱，不愿与人接触，在交往活动中处于受人支配的被动地位，容易屈服于他人，甚至逆来顺受，无反抗精神。有上述表现的孩子，往往会怀疑自己的能力，对外界的一切都采取退缩行为，如此形成不良循环，怯懦的程度更会加深。父母和老师一旦发现孩子有此行为时，应予以实时矫正。

儿童的三种羞怯类型

　　儿童的羞怯通常可以分为三种类型。

　　1.气质性羞怯

　　即生性文静内向，说话低声细语，见到生人就脸红，甚至带有胆怯、害怕心理。

　　2.认识性羞怯

　　这种羞怯主要是由于过分关注自我、患得患失的心理过重所引起的。这样的孩子总是谨小慎微，生怕自己的言行因有什么不妥而遭别人的耻笑。他们往往缺乏主动性，在交往活动中处于受人支配的被动地位，久而久之，会使他们羞于与人接触，害怕在公共场合讲话。

　　3.挫折性羞怯

　　这类孩子原本大多性格开朗，乐于交往，但由于某种原因交往受挫后，变得怯懦怕生，远离人群。挫折性羞怯在开始阶段只是一种反射性羞怯，即只对特定的人或特定的事感到羞怯。

如某生在数学课上答题错误受到同学的嘲笑，那么以后在上数学课提问时，他就会表现出胆怯，害怕再次出现上次那样的难堪局面，这是所谓的反射性羞怯。如果不实时消除，可能演变为泛化性羞怯，这样无论对什么人、什么事，都可能引起个体的羞怯心理，羞怯的范围会扩大、程度会加深。

去除羞怯从教育入手

一般来说，怯懦性格的产生除了与儿童自身性格内向、感情脆弱有关外，还与父母教养方式不当和儿童缺乏实践锻炼有关。

过分保护型的家庭，因父母对儿童无微不至的照顾、袒护和娇惯，包办子女的许多想法和行为，使得孩子过于单纯幼稚。他们缺乏经验，容易遇到困难，且因为生活过于顺利，一旦遭受阻碍便会紧张、恐惧、焦虑。

粗暴专制型的家庭，因父母的过多干涉和过多的清规戒律，使孩子没有自己的想法和行动的机会。这类父母常指责、批评孩子的思考和言行，使孩子感到自己做什么都不对，无所适从，认为自己很笨、很无能，是做不好事情的人。因为总是不能得到父母的肯定与重视，久而久之，孩子变得灰心丧志、谨小慎微、亦步亦趋、害怕与外界接触，为了减少被指责的可能常以退缩行为来保护自己脆弱的自尊。

总之，儿童的怯懦可能与其经神活动类型有关，但主要成因还是取决于教育者的教养方式和教育态度。因此要去除孩子的怯懦，就要从教育上入手。

1.认清危害，坚决改变

有些父母与老师对于怯懦的危害认识不够。他们认为，怯懦既不是学习不好，也不是品行不端，只是胆小，没什么大不了的。他们甚至还会因为怯懦的孩子比较安静、容易管教而特别喜欢这类型的孩子。其实这是有害无益的认知。一个正常人除了8小时的睡眠外，其余70%的时间都是花在人际的沟通与交往上。一个羞怯心很重的人，难以与他人进行正常、必要的交往与沟通，只能将自己封闭在自我的小圈圈里，离群索居、形影相吊，就会产生强烈的孤独感。而这种孤独感又会为滋生其他心理疾病（如焦虑症、忧郁症）提供温床。

羞怯的孩子往往显得朝气不足，退缩性行为较多，缺乏创造性。如果不实时予以纠正，他们可能会成为时代的弃儿，因此父母和老师对他们应给予高度重视。为了孩子的健康成长，为了让孩子今后能融入社会、有所作为，应该帮助孩子克服羞怯的心理弱点。

2.气势激励，树立信心

怯懦儿童的最大弱点是过分畏惧和害怕，要克服这些弱点就要借助气势的激励。一个人在气势旺盛时，会产生一股不可阻挡的进取心。

首先，要帮助孩子认清自己，既要看到自己的缺点与不足，也不要忽视自己的优点与长处。尺有所短，寸有所长，所以没有必要因为自己的某种弱点就害怕与人交往，因为对方也会有不足之处。自卑的人往往过分关注别人对自己的看法，有的孩子不敢在课堂上发言，羞于与老师、同学打交道，原因就在于怕别人说自己"不好""太笨"。结果越怕越不敢说，越不说越怕，这种恶性循环使他们在羞怯的漩涡中越陷越深。父母与老师要引导孩子不要太在意别人的议论，把注意力集中在要说的每一句话，这样紧张的心情便会得到缓解。

其次，在孩子消除了自卑，重建信心，获得恰当的自我评价后，父母与老师要进一步鼓励孩子，使他懂得：越是感到怯懦的事，越要大胆去做，不要怕失败，只要大胆去做，就能战胜怯懦，就会成功。

3.鼓励尝试，针对性训练

羞怯的心理是在交往活动中产生的，也必须在交往活动中予以克服。父母和老师要为孩子多创造一些实际锻炼的机会，鼓励孩子勇敢尝试，并辅导他们进行针对性训练。

（1）渐进性训练

有的孩子不敢在众人面前发表自己的看法，父母可先让孩子在家里大声朗读课文，在家人面前多谈谈自己的想法，以此培养孩子对羞怯心理的抵抗力，再逐步扩大范围，增加难度。

（2）模仿性训练

先分析孩子在何种情境、何种人面前容易羞怯，然后引导孩子留意观察那些善于交际的同学的言谈举止，看看对方是如何处理的，并鼓励他针对自己的弱点来模仿对方，持之以恒，羞怯心理终会被克服。

（3）暗示性训练

身处陌生的场合，孩子的羞怯心理会加剧。针对这种情况，父母和老师在平时应对孩子加强暗示性训练，告诉孩子一旦感到紧张焦虑，就用语言暗示自己镇定下来。例如，反复不断地对自己说："我一点也不紧张。""我现在很镇定，没什么好害怕的。"这种暗示，具有消除紧张、放松情绪的作用，会使羞怯心理逐步消退。

4.传授技巧，促进交往

有时羞怯心理的产生，是由于缺乏交往技巧，面对他人（尤其是陌生人）不知如何是好，因而感到局促不安。可见，传授必要的交往技巧是克服羞怯心理的重要途径。如何待人接物、如何引出话题、如何使谈话继续和终止、如何阐明自己的见解、如何拒绝对方的要求又不使其难堪、如何帮助对方又不让他感到不安……其中有许多技巧，正如朱熹所言："世事洞明皆学问，人情练达即文章。"一旦能娴熟地掌握交往的技巧，自然也就无需羞怯了。

8-4　击败自卑

　　课堂上，总有几位学生明知正确答案却担心会答错，不愿意举手回答；活动中，总有一些学生充当观众，其实他们具备表演天赋，也有一试身手的愿望；游戏时，总有些学生眉头深锁，不断摇头："算了，我不行……"这些都是自卑心理在作祟。

　　有自卑心理的孩子往往暮气沉沉，做事缩手缩脚；迷信权威，只会鹦鹉学舌；不愿冲锋陷阵，只当跟随派；畏惧竞争，害怕出丑；一遇挫折就打退堂鼓，一遇失败就丧失尝试的勇气。自卑者看不起自己、缺乏自信、感到处处不如人、觉得自己离成功十分遥远。显然，充满竞争的现代社会不欢迎自卑者，未来需要充满自信的人。

　　要超越自卑、建立自信，就得找出自卑的产生原因，这样才能对症下药。一项调查证实，学生产生自卑的原因主要包括五个方面：家境贫寒、智力平平、身体有缺陷、学业不佳、能力不强。

　　在物质生活水平不断提高的今天，仍有部分的家庭生活并不富裕。生活在这类家庭里的孩子，往往得不到他们想要的高级文具，没有和同学一样多的玩具，与同龄人相比，他们缺少许多东西。在学校里，由于不正确的家庭教育误导，学生之间攀比之风盛行。相较之下，就更容易使那些家境贫寒的学生感到低人一等、自惭形秽，进而产生自卑感。对此，父母和老师应特别注意，因为贫寒毕竟不能代表一切，而恰恰是个体知识的贫乏、品德的卑贱、才能的平庸才更可怕。从另外的角度来看，贫寒常常成为人们发奋的一种动力。许多成功者大多来自贫困家庭，或许正是如此的家境锤炼了他们的意志，促成他们日后的成功。古人说得好："自古雄才多磨难，从来纨绔少伟男。"

　　有些孩子感到自己不如别人聪明，因而产生自卑。其实聪明的人不一定就能取得成功，成功与否更多是取决于一个人的努力程度而不是智力高低。如果孩子因智力平平而感到自卑，父母和老师应该让他们明白，自卑是不能解决任何问题的，只有加倍努力，才能赶上，甚至超过别人。请记住中国著名数学家华罗庚的话："勤能补拙是良训，一分辛劳一分才。"

　　有些孩子因为身上有某些缺陷（如身材矮小、长相不漂亮）而感到自卑。那么该如何对待自身的缺陷呢？请记住，缺陷并不会因为自卑而消失。所以承认缺陷、忘掉缺陷，做你该做的事才是明智之举。

　　学习是学生的主要任务，学业成绩是衡量学习成果的重要指标。成绩不佳，是导致学生产生自卑心理的一大因素。父母和老师常会故意或不经意地冷淡或是责备成绩差的孩子，使他们抬不起头。但是冷淡与责备于事无补，老师与父母的责任就是要帮助孩子找出学习中的薄弱环节，指导孩子掌握有效的学习方法，进而改善其学业成绩。或许有些孩子在语文、数学等主科的学习成绩较差，但在音乐、美术、体育等方面却具有一定的天赋。父母和老师不要认为语文、数学不好的孩子就是没有出息的孩子，"天生我才必有用"，应当鼓励孩子在他的专长方面寻求发展。

　　能力是自信的基石。能力不足便难有自信。需要说明的是，能力不完全是天生的，更多是靠后天锻炼培养起来的。现在的父母对孩子采取过度的保护，孩子一有问题便代为处理，使孩子失去了磨炼的机会。试想，在这种情况下，孩子的能力从何而来？亲爱的父母，请放开手，让你的孩子去试一试、去闯一闯、去经历风雨，否则他们永远只能生活在你们的臂弯里。

　　自卑，往往与父母对子女的期望值过高有关。父母总希望孩子在各方面都能出类拔萃，但对子女过高的要求则无异于拔苗助长。子女的发展与成长如果赶不上父母的期望与要求，在这种状况下，孩子怎么可能有自信心呢？因此可以说，是父母一再让子女受挫，使孩子产生失败者的心态。真心爱护孩子的父母，请适度降低你们的期望值，帮助子女创造成功的纪录，协助他们树立自信。

　　自卑，也往往与老师的教育方法失当有关。当学生遇到困难时，有的老师不是耐心指点帮助，而是随口说："这么简单的题目都做不出来，你怎么这么笨！"这是在学校会时常听到的话。孩子的心灵是脆弱的，老师认为孩子笨，他就会认定自己蠢，会因此而自暴自弃、丧失自信。事实上，绝大多数学生的智力是差不多的，只要方法得当，人人都能学好。老师，请不要忘记你的天职，塑造学生就是塑造未来。

自卑感本身并不是不好，每个人身上或多或少都有容易引起自卑的地方，但不是每个人都能体验自卑。真正的自卑是自我评价过低、看低自己，如每次考试总是低估自己成绩、认为自己什么都不如别人等。因此克服自卑的关键，在于把过低的自我评价调整到恰当的位置。

老师可以让孩子把对自己的看法写下来，再请自己的父母、老师、同学写下他们对自己的看法，相比较后常会发现，其他人对孩子的评价比孩子的自我评价要高。就从现在开始吧！请孩子每天上学前将别人对他的评价读一遍，想象自己就是他们所说的那样，然后投入到一天的学习生活中。过一段时间后，重新对自己做评价。对照以往，会发现孩子对自己的看法改变了，评价更接近于父母、老师和同学的。如此持续一段时间，直到有一天孩子的自我评价与他人对其评价完全吻合，这时孩子会惊讶地发现，他已不再自卑！

8-5 缓释焦虑

　　小芳是五年级的学生，之前她的成绩一直名列前茅，父母以她为傲，常在众人面前夸奖她品学兼优，老师也十分喜欢她，让她担任班级的模范生。可是进入五年级之后，小芳的成绩下降了，让父母十分担心。为了小芳能安心读书，父母包揽了一切家务，全家晚上也不看电视了，他们常对小芳说："我们吃点苦没关系，只要你的成绩能提高，无论什么都可牺牲。"可是小芳的成绩不但没有上去，上课和平时都难以集中精力。老师发现小芳整天恍恍惚惚，反应很迟缓，经常郁闷地独自坐在一旁，像换了一个人似的。父母也说小芳晚上睡不好，不思饮食，临近考试时更是彻夜难眠，一吃东西就想呕吐，苦不堪言。看着面带倦容、日益消瘦的小芳，父母不知该如何是好。

　　小芳的问题主要是由于过度焦虑而引起的。

　　焦虑，是指人在当前或预料到有威胁，而自己又感到无力避免或应付所产生的紧张、不安、恐惧等反应。儿童的焦虑是由于其安全感、对他人的爱的需求和自尊心等未能得到满足而引起的。许多研究发现，适度焦虑可以启动身体的效能，能够提高参与某项活动的内驱力，对完成任务有积极促进作用。但过度焦虑则会使人的情感变得脆弱，总企图逃避生活情境中出现的冲突，惶惶不可终日，注意力分散，记忆力减退，思考混乱，有失眠、眩晕、盗汗及心悸等症状，扰乱了心理平衡，造成严重的心理负担，自卑感加重，参与活动的效率就会明显降低。

　　一般来说，儿童的过度焦虑往往与负担过重、作业太多、考试频繁有关。案例中的小芳，过去一直是班上的佼佼者，父母对她寄予厚望，她也非常理解父母，总想保持优良成绩。但是到了高年级，由于学习方法不当，成绩受到影响，自尊心受到伤害，她感到父母会失望，不会再像以前那么爱她，老师不会再喜欢她，同学也不再尊敬她。而父母的种种"牺牲"更加重了她的心理负担："我成绩不好怎么办？"她心里越是着急，越是担忧，渐渐对学习和考试产生了恐惧，导致学习时注意力难以集中，胡思乱想，因而成绩明显下滑。如此形成恶性循环，小芳对自己越来越缺乏自信。那该如何帮助小芳重新站起来呢？

首先，要满足儿童安全感的需要、爱的需要和自尊心的需要。焦虑的产生从直接原因来看，似乎总是与遭受失败和挫折有关。其实这只是表面现象，因为不是所有失败者都会产生焦虑，只有那些把失败和挫折看成对他个人安全感、自尊心等需要形成威胁的人，才会产生这种情绪。小芳认为，父母的爱、老师的重视、同学的尊敬都是因为她成绩好，便将学习成绩看成是她获取爱和自尊的唯一途径。学习成绩一旦下降，就可能意味着爱和自尊心受到威胁，因而产生严重的焦虑。

应该注意的是，儿童自我意识的形成和发展大多依赖于别人对他们的评价，特别是对他们有重要意义的人，如父母和老师。在他们心中，父母和老师是非常强有力的，他们以这些成人的价值标准作为自己的价值标准。如果父母把他看作是一个有价值的重要人物，他也就这样看待自己。然而有些父母和老师虽然给予孩子认可，但主要还是以成绩为依据。所以从一开始，他们的自尊心就是随着自己所能取得的成绩而转变的，而这种自尊心很容易受到伤害。要改变这种情况，父母和老师应注意调整自己对他们的评价态度，让儿童知道无论成绩好坏，父母和老师都会给予他支援。特别是在儿童受到挫折或遭到同伴轻视时，应给予更多的关怀和支持，实时帮助他们消除焦虑，尽量避免用不给予爱的方式作为惩罚他们的手段。

其次，要正视现实，制定适当的期望值。焦虑产生的直接导火线是外在的目标可能难以实现，由此引发内心不安和紧张。要消除儿童的过度焦虑，可以根据儿童的能力来调整原来的目标，让儿童做一些使其感到安全，把握较大的事情，减轻其负担，进而缓解当前的心理紧张状态。在此要特别防止小芳父母的那种关爱，因为他们的"牺牲"和对小芳的照顾，实际隐含着他们渴望小芳成功的期待，这种高期待无疑会加重孩子的心理负担，增加其原有的焦虑。要减轻焦虑，就必须恢复正常的生活环境，以平常心看待一切，了解孩子的实际水平，制定适当的目标，不要盲目施加压力。

再次，要帮助儿童学会自我心理调节。对于过度焦虑的儿童，父母和老师应引导他们正视目前自己所面临的焦虑情境，帮助他们进行渐进式自我放松训练。例如，睡觉前或紧张时，可以听一些舒缓的音乐，克制杂念，或是看一些感兴趣的书、电视节目，以便转移紧张情绪。此外，鼓励儿童多参加娱乐活动，以调节情绪，陶冶性情，使过度焦虑早日减轻或排除。

8-6 驱逐嫉妒

心理学家认为，嫉妒是恐惧他人优于自己和愤怒他人优于自己的混合心理。其核心是个人利益高于一切的自私观念；其主要特征是把别人的优越之处视为对自己的威胁，因而感到恐惧与愤怒，于是借助于贬低，甚至诽谤他人的方式，来摆脱恐惧感和愤怒情绪的困扰，以此求得心理上的宽慰。这是一种变态的心理满足。

古往今来，嫉妒造成了无数个人间悲剧。嫉妒在残害别人的同时，也在残害嫉妒者本人。德国心理学家梅赫德研究发现，大部分好嫉妒的人都会出现身体上的疾病，如胃疼、背痛等。可见嫉妒害人害己，所以希望孩子、学生健康成长的父母和老师，都要警惕嫉妒对孩子心灵的侵蚀。

要防止嫉妒的侵蚀，就需了解嫉妒心理的形成原因，进而寻找有效的对策。心理学家把嫉妒的产生与发展划分为三个阶段：首先是醋意萌生，然后发展到怨天尤人，最后达到嫉妒如仇。

当看到别人取得优良的成绩、拥有舒适的生活条件、具备出众的外表仪态，人们总会情不自禁地产生羡慕，这是人之常情。有些人羡慕过后也就不再放在心上；有些人会奋起直追，欲与优者一较高下；而另有一些人却误入歧途，醋意萌生，产生妒忌。父母与老师可以采用目标转移法来阻止孩子妒忌心理的进一步发展。例如，某学生因同学穿着自己没有的名牌运动鞋而萌生醋意，父母教导他一身名牌但脑袋空空的人，是毫无用处的，引导孩子将注意力从比较生活条件转移到比试学习上，淡化名牌服饰在孩子心目中的重要性，使注意的目标转向有益的活动。

妒忌心如果不实时予以抑制，而任其发展，则会进入到第二阶段的怨天尤人。嫉妒者会认定自己的相形见绌完全是由对手造成的，因而耿耿于怀、怨气十足。本来对别人的成功羡慕不已，现在转而希望对方失败，把别人的失利视为自己的胜利，明显带有幸灾乐祸的倾向。

嫉妒心理发展至此，父母和老师必须对孩子讲清道理，让孩子深刻认识嫉妒的危害，以自己的努力换取真正的成功。嫉妒心理发展到极端，便会嫉妒如仇。到此阶段，嫉妒者已不能满足于怨天尤人的发泄，不满足于静观他人的失败，他们对对手充满敌意，有亲手造成对手失败的强烈动机，严重的会丧失理智，做出常人不可理解、无法想象的事情。

嫉妒，可以表现为一种情绪状态，即对特定的对象（某个人或某件事）嫉恨不已；嫉妒，也可能演化为一种性格特征，任何人、任何事都可能引发其嫉妒情绪。后者的外在表现可能不及前者那么强烈、那么明显，但危害远甚于前者。嫉妒性格不是与生俱来的，嫉妒的形成与后天的环境影响具有十分密切的关联，其中，父母与老师的教育与影响具有决定性的作用。

在家庭中，如果父母心胸狭窄，凡事斤斤计较，不愿吃一点亏，容不得他人的成功，对别人的失败幸灾乐祸，那么他们的行为必然会潜移默化地影响子女的性格，久而久之，孩子就会变得嫉妒成性。在学校里，老师理应平等对待每位学生，但有的老师却对某些学生偏心，即使犯错，也会袒护他们，对其他学生则很少过问，且动辄责备训斥。这种偏爱一方、冷落一方的做法违背师德规范，很容易引起一部分人的嫉妒情绪。

要彻底切除嫉妒这颗心灵上的肿瘤，父母和老师要先从自身做起。嫉妒成性的父母，是不可能培养出心胸开阔的子女的，因此父母必须加强自身的道德修养。心有偏向的老师，是难以阻止嫉妒心理在学生心中蔓延的，因此老师必须不断强化师德修养。除此之外，父母和老师还可在以下几方面开展工作。

帮助孩子认清嫉妒的危害

儿童往往对嫉妒的危害缺乏足够的认识，通常会认为"他比我好，我嫉妒他是很自然的事情"。因此父母和老师要提高孩子的道德水平，使他们了解嫉妒是不道德的；嫉妒会损害自己的身体健康、破坏同学之间的友谊、分散精力，使人不能全心投入到学习中。有的学生认为，嫉妒是催人奋进的一种动力。虽然嫉妒有时确实能促使人奋发努力，但嫉妒者是以超越被嫉妒者为满足的，嫉妒者的努力仅是为了使自己的变态心理得到些许安慰。可见，嫉妒在推动人奋发的同时，也在腐蚀着人的灵魂。所以想把嫉妒作为前进的动力无异于是抱着炸弹升空，是极其危险的。

帮助孩子学会正确的比较

喜欢嫉妒的人通常会有不服输的特点，他们自认为高人一等，满心希望事事在人前、处处都领先。事实上，这是不可能的，每个人都有其长处，不可避免地也会有其短处，一个人不可能做到十全十美。因此既要有不服输的干劲，也要有服输的气量。不服输，是为了使自己进步；服输，是为了向别人学习，使自己进步。

嫉妒者喜欢与别人比较，但他们的目光往往集中于别人所取得的成就，没有意识到别人所付出的艰辛劳动。正是这种不公正的比较，使他们不能容忍别人的成功。事实上，成功与努力程度是成正比的。每一个成功者都付出了比常人多得多的努力，有位举重冠军说："我举得起比自身体重重几倍的哑铃，但我举不起我流过的汗水。"因此父母和老师要教育孩子学会正确的比较方法，不仅要比所得到的结果，更要比所付出的辛劳。

帮助孩子转变思维方式

嫉妒者习惯于"你行，我不行"的思考方式，认为"你成功了"就意味着"我失败了"，你的成就越大，就证实我越无能。因此他们对别人的成就会萌生妒忌。针对这种情况，父母和老师必须着手转变孩子的思维方式，让"你行，我不行"转变为"你行，我也行"。懂得为别人的成功喝彩，把对方的胜利视为对自己的鞭策，不要沉浸于无谓的嫉妒情绪中，拿出实际行动来赶上对手，以努力换取成功。

嫉妒者大多心胸狭窄，常为一些小事就妒火中烧，做出种种不理智的行为。拓展心胸有助于控制嫉妒的发生，使妒忌情绪降温。拓展心胸可以从时间和空间两方面着手：从时间上拓展，即不仅要看到今天还要看到明天，不仅要着眼于现状更要展望未来。现在的"我"可能不如"你"，但经过努力，在未来的某一天，"我"也许能赶上"你"，"我"又何必为今天的暂时落后而心生妒忌呢？从空间上拓展，即不要只比某一个方面，要看到自己在其他方面的优势。例如，我的语文学得没你好，但我的数学、英语成绩都超过了你，我又何必嫉妒你呢？

摆脱自私，缩小"我"字

嫉妒心理的实质是自私观念在作祟，凡事只考虑自己，以个人的得失为准绳。有人列出一个公式：嫉妒＝好胜＋自私。好胜并没有错，它可以成为推动人们前进的动力，但如果掺杂自私观念，便会误入歧途。因此要彻底摆脱嫉妒的纠缠，就须冲破自私观念，有道是："往事如烟俱忘却，心底无私天地宽。"

8-7　扫除狭隘

　　星星闷闷不乐地回到家，妈妈关切地询问原因。星星说："丽丽把我的玩具弄坏了。"妈妈听后抱怨道："我早就告诉过你，不要拿自己的玩具给别人玩，他们要玩就玩自己的。现在尝到苦头了吧。真是傻瓜。以后可要记住喔。"从此以后，星星常玩同学的玩具，自己的玩具从不给同学玩，且遇事常想自己划算不划算。渐渐地，她的朋友越来越少，大家都不愿意跟她玩，她感到非常苦恼。

　　星星的这种行为在儿童交往中经常可见，这是一种个性狭隘的典型表现。狭隘俗称"心眼窄""小心眼"。这种人受到一点委屈或受到一点很小的损失便斤斤计较，耿耿于怀。例如，有的学生听到老师或父母一两句批评的话就受不了，痛哭不止；在人际交往中稍有吃亏就长时间寝食不安。他们只同与自己想法一样或不超过自己的人交往，容不下那些与自己意见相左或比自己能力强的人。有狭隘性格的学生其感情脆弱、意志薄弱，倾向于吝啬、自我封闭。这种性格一旦形成，就会循环地自我折磨，严重的可能会罹患忧郁症或消化系统疾病。

　　造成孩子心胸狭隘的原因有多种，一般来说，忧郁气质的人在过强的心理创伤刺激下，容易形成狭隘性格。除此之外，家庭教育偏差也会使孩子心胸狭隘。例如，案例中星星的妈妈，面对孩子损坏的玩具，不是开导孩子，而是责怪孩子为什么把自己的玩具给同学玩。于是在星星的脑海里形成了这样一种印象：我的错误在于让别人玩了我的玩具，如果我玩别人的玩具，就不会发生这个问题了。正是父母的这种处事原则造就了孩子心胸狭隘。

　　这种性格的孩子，戒备心强，为人刻薄，对小事耿耿于怀，斤斤计较，很难与人和睦相处；他们不愿帮助他人，更不可能为他人作出牺牲。由于心胸狭隘，时常处于提防、气恼、忧虑不安之中，虽然父母原本是出于不让孩子吃亏的目的，但这种狭隘却造成孩子更大的人格伤害。那么该如何帮助孩子扫除狭隘心理呢？

教育孩子多从积极面看问题

同样一件事，不同的人会有不同的看法，这是因为每个人看问题的角度不同。有人习惯于从积极面思考，有人则习惯于从消极面思考。不同的思考角度给人们带来了不同的心理感受和情感体验，当从积极面看待问题时，就会心容万物、心胸开阔、心情舒畅；反之，从消极面考虑时，就会心胸狭隘、忧虑不安。孩子的视野常追随父母，父母如何看待问题，对他们有直接的影响。所以父母在发现孩子看待问题常处于消极面时，应实时引导，教育他们从积极面思考。当然要做到这一点，父母本人首先应有这样的态度。

教育孩子有宽宏大量的胸怀

人是群体动物，在社会中免不了要与他人交流。人们在由野蛮到文明的进化过程，人际关系不断调整，最终发现人与人之间的合作、互利、互爱最适合人类的存在，最能促进社会进步。所以为了使交流顺利进行，就必须懂得合作、互利。从社会心理学角度来说，你付出多少，最终也会从别人那里得到多少。因此不要总是计较别人，生怕自己吃亏。那些过分注意细枝末节、斤斤计较、刻薄的人，必定会失去朋友情义，人际关系一定不佳。要使孩子成为一个受欢迎的人，就要培养他具有"容天容地，容己容人"的度量。从小培养孩子待人接物要大度豪放、与人为善、宽以待人，这样一来，就会为孩子带来更多的朋友。

教育孩子充实知识拓宽兴趣

人的"心眼"与其知识修养有密切关系。一个人知识增加，立足点提高，眼界就会更加开阔。"井底之蛙"能看到的只是井上的一片天空。人也是如此，知识的局限束缚了人们的思考，使人们难以摆脱"小我"。而充实知识，拓宽兴趣，可以使我们从"小我"中走出，放眼世界，走向未来。

请记住：世界上最广阔的是海洋，比海洋更广阔的是天空，比天空更广阔的是人的胸怀。

8-8　克制轻狂

一般来说，个性轻狂的学生肯定有其自傲之处。他们或有一技之长，或能力较强，或成绩优秀。凭借这些实力，他们得到人们一定的关注和赞扬，因而对自己有足够的自信心。然而由于自身年龄、经验及认识水平的局限，加上父母、老师的教育偏差，这种自信往往过度发展，成为自傲。

自傲的人在知识和行为上往往带有很大的盲目成分，他们不能客观地认识自己，常常无限夸大自己的优点，无视他人；由于他们的这种唯我独尊，所以爱把自己的观点强加于人，即使明知自己错了，仍然要强词夺理，维护其自尊；他们不顾及别人，对人无真诚热情可言，因为在他们眼中任何人都不如自己。这种人如受到打击、挫折，向周围世界宣泄愤怒情绪的方式尤其猛烈，丝毫不顾后果。因此父母和老师如果发现孩子有此症状，应实时教育疏导。具体纠正措施如下。

教孩子正确认识自我

有轻狂症的孩子，具有一个最主要的特点，就是不能正确认识自我，他们习惯于生活在他人的赞扬声中，看到的都是自己光鲜的一面。针对这点，父母和老师平时对表现轻狂的孩子应多指出其缺点和不足之处。要知道，人无完人。每个人都有弱点，更何况正在成长中的孩子。

有些父母因爱子深切，每当孩子取得一点成绩就给予过度的赞美，对孩子的缺点却视而不见或不以为然，不但不指出孩子的不足，还让其继续发展，甚至在老师指出其孩子缺点时还为孩子辩护。这种教育方式无疑会造成孩子自我意识偏差，使孩子只放大自己的优点而忽略自己的缺点，盲目自信，最终形成轻狂。因此父母和老师在自视过高的孩子面前，应少表扬多指出其缺点和不足，使孩子看到自己的缺陷，对自己有一个正确客观的评价。

教会孩子发现他人长处

轻狂的孩子在与人相处时，因自视过高会看不起别人，认为自己比谁都强。事实上，纵观历史上那些有成就的人，他们的成功得益于自身的长善救失。一个不善于发现他人优点的人，鼠目寸光。古人所说的"谦受益，满招损""三人行必有我师"，是有道理的。父母和老师应向孩子讲明这些道理，并与他们一起去发现他人的长处，虚心踏实地充实自我。

教孩子学会尊重他人

交往是平等互利的行为。儿童在其身心发展过程中，因特别关注自我而容易忽略他人的感受。老师与父母应帮助儿童尽早从"自我中心"中摆脱出来，帮助他们学会角色互换，使他们懂得别人也具有与自己相同的需要和权利。当你希望别人尊重你时，别人也希望你尊重他；你尊重别人时，别人才会尊重你。在交往中，孩子如果能经常思索"假如他是我"，就会多一分理解，少一些矛盾。学会适当表达自己的情感、与人为善、平等相处，才不至于使交往陷入困境。

8-9　降服霸道

　　小华智力中等、学习一般，在校喜欢欺负弱小同学，是出了名的小霸王，同学们都十分怕他。他有时又很有号召力，也时常顶撞老师，老师见他直摇头，他成了教导处的常客。

　　许多学校都有像小华这样的学生，他们在班上表现霸气，与同学相处功利性强，软弱的同学见到他们都害怕；他们不迷信老师，老师稍有失误，就会成为他们扰乱课堂秩序的借口。他们之所以会霸道十足，究其原因，不外乎两个方面。

　　其一，家庭教育陷入瘫痪。父母是孩子的第一任老师，家庭教育的方式是影响孩子品德形成的重要因素。霸道孩子的背后，常常是对他过分溺爱与放纵的父母。这类父母对孩子没有严格的要求，从学习到生活，总是以孩子的需求为中心，容易使孩子沾染上不良的习气。这类孩子在家里目无尊长，一切以自我为中心；在学校里不尊重老师和同学。

　　其二，学校教育简单化、成人化。传统教育一般将这种"小霸王"视为不良学生，常陷入滥用惩罚、强制灌输的错误方法。这种教育方式使学生口服心不服，或导致越来越阳奉阴违，造成学生人格上更大的缺陷。

　　那么对学校的小霸王，老师该如何进行管理和培养呢？

　　有些学生之所以表现出霸道，往往与其对自己行为结果的认识偏差有关系。每个孩子都希望能得到他人的关注，学习好的学生因成绩优秀得到老师、父母、同学的认可；品德好的学生因其良好行为习惯受到大家欢迎。而在这两方面都不出众，甚至比较差的学生，他们又要怎样才能引起别人的关注呢？于是他们选择了霸道，因为他们认为霸道有一种英雄气概，很威风，有时还能呼风唤雨，谁都得听他的，像电视剧里的"大哥"一样，旁边围着一帮"小弟"。这种体验让他们觉得自己很了不起。也正是这种认知，他们在行为上处处表现出称王称霸的架势。所以要改变孩子的霸道，就必须让他们知道这种方式对个人、他人、社会所造成的危害，让他们认识其霸道所带来的不良后果。

一般来说，小霸王的心理往往有些缺陷。从气质和性格所构成个性的主要因素来说，他们身上表现出的是消极面多于积极面。他们大多鲁莽冒失、急躁粗暴、冲动盲目、主观武断，不能控制自己。所以要教会他们自我调节的方法，遇事多思考，不要固执己见、高傲自大，要善于听取别人意见；平时注意克制自己的情绪，实时纠正自己的不良行为；多参加有益活动，陶冶性情，提高自我表现控制能力。

另外，采取"厌恶疗法"。这种疗法的原则是每逢小霸王欺侮、殴打同学时，给予他们一种痛苦刺激来对抗其错误行为。经过反复训练，建立错误行为与不愉快体验之间的联系，使小霸王在发生不良行为时会得到不愉快的体验，可以抑止其不良行为再度发生。

为了有效做好小霸王的教育工作，我们提出以下原则：

1.关注原则

每位学生都需要被关爱，不只是父母的爱，学校老师的关切也是。小霸王在家里受到溺爱，到了学校也应受到相应的爱护。在实施这项原则时，要结合严格要求、尊重和信任。

没有要求就不可能有教育。对于学生的霸道或霸行，老师应该明确要求他们尽快克服与改正。这一要求必须是前后一贯、逐步提高，同时也必须是明确、合理的；也就是说，老师向学生提出的要求，在目的上必须明白、确切；在内容和形式上必须是清楚、具体、切合情理。老师在学生以实际行动履行这种要求的过程中，要善于观察细微处，只要稍有进步就应给予实时的肯定，增强学生克服缺点的信心。

2.疏导与感化原则

柯尔伯格强调，决定一个人道德价值的不单有习惯，还有其行为动机、后果，以及许多具体的道德情境，诸如产生某种行为的主客观原因等。小霸王的产生有其原因，如果将此简单地归结为道德败坏问题，对学生的心理将产生不良影响。我们应根据学生的心理特点，在晓之以理的基础上，一步一步地引导他们形成道德认识，发展道德情感，锻炼道德意志，养成道德行为。在德育的过程中，老师可激发小霸王接受教育的主动性，明确指出其行为不当之处，引导他们自动前进，使他们的心理潜能发挥出来，让他们自己去思考，自己去寻找结论。

感化就是在动之以情的基础上，使学生对所要养成的品德和行为产生真切深刻的体验。我们都知道，当教育的内容和方式触动了学生的情感，才易于被他们所理解和接受；当学生的情感被激发起来之后，其认识和觉悟才会扎得稳、靠得住。而这种方式远比机械训练和滥用奖惩要好得多。对于小霸王，可以让他们在团体中受教育，让他们体验到什么样的行为是受老师与同学欢迎的。

疏导和感化相结合，就能达到"晓之以理，动之以情"的理想境界。

3.平等原则

这个原则也是在克服霸道中最基本的。朱熹说："圣贤施教各因其才，小以成小，大以成大，无弃人也。"天生我才必有用，小霸王的人格具有一定的可塑性，如果"一棍子打死"的话，这种霸道或霸行只会衍生、扩展，甚至走向极端。因此在教育过程中要实施平等原则，即平时将他们与普通学生一样看待，而不是戴着有色眼镜去看他们。

每当学校内小霸王带着战战兢兢的心情去老师办公室时，老师所要面对的可能是一颗略有缺陷的心，而帮助这样的孩子去克服、补救其缺陷，则是老师义不容辞的责任。

8-10　制服暴躁

　　暴躁主要表现为易被激怒，遇事沉不住气，听到一句不顺耳的话，马上火冒三丈，甚至唇枪舌战，拳脚相向。性格暴躁的人脾气上来时往往难以自制，失去理智。他们会为了一件小事而大动干戈，不分析前因后果，贸然发作。他们遇事根本不考虑他人的想法、心情、人格，只是一味放纵自己的情绪，任"气"发展，其必然带来严重的危害。

　　暴躁性格的形成与遗传有一定的关系。根据美国科学家近年来通过大量研究发现，人体肾上腺素含量较高的人，往往脾气比较暴躁。但造成暴躁性格最根本的原因还是个人缺乏涵养和自我克制能力。当然家庭教育中的某些不正确方式，如放纵、溺爱、打骂等，也是造成孩子暴躁的原因。放纵型和溺爱型的父母，因一味满足孩子的要求，使孩子养成了任性、随心所欲、唯我独尊的不良品性。稍有不如意，就不加克制地大吵大闹，最终形成了暴躁的性格。而打骂型的父母，因平时教育孩子态度粗暴，孩子一有不对之处便破口大骂，让孩子印象深刻，不自觉地模仿起这种行为，孩子一旦感到自身"强大"便重演这种形象，长此以往，人就变得越来越暴躁。

　　那么父母要怎样帮助儿童改正暴躁性格呢?

　　首先，父母应帮助孩子认清暴躁的危害。暴躁会加剧人际关系的恶化，如果区区小事就大发雷霆，这是侮辱他人人格的行为。人与人之间是平等的，要互相尊重。一个不尊重他人的人，必然得不到他人的尊重。而且乱发脾气不仅不能解决问题，多半还会因情绪激烈而失去理智，导致相反的结果。所以我们要告诫孩子，当他要发脾气的时候，不妨多想想发脾气的后果，想想对别人可能造成的影响，对自己有何不利。在"三思"之后，也许就会心平气和了。

其次，父母应帮助孩子丰富生活经验、提高涵养。暴躁的产生虽然与其个人性格有关，但与暴躁者本人的生活态度、处事方式，以及道德修养也有着密切联系。性格暴躁的人通常只是在他感到生活不如意，或别人做错事时才会发作。所以改变暴躁者的生活态度，对其不良性格的矫正将会有很大的促进作用。例如，同学把孩子的铅笔盒弄坏了，如果孩子认为同学是故意的，就可能发火；但如果孩子认为同学是不小心，就可能不会计较。因此父母平时应帮助孩子丰富生活经验，加深孩子对生活、对社会、对自我的认识，要"宽以待人"，提高自我修养和自制能力。

最后，父母应帮助孩子学会自制。暴躁性格的矫正，从根本上是需要个体有强大的自制力。自制的方法有三种。

1.理智克服法

当自己感到要发脾气时实时提醒自己要冷静，可以反复默念"不要发火""一定要镇静"，用理性来克制冲动行为的发生，理智地处理问题。

2.行为调节法

即感觉火冒三丈时，马上深呼吸。放松自己的面部和四肢肌肉，在内心想象自己很快乐的样子，进而达到调节情绪的目的。

3.注意力转移法

把自己的注意力暂时转移到其他事情上，或迅速离开现场，去做别的事情，让时间来冷静自己的头脑。等气头过去，理智恢复时，再发脾气的可能性就小得多。如此反复多次，孩子就会更加有自信，提高自我控制的能力。

8-11 去除任性

任性，似乎成了许多孩子的通病。

任性对孩子的危害

任性，不利于孩子的健康成长，这一点任何明眼人都了解。任性对孩子的危害是多方面的。

1.影响学业的稳定性

任性的孩子通常不笨，他们能够取得优良的学习成绩，但任性的毛病使他们很难处于一流水平。他们认真时，考试成绩能够名列前茅；乱发脾气、无理取闹时，成绩就会一落千丈。学习状况起伏大，学业成绩缺乏稳定性。

2.妨碍人际的交往

显而易见，谁也不会乐意与乱使性子、处处要人顺着他的人交朋友。因此任性的孩子往往没有固定的同伴，无法建立牢固的友情，甚至会成为别人嫌弃的对象。

3.危及心理的健康

任性的孩子情绪波动性大、激情爆发频繁，这种情绪的弱点给心理健康留下了隐忧，往往成为滋生心理疾病的温床。有鉴于此，我们必须认真地去除任性，为孩子的健康成长清除障碍。

对于孩子的任性，为人父母常常感到无可奈何，往往把任性看作是孩子天生的坏毛病。但任性并不是与生俱来的，孩子令父母头疼不已的"任性病"，大多与家庭教育不当有关。娇生惯养、多向宠爱，娇纵放任、一味迁就，袒护短处、包庇错误等家庭教育方式，使孩子误入任性的歧途。因此从某种意义上说，任性的始作俑者恰是孩子的父母。

现在的家庭大多只有一个孩子，父母与家人能给孩子更多的照顾与关爱。这本是好事，但不少父母对孩子的爱过了头，把孩子放到不恰当的地位，给予孩子过分的优厚待遇。孩子在家中处于核心地位，被视为掌上明珠，时时宠着、处处惯着。久而久之，孩子产生了"小皇帝心态"，认为自己是家中的主宰，一切皆应以"我"为中心，大人围着自己团团转乃是天经地义的事。就这样，"任性"悄悄地侵入了孩子的心灵。

由于把孩子的地位放到不恰当的高度，对孩子的教育就会变得十分困难。而一旦孩子的小皇帝地位得到确立，对他的教育与管束实际上也就名存实亡。孩子处于娇纵放任的状态之下，父母沦为孩子的奴仆，只要孩子开口，一切照办，对于不合理的要求，父母的规劝在孩子的哭闹声中沉寂。之后对于孩子的要求已不再限制，百依百顺、事事迁就。长此以往，孩子便会认定自己的一切要求、所有欲望，父母都应理所当然地予以满足，否则就以哭闹方式迫使父母妥协。任性的症状更逐渐显露出来。

任性，显然是一种不良的品性。当旁人出于好意向父母指出孩子的这一缺点时，有的父母不是认真地反思自己在教育子女方面的失误，不是积极地采取措施、设法补救，而是采取袒护子女的办法。他们极力为孩子的错误行为辩解，掩盖孩子身上的缺点。父母的这种态度非但无助于改善孩子的任性，反而正当化孩子错误的行为，使孩子更加肆无忌惮、无所顾忌，任性因此恶化成为一种难以医治的顽症。

家庭教育的失当是导致任性的外部因素，外因总是透过内因而起作用的，产生任性的心理内因主要是自我中心。自我中心是幼儿期的心理特征，幼儿总是天真地以自己为中心，要求别人满足他的各种需要。由于心理发展水平的限制，幼儿无法真正地理解别人，不能站在他人的角度思考问题，因而他们只关注自己的需要，做任何事情都只从自己的愿望出发。

进入童年期后，孩子活动的范围扩大了，接触的人增加。随着交往活动的频繁（尤其是与同伴的交往），加之学校教育的正面引导，孩子将逐步走出狭小的自我天地，形成初步的心理置换能力，学会为别人着想。在这个过程中，家庭教育的作用就十分重要了。父母若能积极配合学校的工作，可以帮助孩子加速摆脱自我中心，否则只会延缓儿童的心理发展，使他们滞留于自我中心阶段。

在现实生活中，家庭教育与学校教育并不总是协调一致的。有的孩子在学校里受到的是：不能光为自己考虑，要替别人着想的教育。但在家中受到的却是：我是家庭的中心，家人都会满足我的所有要求。错误的家教抵消了学校教育的说服力，使孩子迟迟走不出自我中心阶段，进而埋下了任性的心理内因。

综上所述，家庭教育的不当是造成任性的外因，自我中心是产生任性的心理内因，而这内因又与家教失误这一外因有着直接的关联。所有的孩子都要经历自我中心期，但并不是所有的孩子都走不出自我中心，并不是所有的孩子都任性，问题的关键在于，父母是在前面拉一把还是在后面扯后腿。有任性毛病的孩子，其父母在子女心理发展的重要关头往往扯后腿，因此他们必须对孩子的任性负责。

协助孩子改掉任性的毛病

要彻底改掉孩子任性的毛病，父母要担起主要责任、发挥主要作用，父母不妨在以下三方面多做些工作。

1.控制与消除攻击行为

孩子在使性子、发脾气时，时常会伴随着攻击行为，这些行为具有一定的破坏力，应当设法控制与消除。孩子任性时所采取的攻击行为，通常是一种手段性的攻击行为，即孩子把攻击行为作为手段，以此来引起父母的注意，迫使父母满足其要求。父母可以采取暂不理会的方式，即任由孩子吵闹，父母不予理睬。因为一旦对孩子的攻击行为给予关注，反而会更强化孩子的这种行为，而暂时的不理会，可使孩子慢慢平静下来。此外，可采用厌恶疗法，即当孩子任性时就给予惩罚性令孩子厌恶的刺激，把症状与不愉快的体验联结在一起，以此逐步消除其不良的行为。例如，当孩子出现攻击行为时，父母可以禁止孩子到邻居家玩，或者不许孩子看电视等。

2.父母要学会理智地爱

　　爱孩子是父母的天性，但理智地爱却不是每一位父母都会或都能做到的。理智的爱，是一股巨大的推动力，可以推动孩子在人生的道路上迅速成长；不理智的爱，是父母送给孩子最可怕的"礼物"，是会"毒死"孩子的。任性，正是不理智的爱的结果。理智地爱所意味的，是在生活上给予孩子适当的关心与照顾，但不事事包办、处处替代；对于孩子的要求，不无限度地予以满足，对不合理要求要坚决说"不"。在家庭关系上，适度地给予孩子较多的关注，但不把他放在至高无上的位置上；对于孩子的缺点错误，要实时指出、坚决纠正，绝不包庇纵容。

　　3.鼓励孩子多参与社交

　　处于相对封闭的家庭环境中，孩子很难真正体察别人的心情，难以学会站在别人的立场想问题，他们想当然地认为自己的要求必须得到满足。让孩子走出家门，与更多的人接触、交往，他们会逐渐学会了解别人的想法、尊重别人的意见，会慢慢意识到并不是自己所有的要求都应该被满足、并不是自己所有的愿望都能够实现的。这有助于消除孩子身上残存的自我中心意识，进而消除其任性的心理内因。

　　此外，去除任性还必须持之以恒。任性的形成并不是一朝一夕的，因此要消灭它也不能奢望一天两天就能完成。父母必须要有足够的耐心与韧性，切忌半途而废，否则任性就会在孩子身上根深蒂固，难以根治。

8-12　超越叛逆

父母希望自己的子女成为"好孩子"，老师希望自己的学生都是"好学生"。"好孩子""好学生"的标准是什么？听话，恐怕是父母和老师所共同认可的标准吧。听话的学生好管理，老师可以省掉许多麻烦；听话的孩子容易管教，父母可以少操些心。然而有些孩子偏偏不听话，总是和父母、老师唱反调。这样的孩子总不愿顺从父母与老师，无法让父母省心、不能让老师遂愿。孩子的这些非正常行为，其根源在于叛逆心理。

儿童常见的叛逆类型

有心理学家将叛逆心理定义为：个体对于外界引导在态度方面的逆向反应。社会心理学研究认为，叛逆心理可以分为超限叛逆、情境叛逆、信度叛逆、旧困叛逆、平衡叛逆、自主叛逆、禁果叛逆和评定叛逆等八种类型，而儿童常见的叛逆类型主要有五种。

1.超限叛逆

古希腊哲学家德谟克利特说："当人过度的时候，最适意的东西也会变成最不适意的东西。"心理学家指出，同样的刺激物在刺激强度过大、刺激时间过长时，容易引起事物反应性质的变化，由此引起的叛逆就是超限叛逆。有位三年级的小学生对数学有浓厚的兴趣，父亲一心想培养他成为数学家，他每天做完学校的作业后，父亲会另外再出30道数学题让他做。刚开始，孩子兴趣盎然；随后，兴致渐渐消退，直到兴味索然；最后，孩子一见到数学题就头疼，对数学由喜爱转变为讨厌，导致成绩下滑。这是超限叛逆的典型案例。

2.情境叛逆

由于引导者选择的引导时机、场合不当，也会引起被引导者的叛逆，这种叛逆称为情境叛逆。学校为了增强学生的服务观念，在儿童节当天动员全校学生参加社会公益服务，但是学生的积极性明显不高，有人心不在焉，活动没有达到预期的效果。事后校方得知，许多学生当天都有自己的安排（例如，全家到公园玩、和同学去看电影等），而校方的活动打乱了他们原定的计划，学生自然情绪低落。可见，教育时机选择不当，自然会影响教育的效果。

3.信度叛逆

有一则小故事：某生在校习惯较差，经常口出粗话、脏话，班主任要求父母配合教育，于是父亲把儿子叫到跟前，苦口婆心地开导："满口的粗话、脏话，真他妈的难听，你他妈的怎么就不能给我好好改改。你说，你他妈的这些话都是哪里学来的。"儿子反唇相讥："还不是从你那里学来的，他妈的。"父亲顿时哑口无言。由于引导者自身的欠缺，会使人怀疑其引导信息的可信性，进而影响引导的效果，甚至导致叛逆言行，这就是信度叛逆。

4.自主叛逆

每个人都希望有一定的自主权，有自行处置自己事务的自由。当这种自由受到不恰当的限制，自主权面临被剥夺的危险时，人们就可能拒绝照办原本愿意去办的事，甚至故意做与要求相违背的事。这种情况被称为自主叛逆。

5.禁果叛逆

受到好奇心的驱使，人们往往会对被禁止的事物产生特殊的兴趣，总是试图去看一看、听一听、做一做，这就是禁果叛逆。

叛逆是一种比较复杂的心理现象，它的产生是多种因素共同作用的结果，心理学家将造成叛逆心理的原因归纳为外部因素、个体自身因素和情境因素三方面。

期望过高、压力过大、限定过多，是导致叛逆的外部因素。近年来，父母对子女的期望值不断升高，希望自己的孩子考第一，希望孩子在各类竞赛中争得名次，希望孩子的英语水平领先一步，希望孩子学会弹钢琴、拉小提琴、绘画、跳舞……这些期望往往与孩子的实际水平不相符，与孩子的兴趣爱好不吻合，与孩子的发展潜力不一致，因而随着期望值的不断攀升，实现的可能性越来越小。当孩子发现，不管自己如何努力也达不到父母的要求时，便会自暴自弃，以对抗父母日趋提升的期望值。

过高的期望值必然给孩子带来过大的压力。据报道，一对父母对自己的孩子寄予希望，希望孩子在钢琴演奏方面出类拔萃，为此父母还为孩子制订了严格的训练计划。每天除了吃饭、上学、做作业、睡觉以外，孩子的所有时间都是在钢琴前度过的。父母则日复一日陪在孩子身边，监督孩子练琴。父母过度的期望值在孩子的心中形成巨大的精神压力，孩子幼小的心灵无法承受这样的心理重负，终于做出了令人惊愕的叛逆举动，愤然伤害自己的手指，以此来拒绝弹琴。

限定过多也是引起叛逆心理的重要原因。父母和老师对孩子的成长都有自己的设想，并从设想中出发，为孩子的学习与生活做了详尽的规划，提出种种注意事项。孩子完全被置于被动屈从的地位，生活在父母和老师为他们划定的框架中，自由活动的空间十分狭小，行动的自主权被剥夺殆尽。这样的孩子就如被囚禁于笼中的小鸟，渴望着冲上蓝天去自由地翱翔。他们对于加在自己身上的过多限制深为反感，有的孩子不惜屡屡犯戒、犯禁，以换回本该属于他的自由。

造成叛逆心理的主因

从个体自身因素看，强烈的好奇心、初步的自主意向和倔强的个性是造成叛逆心理的主要因素。

1.强烈的好奇心

儿童的好奇心特别强，探究欲特别旺盛，对任何事情都希望探问个究竟，对于父母和老师明令禁止的事情更是如此，非要看看违反后会出现什么样的结果。

2.初步的自主意向

随着儿童的生理、心理不断发育完善，他们的活动范围扩大、活动能力增强，于是自主意向萌发。他们要求"我"的事情"我自己做""我自己决定"。孩子的自主意向与父母的管教方式，不可避免地会发生冲突，孩子所采取的解决方式通常是挣脱师长的管束，竭力自行其是。于是叛逆便无法规避。

3.倔强的个性

从生活经验和实验研究都明确显示，性情温和的人比较容易顺从，而个性倔强的人不愿"被别人牵着鼻子走"，容易产生叛逆行为。

由于引导时机选择不当、教育时机把握不准，也会招致叛逆心理。上文提到的情境叛逆就是因此而产生的，所以情境因素也是不容忽视的。

帮助孩子走出叛逆

对于叛逆心理，无论是父母、老师，还是学生本人，都应予以高度重视。我们并不否认叛逆中蕴含着一些积极、合理的因素，但同样不可否认，孩子的叛逆一般带有强烈的情绪化色彩，他们缺乏理性的分析，往往连成年人正确的意见和有益的建议也会一并否定，这种盲目的叛逆对于孩子的健康成长显然是极为不利的。一旦叛逆成为习以为常的思考方式和行为模式（即叛逆性格化），那就会使个体与社会格格不入，给自身的发展设置更大的障碍。因此父母和老师有责任帮助孩子走出叛逆，为他们的健康成长铺平道路。父母和老师不妨在以下几方面做些努力。

1.调整期望值

父母和老师希望孩子成才的心情是可以理解的，但若因此而不切实际地对孩子寄予过高的期望则是不明智的。父母和师长不妨降低期望的高度，为孩子设定一个他能够达到的目标。待他实现后，再提出高一点的目标。如此循环往复，既可避免孩子产生叛逆心理，又可促使他不断进步，并逐渐接近父母和老师的期望。

2.耐心说明事理

有些父母和老师习惯向孩子发布禁令，这种简单的教育方式通常不太奏效，反而会诱发孩子的好奇心和探究欲，故意违禁试试。例如，父母规定孩子玩在线游戏不得超过一小时，这个规定本身并无不当之处，但若父母只是一禁了事，并不向孩子解释具体的原因，结果往往会适得其反，孩子会故意连续玩两三个小时不罢手。如果父母事前做好详细的说服工作，让孩子明白连续玩在线游戏时间过长会影响视力、造成颈椎腰椎疲劳、导致大脑工作效率下降，那么孩子有意犯禁的可能性就会降低。孩子并不会无缘无故地存心与父母、老师过不去，只要耐心仔细地阐明事理，孩子是会欣然接受成人教育的，哪怕是禁令。

3.尊重孩子的意愿

孩子不听话怎么办？打！时下信奉"棍棒教育"的父母并不少见，但"打"并不是灵丹妙药，"打"的结果通常有两种：一是父母打得越凶，孩子的叛逆情绪越强，甚至对父母充满敌意；二是孩子表面顺从，但内心并没有心悦诚服，这种情况如果继续发展下去，那就会使孩子滋生出表里不一、处事虚伪的不良品性。这两种结果都会令父母和老师十分痛心。

要使孩子真正听话、消除叛逆心理，"打"不是办法，"尊重"才是最好的药方。尊重孩子，意味着要认真倾听孩子的意见。大人有大人的想法，孩子也有孩子自己的想法。由于所处的地位不同，这两种想法有时并不一致，甚至会彼此冲突，所以大人要给予孩子充分发表意见的机会。孩子的意见并不都是荒谬可笑的，多替孩子想想，吸收其中的合理部分，就会赢得孩子的信赖与拥戴，之后，大人的话将更具权威性。

尊重孩子也意味着给予他一定的自主权，孩子终归要摆脱对成人的依附、走向独立的生活，给予孩子自主权不仅有助于消除叛逆心理（尤其是自主叛逆），且有利于培养孩子的自立能力，可谓一举两得。当然孩子的自主不等于随心所欲，而是在长辈监护之下有限度的自主。重要事件、关键时刻，父母和老师还得帮忙把好关。

对于孩子而言，要努力克服思考的情绪化倾向，学会理智地分析；要勇于发表自己的意见，善于表达自己的想法；要理解师长的用心，他们所做的一切都是为了促进自己的健康成长。